U0150877

空气动力学基础

徐浩军　裴彬彬　张志波　李益文　编著

科学出版社

北京

内 容 简 介

本书以空气流动的基本规律为线索，围绕流体力学、空气动力学基本原理与方法，讨论了空气动力学及其在航空工程应用中的相关内容。主要内容包括：流体性质和流体静力学；流体力学基本方程；理想流体位流理论；超声速流动理论基础；粘性流动的理论基础；翼型与机翼的低速、亚声速、超/跨声速气动特性；全机的空气动力特性；计算流体力学的相关方法与技术；相似性理论与量纲分析方法以及风洞试验的基础知识。

本书作为国内航空类飞行器与动力工程专业本科教材，其特点是内容紧密结合航空工程应用，涉及面广，重点突出，叙述精练。本书可供相关工程专业研究生教学使用，对于航空工业部门的厂、所、机关以及需要应用空气动力学基础知识的科技工作者，亦是一本有益的参考书。

图书在版编目（CIP）数据

空气动力学基础 / 徐浩军等编著. —北京：科学出版社，2024.3
ISBN 978-7-03-076545-1

Ⅰ. ①空⋯　Ⅱ. ①徐⋯　Ⅲ. ①空气动力学　Ⅳ. ①V211.1

中国国家版本馆 CIP 数据核字（2023）第 188588 号

责任编辑：赵敬伟　赵　颖 / 责任校对：彭珍珍
责任印制：张　伟 / 封面设计：无极书装

科 学 出 版 社 出版
北京东黄城根北街 16 号
邮政编码：100717
http://www.sciencep.com

北京凌奇印刷有限责任公司印刷
科学出版社发行　各地新华书店经销

*

2024 年 3 月第 一 版　开本：720×1000　1/16
2024 年 10 月第二次印刷　印张：21 1/2
字数：430 000

定价：128.00 元

（如有印装质量问题，我社负责调换）

前　言

1. 沿革

本书发源于本校成立之初，原空军工程学院航空机械工程系飞机教研室的空气动力学教学组(简称"空动组")老师集体编写的《空气动力学》，当时的主要内容是位流理论和部件空动，是 20 世纪 60 年代初期由陈廷楠教授、侯洛源教授、李春珠教授、林国华教授、郑继彦教授、卢彦教授和张桂英教授等共同编写，并在本科教学实践中不断完善改进。当时教师队伍中，陈廷楠教授和卢彦教授来自南京航空学院(南京航空航天大学前身)，侯洛源教授和郑继彦教授来自北京航空学院(北京航空航天大学前身)，李春珠教授和张桂英教授来自原哈尔滨军事工程学院，林国华教授是来自中国科学技术大学。当初编写的《空气动力学》教材中吸纳了这些国内知名学校的精华内容，一直到此次编写的教材中的经典部分，还是延续了这些老先生曾经的工作和教学成果。

20 世纪末期，随着教学改革和军事装备快速发展，对空气动力学提出了新的要求，主要变化是宽基础，强调装备的系统综合与应用。把原来的流体力学、气动力学的部分内容，以及空气动力学、管路动力学和发动机内流动力学的主要学习内容组合成了《应用流体力学》，并由陈廷楠教授等老师主编了相应的教材，后期王旭、徐浩军、张登成、苏新兵、张艳华、薛源、王超哲等老师也参与了"应用流体力学"的课程建设。《应用流体力学》这本教材曾经先后由航空工业出版社和西北工业大学出版社出版。

2. 主要内容

本书首先介绍了通用的流体力学基本内容，其次是飞机空气动力学的知识内容。

流体力学是一个具有悠久历史而又不断具有新的生命力的学科。它与人们的日常生活、工作及科学研究息息相关，随着流体力学研究方法的不断深入，流体力学的应用研究已渗透到各个领域，如能源发展、海洋开发、天气预报、防灾减灾、环境保护、疾病防治、航空航天等。

人类对流体流动特性的认识可以说是从 1687 年牛顿的粘性流动实验就开始了，其后，随着欧拉对理想流体流动方程的提出，纳维、斯托克斯对粘性流体力学基本方程(简称 N-S 方程)的建立，进一步奠定了近代粘性流体力学的基础。但由于方程的非线性，在解析求解方面遇到了数学上难以解决的困难。普朗特提出的边界层理论将粘性的作用局限在固体壁面附近的薄层内，克服了粘性流动求解中遇到的数学困难，为解决流动阻力和能量损失这样重大的粘性流动问题奠定了基础，使得理论分析和实验研究完美地结合起来，为流体力学研究注入了新的活力，取得了划时代的发展。

空气动力学是以流体力学原理、方法对飞行器气动特性进行分析的具体应用。从人类诞生第一架飞行器开始，空气动力学便成为一门专门的学科分支，为满足一定任务需求的飞行器设计，使其具有最佳的气动外形发挥了重要的作用。新时代，民用飞行器在经济性、快速性等方面，军用飞行器在高隐身、高超声速等方面提出新的需求，对飞机空气动力学在增升减阻、复杂流场气动适应等方面提出了更高的诉求，加上材料学科、控制学科的不断发展，对飞行器总体设计的要求越来越高，流体力学与其他学科之间的交叉，在飞行器设计、使用、维护过程中仍将扮演着重要的角色。

本书围绕流体力学基本原理与方法，重点讨论流体力学、空气动力学在航空工程中的应用。内容包括三大模块：一是流体力学基础理论，主要涉及流体性质和流体静力学、流体力学基本方程、理想流体位流理论、超声速流动理论基础、粘性流体的理论基础；二是空气动力学相关知识，围绕飞行器设计与维护，讨论了低速、亚声速、跨声速、超声速的翼型、机翼及飞机的空气动力特性；三是空气动力学问题研究常用的基本手段、原理与方法，简要介绍了计算流体力学的相关方法与技术、相似性理论与量纲分析方法，以及风洞相关的基础知识。

3. 编写组的话

本书是在陈廷楠教授、王旭教授、张登成教授和苏新兵副教授等编写的《应用流体力学》的基础上，根据新时代教学改革与调整的需要，由空气动力学基础课程组老师共同完成。借此机会，首先向陈廷楠教授、侯洛源教授、李春珠教授、林国华教授、郑继彦教授、卢彦教授、张桂英教授和王旭教授等表示崇高的敬意和真挚的感谢。

本教材由徐浩军教授主编，李益文、裴彬彬、张海灯、张志波、化为卓、魏小龙、郭善广、张琳、李瑶等老师参加编写。其中第 1 章、第 3 章由徐浩军编写，第 2 章由化为卓编写，第 4 章由李益文编写，第 5 章由张志波编写，第 6 章、第 7 章、第 13 章由裴彬彬编写，第 8 章由张海灯编写，第 9 章由郭善广编写，第 10 章由魏小龙编写，第 11 章由张琳编写，第 12 章由李瑶编写，全书由裴彬彬统稿。此外，本书在编写过程中还得到了张登成教授、苏新兵副教授、张艳华副教授和薛源副教授等的大力支持。

同时，本书在编写过程中，参考学习了国内诸多航空类高校(如北京航空航天大学、西北工业大学、南京航空航天大学等)的同类教材，在此也向编写这些教材的老师们表示感谢。

由于篇幅及编者的水平有限，本书对许多问题的叙述与讨论比较浅显，也难免有不足之处，欢迎使用者批评指正、多提宝贵意见。

编　者

2023 年 7 月

目　　录

第1章　流体性质和流体静力学

　　空气是最为常见的流体之一，学习空气动力学就必须要掌握流体力学的基础知识。本章主要介绍流体区别于固体的基本特性，以及流体处于静止状态时各物理量的分布规律，即流体静力学。在研究流体静力学前，首先介绍用于建立流体力学数学模型的流体连续介质假设，流体的描述参数与描述方法，其中重点介绍流体的压缩性、粘性和传热性的定义、物理含义等，并引出流体理想化模型，为后续研究某一特定的流动问题建立简化的数学模型；然后介绍流体中气体的热力学特性，为超声速气动特性的分析奠定热力学基础；最后介绍静止状态下流体的受力及特性。本章内容将是后续章节的基础，是流体流动模型建立与空气动力学特性求解的基础知识。

1.1　流体及其连续介质假设

1.1.1　流体

　　物质常见的存在状态有固态、液态和气态，处于这三种状态下的物质分别称为固体、液体和气体。流体则是液体和气体的总称。

　　从力学分析角度看，流体与固体的主要差别在于它们对外力的抵抗能力不同。固体能抵抗一定的拉力、压力和剪力。在一定的外力作用下，固体产生相应的变形以抵抗外力，并且在弹性极限内有一定的平衡位置。一旦撤去外力，分子间的作用力可使固体恢复到原来的形状。流体则不同，它在外力作用下可以处于平衡状态，但不能承受拉力。处于静止状态的流体不能抵抗剪切力，即在任何微小剪切力的持续作用下，流体将连续不断地变形，直到剪切力消失为止。撤去外力后，流体不能恢复到原来的形状。这就是流体的力学特性，这种特性称为流体的易流动性。由于流体的易流动性，流体没有固定的形状。也正是由于流体具有这种易流动的特性，才出现了流体力学这门学科。

　　在流体中，气体和液体又有所不同。一定量的液体虽无确定的几何形状(其形状随容器的形状而定)，但却有一定的体积，在容器中能够形成一定的自由表面；而气体则不同，它的体积是不确定的，总是能够充满容纳它的整个容器。

1.1.2　流体的连续介质假设

　　由物理学可知，任何流体都是由大量不断运动着的分子组成的；每个分子都在不断地做无规则运动，彼此不时碰撞，使得动量和能量相互影响；分子之间距离很大，分子的平均自由程比分子本身的直径大很多。以空气为例，在标准状态下，其分子的平均自由程约为 6.5×10^{-6}cm，而分子的平均直径约为 3.7×10^{-8}cm，两者之比约为 176：1。虽然液体比气体稠密得多，但分子间仍然有相当大的距离。因此，从微观上来说流体是一种有间隙的不连续介质。

流体力学是研究流体平衡及运动的一门宏观力学，详细地去研究分子的微观特性是不必要的，因为工程上所研究的物体总是有一定体积，其特征尺寸一般以米计，至少以厘米计，比流体分子的平均自由程大得多。流体的运动通常是受物体的扰动所引起的，运动时，宏观上必然是大量流体分子一起运动。因此，有理由把流体看成是连绵一片、没有间隙、充满了它所占据空间的连续介质，此即所谓流体的连续介质假设。根据连续介质假设，可以将流体看成是由连续分布的流体质点组成的，两相邻流体质点之间不存在间隙。流体质点在几何上是一个点，在物理上是一个体积非常小的流体微团，它相对于流体空间和流体中固体的尺寸来说充分小且可忽略不计，但它和分子的尺寸或分子间距相比却要大得多，流体质点内包含足够多的流体分子。因此，可将流体质点简单概括为宏观无限小，微观足够大。

采用流体连续介质假设后，表征流体属性的参数为空间和时间的连续函数。因此，在解决流体力学实际问题时，就可以应用数学分析这一有力工具来处理，如对流体表征参数进行微分、积分等。

应当指出，流体的连续介质假设是建立在流体分子平均自由程远小于物体特征尺寸基础上的。在某些情况下，例如，在 120km 的高空，空气分子平均自由程可以和飞行器的特征尺寸达到同一数量级。此时，连续介质假设不再成立，而必须把它看成不连续的介质。这种研究属于稀薄气体动力学范畴，不在本书的研究范围。

1.2 流体的主要物理性质

1.2.1 流体的主要表征参数

研究流体的主要物理量有密度 ρ、压力(压强)p、温度 T 等。

根据连续介质假设，流体中每一点都被相应的流体质点所占据。所谓空间任意点上的流体物理量就是指位于该点上的流体质点的物理量。以密度 ρ 为例，空间某点密度

$$\rho = \lim_{\Delta V \to (\Delta V)_0} \frac{\Delta m}{\Delta V} \tag{1-1}$$

式中：$(\Delta V)_0$ 为流体质点的体积；Δm 为流体在 ΔV 内的质量。

因为 $(\Delta V)_0$ 很小，可视为零。因此，流体内部某点密度可定义为

$$\rho = \lim_{\Delta V \to 0} \frac{\Delta m}{\Delta V} = \frac{\mathrm{d}m}{\mathrm{d}V} \tag{1-2}$$

由于在任意时刻，空间任意点上流体质点的密度都具有确定的数值，因此密度是坐标点 (x, y, z) 及时间 t 的函数

$$\rho = \rho(x, y, z, t) \tag{1-3}$$

同理，可以定义空间某点的压力(压强)

$$p = \lim_{\Delta A \to 0} \frac{\Delta p}{\Delta A} = \frac{\mathrm{d}p}{\mathrm{d}A} \tag{1-4}$$

式中：ΔA 为流体中包含所考察点的某一微元面积；Δp 为作用在微元面积 ΔA 上的力。同样，压力 p 也是空间坐标 (x, y, z) 及时间 t 的函数

$$p = p(x, y, z, t) \tag{1-5}$$

上述讨论的密度和压力只是流体许多表征参数中的两个。类似地，还可给出流体的温度场

$$T = T(x, y, z, t) \tag{1-6}$$

等。根据连续介质假设，一般情况下流体的这些表征参数是空间和时间的连续可微函数。只是在某些特殊情况下，例如在激波区，才会出现不连续性。

1.2.2　流体的压缩性

流体的压缩性是指流体的体积在外力作用下可以改变的特性。当质量不变时，体积的变化意味着密度的变化。因此，压缩性亦可表示为流体密度随流体压力变化的特性。

流体压缩性通常以压缩性系数 β 来表示，它表示在一定温度下，升高一个单位压力时，流体体积的相对缩小量，即

$$\beta = -\frac{\mathrm{d}V}{V} \Big/ \mathrm{d}p \tag{1-7}$$

对于一定质量的流体，其体积与密度成反比，即有 $\rho V = \mathrm{const}$。从而可得

$$V\mathrm{d}\rho + \rho\mathrm{d}V = 0 \tag{1-8}$$

即

$$\frac{\mathrm{d}\rho}{\rho} = -\frac{\mathrm{d}V}{V} \tag{1-9}$$

因此，如果用密度来表示压缩性，则

$$\beta = \frac{\mathrm{d}\rho}{\rho}\bigg/\mathrm{d}p \tag{1-10}$$

这样，流体压缩性系数又可表示为：在一定温度下、升高一个单位压力时，流体密度的相对增加量。

压缩性系数的倒数为流体的体积弹性模数 E，即

$$E = \frac{1}{\beta} = -V\frac{\mathrm{d}p}{\mathrm{d}V} = \rho\frac{\mathrm{d}p}{\mathrm{d}\rho} \tag{1-11}$$

或

$$\frac{\Delta p}{E} \approx \frac{\Delta\rho}{\rho} \tag{1-12}$$

弹性模数 E 表征了单位流体体积相对减小所需要的压力增量。对于不同的流体，E 具有不同的数值。弹性模数越大，压缩性系数越小，流体越不易被压缩。在常温时，水的弹性模数约为

$$E_{水} = 2.1\times10^9 \, \mathrm{N/m^2}$$

这就是说，当水压增加一个大气压，即

$$\Delta p = 1.013\times10^5 \, \mathrm{N/m^2}$$

时

$$\frac{\Delta\rho}{\rho} = \frac{\Delta p}{E} \approx 0.5\times10^{-4}$$

亦即密度只变化了万分之零点五。因此，通常情况下水可视为不可压缩流体，其他液体弹性模数也都很大。对大多数工程应用而言，液体都可视为不可压缩流体。

气体的弹性模数要比液体小得多。例如，空气的弹性模数只有水的二万分之一。因此，气体的密度很容易随压力变化而变化，也就是说，气体具有压缩性。但对于具体流动问题，是否考虑气体的压缩性，则应该根据流动中速度差引起的压力差是否引起密度的显著变化而定。

从 E 的量纲 $\mathrm{N/m^2}$ 可以看出，E 实际上亦代表了单位面积所受到的弹性力，即

$$F_E = EA \tag{1-13}$$

式中：F_E 为流体的弹性力，A 为接触面积。

1.2.3　流体的粘性

1.2.3.1　粘性的物理含义

所谓粘性是指当流体流动时，在流体内部显示的内摩擦力的性质，或者说，

是指流体运动时，抵抗剪切变形的特性。粘性是流体本身固有的一个重要物理特性，一切流体都存在粘性，只是不同流体粘性大小不同而已。为了说明流体粘性的物理本质，可观察以下试验。

把一块无限薄的静止平板放在速度为 v_∞ 的一股直匀流中，如图 1-1 所示，板面与流体平行。所谓直匀流是指来流的速度大小相等并且彼此平行的流动。为测量平板附近的流动情况，用尺寸十分小的测量气流速度的仪器，沿平板外法线方向测量平板附近流体速度分布情况。图 1-1 中给出了测量结果，即紧贴平板表面一层的流体速度为零，沿平板外法线方向 On，流体速度由零逐渐增加，直到离平板很远的地方才接近来流的速度。也就是说，流体速度 v 是离开平板的距离 n 的函数，即 $v = f(n)$。

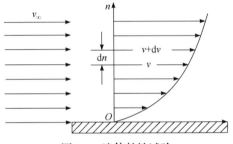

图 1-1　流体粘性试验

流体速度之所以有这样的变化，正是流体具有粘性的表现。平板表面上那一层流体，流体分子与平板表面之间附着力的作用使流体完全紧贴在平板表面上，导致速度为零。稍往外一层运动的流体，受到紧贴板面上流体的粘性力作用使流体速度大大降低。这一层又影响到更外一层，使流体速度降低得小一些。这样一层一层地影响下去，结果形成如图 1-1 所示的速度分布。

由上述试验可以看出：流动较慢的流体层可阻滞较快的流体层；反之，流动较快的流体层可带动较慢的流体层。由此可见，不同速度流体层之间产生类似固体间的摩擦力。由于这种摩擦力产生在各流体层之间，故称内摩擦力。而流体粘性的大小，就表现为内摩擦力的大小。若粘性大、内摩擦力大，则阻滞流体变形能力强；反之亦然。

牛顿于 1678 年经试验研究指出，流体运动所产生的内摩擦力 F 与接触面积 S 及沿接触面法线方向的速度梯度 dv/dn 成正比，即

$$F = \pm S \mu \frac{dv}{dn} \tag{1-14}$$

式中：μ 表征流体粘性性质的比例常数，称为动力粘性系数或动力粘度。

当流体层相对运动时，流层间在单位面积上所产生的内摩擦力称为内摩擦应

力，用 τ 表示，则牛顿粘性定律又可表示为

$$\tau = \frac{F}{S} = \pm\mu\frac{\mathrm{d}v}{\mathrm{d}n} \qquad (1\text{-}15)$$

式(1-14)或(1-15)称为流体的内摩擦定律或牛顿粘性定律。关于式中"±"号取舍的原则是保持内摩擦力 F 或 τ 的正值：当距离 y 增加(减少)而速度 v 却减少(增加)时，因为 $\mathrm{d}v/\mathrm{d}n$ 为负值，故应冠以负号。符合牛顿粘性定律的流体称为牛顿流体。一般来说，气体和分子结构比较简单的流体，如空气、水和各种油类等均属牛顿流体。凡是不符合牛顿粘性定律的流体称为非牛顿流体，如有机胶体、油漆、高分子溶液、血液等都是非牛顿流体。牛顿流体和非牛顿流体的区别在于：牛顿流体的内应力 τ 和速度梯度 $\mathrm{d}v/\mathrm{d}n$ 呈线性关系，而非牛顿流体则不呈线性关系，如图 1-2 所示。

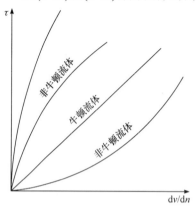

图 1-2　牛顿流体与非牛顿流体的区别

1.2.3.2　粘性表征参数

流体的粘性一般通过粘性系数来表征，通常有动力粘性系数、运动粘性系数和相对粘性系数三种表示方法。

(1) 动力粘性系数。

动力粘性系数 μ 直接表示了流体内摩擦力的大小。其意义为：两相邻流体层以单位速度梯度流动时，在单位面积上所产生内摩擦力的大小。μ 的单位为 $\mathrm{N\cdot s/m^2}$，或 $\mathrm{Pa\cdot s}$，在 C.G.S 制中，其单位为泊(P，即 $\mathrm{dyn\cdot s/cm^2}$)，泊的百分之一为厘泊(cP)。P 与 $\mathrm{N\cdot s/m^2}$ 的换算关系为

$$1P = 100cP = 10^{-1}\,\mathrm{N\cdot s/m^2}$$

(2) 运动粘性系数。

运动粘性系数 ν 是指动力粘性系数 μ 与密度 ρ 的比值，即

$$\nu = \frac{\mu}{\rho} \qquad (1\text{-}16)$$

式中：运动粘性系数 ν 的单位是 $\mathrm{m^2/s}$，在 C.G.S 制中是 $\mathrm{cm^2/s}$，叫做斯(St)[①]，斯的百分之一为厘斯(cSt)。

---

① $1\mathrm{St} = 10^{-4}\mathrm{m^2/s}$。

(3) 相对粘性系数。

相对粘度是指在规定条件下,用特定的粘度计测出被测流体相对于水的粘度。相对粘度一般用于液体。根据测定条件不同,各国采用的相对粘度单位也不相同。对于液体,美国采用赛氏粘度,代号为 SSU,英国采用雷氏粘度,代号为 R,我国与德国、俄罗斯采用恩氏粘度,代号为 E。

必须指出,流体的粘度与温度有关,但液体和气体又不相同。对液体而言,其粘度随温度升高而降低,气体则相反,其粘度随温度升高而增大。原因是液体的粘性是由分子之间内聚力造成的,这种内聚力随温度升高减小,所以粘度降低;而气体分子间距离大,内聚力极其微小,气体粘性主要是由于气体分子热运动,造成分子间相互碰撞引起的动量交换而形成的,当温度升高时,气体分子热运动加剧,相邻气体层分子间动量交换增加,引起气体内摩擦力增加,所以气体的粘度随温度升高而增大。图 1-3 为水与空气的运动粘性系数与温度的关系曲线,从图中可以看出液体和气体的粘性与温度关系的差别。

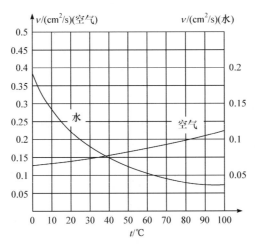

图 1-3　水、空气的运动粘性系数随温度的变化

此外,普通的压力对流体的粘度几乎没什么影响,可以认为流体的粘度只随温度变化。液体的动力粘性系数与温度的关系可近似地用下述经验公式来计算

$$\mu = \frac{\mu_0}{1 + 0.0337t + 0.000221t^2} \tag{1-17}$$

式中:μ_0 为液体在 0℃ 时的动力粘性系数(N·s/m),t 为液体的摄氏温度(℃)。

气体的动力粘性系数与温度的关系可近似地用下述经验公式来计算

$$\mu = \mu_0 \frac{273+C}{T+C} \left(\frac{T}{273} \right)^{3/2} \tag{1-18}$$

式中：μ_0 为气体在 0℃ 时的动力粘性系数($N \cdot s/m$)，T 为气体的热力学温度(K)，C 是与气体种类相关的常数(对于空气，$C = 111$)。

例 1-1 一平板距另一固定平板 0.3mm，两平板水平放置，其间充满流体，上板在 $2N/m^2$ 的力的作用下，以 0.5m/s 的速度移动，求该流体的动力粘性系数。

解 由牛顿内摩擦定律

$$\tau = \mu \frac{dv}{dn}$$

得

$$\mu = \tau \cdot \frac{dn}{dv} = 2 \times \frac{0.3 \times 10^{-3}}{0.5} = 0.0012(Pa \cdot s)$$

例 1-2 长度 $l = 1.5m$、直径 $d = 180mm$ 水平放置的圆柱体，置于内径 $D = 196mm$ 的圆管中，其中充满了 $\mu = 0.515N \cdot s/m^2$ 的润滑油，求圆柱体以 1.76m/s 的速度相对移动时，所需的功率 P。

解 由牛顿内摩擦定律

$$F = \mu S \frac{dv}{dn} = 0.515 \times 3.14 \times 0.18 \times 1.5 \times \frac{1.76}{(196-180)/2} \times 10^3 \approx 96.06(N)$$

所以

$$P = F \cdot v = 96.06 \times 1.76 \approx 169.07(J/s)$$

1.2.4 流体的传热性

当流体中沿某一方向存在温度梯度时，热量就会由温度高的地方传向温度低的地方。流体的这种性质称为流体的传热性或导热性。

试验证明，单位时间内通过流体内某一表面所传递的热量与传热面积及沿热流方向的温度梯度成正比，即

$$q = -\lambda \frac{\partial T}{\partial n} \tag{1-19}$$

式中：q 为单位时间通过单位面积的热量，单位为 $J/(m^2 \cdot s)$；T 为温度；$\partial T/\partial n$ 为温度梯度，单位为 K/m；λ 为比例系数，称为导热系数，单位为 $J/(m \cdot K \cdot s)$，导热系数的大小与流体的性质有关；负号表示热流量传递方向永远和温度梯度的方向相反。

式(1-19)又称傅里叶定律。对于三维空间来说，傅里叶定律可表示为

$$q = -\lambda \, \text{grad} \, T \tag{1-20}$$

必须注意，导热系数不仅与流体性质有关，而且随温度而变化。低压气体，

导热系数随温度升高而增大，而大部分液体的导热系数随温度升高而减小(水为例外)。

1.3　流体的模型化

实际流体有着多方面的物理属性。严格地说，这些物理属性对于流体的流动特性都有不同程度的影响。但是，在研究某一特定的流动问题时，如果把流体的所有物理属性都考虑进去，必然会使问题变得非常复杂，要进行分析并得出一定的结果就非常困难，而且也是不必要的。事实上，在某些具体问题里，流体各方面的物理属性并不具有同等的重要性。因此，对于特定问题，可以抓住一些起主导作用的物理属性，忽略一些居于次要地位的物理属性，亦即把流体模型化。这样处理问题，既可使我们更清楚地了解问题的本质，抓住事物的关键，又可使问题得到简化，便于进行数学处理和求解。

根据需要不同，通常所采用的模型化方法有以下几种。按照流体性质分为理想流体的流动和粘性流体的流动，不可压缩流体的流动和可压缩流体的流动；按照运动状态分为定常流动和非定常流动，有旋流动和无旋流动，层流流动和湍流流动，亚声速流动和超声速流动；按照流动空间的自变量数目分为一维流动、二维流动和三维流动。

这里仅给出按流体物理性质模型化的问题。对于其他问题，将在后续章节陆续展开。

1.3.1　理想流体

粘性系数等于零($\mu = 0$)的流体称为理想流体，这是一种不考虑粘性的模型，亦即在这种流体模型中，流体微团不承受粘性力作用。

实际流体虽然都有粘性，但对于粘性系数较小的流体(如水、空气等)，在某些情况下可以用理想流体来代替。例如，在研究空气绕物体流动中，只有在物体表面附近很薄的区域，即所谓附面层内，速度梯度较大，流体才显出较大的粘性力，而在附面层外，由于空气本身粘性系数很小，气流速度梯度又很小，粘性力就很小，与惯性力相比，粘性力可以略去不计，这时就可以认为流体是理想流体。

1.3.2　不可压缩流体

压缩性系数等于零($\beta = 0$)的流体称为不可压缩流体，这是一种不考虑流体压缩性或弹性的流体模型。

在工程实际中是否要考虑流体的压缩性，需视具体情况而定。对于液体来说，由于它的压缩性系数很小，多数情况下可作为不可压缩流体来处理。但是，在研究水锤和液体管路动态特性等问题时，必须考虑液体的压缩性。对于气体来说，由于它的压缩性系数较大，多数情况下要考虑压缩性。但在流速不大、压强变化较小的场合下，则可忽略其压缩性，而把气体作为不可压缩流体。对于一般气体流动问题，当马赫数小于等于 0.3 时，气体就可看作不可压缩流体。

1.4　流体静力学

1.4.1　作用在流体上的力

作用在静止流体上的力分为两类，即质量力和表面力。

质量力是指作用在流体质量上的非接触力(又称长程力)。作用在静止流体上的质量力主要是地球引力，而有加速度运动的流体上的质量力还包括流体所受的惯性力。用 $\boldsymbol{R}$ 表示静止流体单位质量所受的质量力，则

$$\boldsymbol{R} = \lim_{\Delta V \to 0} \frac{\Delta \boldsymbol{R}}{\rho \Delta V} \tag{1-21}$$

式中：$\Delta \boldsymbol{R}$ 为地球作用于质量 $\rho \Delta V$ 上的质量力。

应当指出，除了上述定义的质量力外，在流体上还可能作用着其他性质的非接触力，如带电流体所受的静电力，有电流通过的流体所受的电磁力等。这些力虽与流体的质量无关，但在流体力学中仍沿用质量力这个名词。

质量力的特点是，它们只与体积元素中的相应元素(如质量、电荷等)有关，而与它周围的元素无关。

表面力是指由毗邻流体质点或其他物体所直接施加的表面接触力(又称近程力)。用 $\boldsymbol{p}_n$ 表示作用在法线为 $\boldsymbol{n}$ 的单位面积上的表面力，则

$$\boldsymbol{p}_n = \lim_{\Delta S \to 0} \frac{\Delta \boldsymbol{p}_n}{\Delta S} \tag{1-22}$$

式中：$\Delta \boldsymbol{p}_n$ 为面积 ΔS (法线为 $\boldsymbol{n}$)上所承受的表面力，$\boldsymbol{p}_n$ 为过某点的法线为 $\boldsymbol{n}$ 的微元面上的应力。一般说来，应力 $\boldsymbol{p}_n$ 的方向与作用面的方向 $\boldsymbol{n}$ 并不重合，为此，通常把 $\boldsymbol{p}_n$ 分解成两部分：垂直作用于表面的法向应力(或称正应力)和平行于作用表面的切向应力(或称切应力)。

1.4.2　静止流体中的应力特性

在静止流体中，流体质点间没有相对运动，因此切应力为零。又由于流体分子间的吸引很小，流体质点之间几乎不能承受拉力。因此，在静止流体中只可能存在指向作用面的法向应力，该法向应力又称静压力。设静压力为 p，则

$$\boldsymbol{p}_n = -\boldsymbol{n} \cdot p \tag{1-23}$$

静压力值仅仅是空间位置和时间的函数，而与所取作用面的方向无关。为证明上述结论，现取包含任意点 M 在内的一微元四面体。该四面体如图 1-4 所示，以 M 为顶点，ABC 为斜面。令 p_x、p_y、p_z 和 p_n 分别为作用在 $\triangle MAC$、$\triangle MAB$、$\triangle MBC$ 及 $\triangle ABC$ 上的静压力，X、Y、Z 为四面体单位质量流体的质量力在 x、y、z 方向上的投影，则在 x 轴方向上力的平衡方程为

$$\frac{1}{2} p_x \mathrm{d}y\mathrm{d}z - p_n \mathrm{d}S \cos(\boldsymbol{n},\boldsymbol{x}) + \frac{1}{6}\rho \mathrm{d}x\mathrm{d}y\mathrm{d}z \cdot X = 0 \tag{1-24}$$

式中：$\mathrm{d}S$ 为 $\triangle ABC$ 的面积。由于

$$\mathrm{d}S \cos(\boldsymbol{n},\boldsymbol{x}) = \frac{1}{2}\mathrm{d}y\mathrm{d}z$$

则式(1-24)可简化为

$$p_x - p_n + \frac{1}{3}\rho \mathrm{d}x \cdot X = 0$$

当 $\mathrm{d}x$、$\mathrm{d}y$、$\mathrm{d}z$ 趋于零，即四面体以 M 点为极限时

$$p_x = p_n$$

同理可以证明

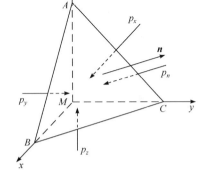

图 1-4　流体的静压力

$$p_y = p_n$$

$$p_z = p_n$$

因此

$$p_x = p_y = p_z = p_n \tag{1-25}$$

由于 p_n 的方向是任意的，所以上式表明流体内部任意点处静压力大小与作用面在空间的方位无关，即该点处的静压力在各个方向上都是相等的。由此可见，静压力不是矢量而是标量，它决定于空间点的位置，即

$$p = p(x,y,z) \tag{1-26}$$

1.4.3　流体静力学平衡微分方程

在静止流体中，压力的变化和质量力是密切相关的。如图 1-5 所示，在静止流体中取一微元平行六面体，它与 x、y、z 坐标轴平行的各边长分别为 $\mathrm{d}x$、$\mathrm{d}y$、$\mathrm{d}z$。设该微元体中心点 $A(x,y,z)$ 的压力为 p，由于流体处于静止平衡状态，故作用在所取微元六面体上的合力应为零。

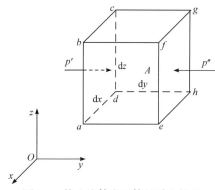

图 1-5　静止流体微元体的受力情况

作用在此微元体上的力有表面力和质量力。对于静止流体，因表面力的切向应力等于零，故作用在此微元六面体的六个面上的表面力分别与六个面垂直。例如，沿 y 轴方向的表面力，显然只有垂直于 y 轴的 $abcd$ 面和 $efgh$ 面上的法向力。令 p' 和 p'' 分别表示作用在 $abcd$ 面和 $efgh$ 面上的静压力，则作用在其上的法向力分别为 $p'\mathrm{d}x\mathrm{d}z$ 和 $-p''\mathrm{d}x\mathrm{d}z$，$p'$ 和 p'' 可以根据 A 点的压力 p 按泰勒级数展开求得。如保留一次项则为

$$p' = p - \frac{\partial p}{\partial y}\frac{\mathrm{d}y}{2} \tag{1-27}$$

$$p'' = p + \frac{\partial p}{\partial y}\frac{\mathrm{d}y}{2} \tag{1-28}$$

因此，作用于该微元六面体沿 y 轴的表面力为

$$p'\mathrm{d}x\mathrm{d}z - p''\mathrm{d}x\mathrm{d}z = -\frac{\partial p}{\partial y}\mathrm{d}x\mathrm{d}y\mathrm{d}z \tag{1-29}$$

同理，可得作用于该微元六面体沿 x 轴和 z 轴方向的表面力分别为

$$-\frac{\partial p}{\partial x}\mathrm{d}x\mathrm{d}y\mathrm{d}z \quad \text{和} \quad -\frac{\partial p}{\partial z}\mathrm{d}x\mathrm{d}y\mathrm{d}z$$

作用在该微元六面体上的质量力在 x、y、z 轴上的投影分别为

$$X\rho\mathrm{d}x\mathrm{d}y\mathrm{d}z, \quad Y\rho\mathrm{d}x\mathrm{d}y\mathrm{d}z, \quad Z\rho\mathrm{d}x\mathrm{d}y\mathrm{d}z$$

式中：X、Y、Z 分别为单位质量流体所具有的质量力 $\boldsymbol{R}$ 在 x、y、z 方向的分力，即

$$\boldsymbol{R} = X\boldsymbol{i} + Y\boldsymbol{j} + Z\boldsymbol{k} \tag{1-30}$$

根据平衡条件，沿 x、y、z 轴的各应力之和应等于零。则沿 x 轴方向，有

$$-\frac{\partial p}{\partial x}\mathrm{d}x\mathrm{d}y\mathrm{d}z + \rho X\mathrm{d}x\mathrm{d}y\mathrm{d}z = 0 \tag{1-31}$$

同理建立沿 y、z 轴的应力平衡方程。简化后，得

$$\begin{cases} \dfrac{\partial p}{\partial x} = \rho X \\[2mm] \dfrac{\partial p}{\partial y} = \rho Y \\[2mm] \dfrac{\partial p}{\partial z} = \rho Z \end{cases} \tag{1-32}$$

写成向量形式则为

$$\nabla p = \rho \boldsymbol{R} \tag{1-33}$$

或

$$\boldsymbol{R} = \frac{1}{\rho} \nabla p = \frac{1}{\rho} \operatorname{grad} p \tag{1-34}$$

式(1-34)称为流体静力学平衡微分方程，是由欧拉在 1775 年首先推导出来的，因此，又称欧拉静平衡微分方程。该方程建立了流体在平衡时压力、密度和单位质量力之间的关系，可以解决流体静力学中的许多基本问题。

由式(1-34)可知，静止流体中压力的变化是由质量力决定的，只有在质量力不等于零的方向，才有压力的变化，而在垂直于质量力方向，压力保持不变。由此可以推论：静止流体中的等压面和质量力垂直。例如，图 1-6(a)所示静止容器中，液体的质量力只有重力，此时等压面和重力垂直，是一个水平面。由于在自由表面(液体和气体交接的液体表面)上压力都等于大气压 p_a，因此自由表面就是一个等压面，此时液面就是水平的。而图 1-6(b)则为容器以加速度 a 往左运动的情况。此时容器中单位质量液体的质量力，除重力 g 外，还有一个向右的惯性力，因此，等压力面与质量力(重力与惯性力合力)垂直，液面因此不再平行而变成倾斜的了。当飞机做加速运动时，油箱中的液面就是这种情形，在设计油箱时应考虑这一点，使在各种可能的条件下，油箱都能和管路相通。

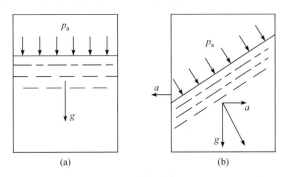

图 1-6 流体的等压面

1.4.4 在重力作用下流体内部的压力

(1) 在重力作用下流体内部的压力公式。

在一般情况下，静止流体所受的质量力只有重力，现讨论此种情况下压力的变化规律。假设图 1-5 中微元六面体所受的质量力只有重力 $\rho g \mathrm{d}x\mathrm{d}y\mathrm{d}z$，显然单位质量流体的质量力为 g，其方向为竖直向下，与图 1-5 中所选择的 z 轴方向相反，其他各轴方向质量力为零，即

$$X = 0 , \quad Y = 0 , \quad Z = -g$$

代入式(1-32)，得

$$\begin{cases} \dfrac{\partial p}{\partial x} = 0 \\[2mm] \dfrac{\partial p}{\partial y} = 0 \\[2mm] \dfrac{\partial p}{\partial z} = -\rho g \end{cases} \tag{1-35}$$

此时压力只是 z 的函数，与 x、y 无关，即

$$\frac{\partial p}{\partial z} = -\rho g \tag{1-36}$$

对于重力作用下平衡的液体，可以认为密度是不变的，即 $\rho = \text{const}$ ，则

$$p = -\rho g z + C \tag{1-37}$$

式中：C 为积分常数，由边界条件决定。

假设要求的是液体内部某点的压力，而液体内部点的位置是以液体自由表面以下的深度来表示，则可引入深度 h 作为坐标轴。h 轴的零点取在液体的自由表面上，方向向下。这时，可以将式(1-37)中的变量 z 用 $-h$ 代入，则式(1-37)变为

$$p = \rho g h + C \tag{1-38}$$

设液体自由表面上压力为 p_0 ，则可求得积分常数

$$C = p_0$$

代入式(1-38)，可得

$$p = p_0 + \rho g h \tag{1-39}$$

式(1-39)即为液体内部静压力的基本方程，p_0 为液体表面的压力。对于与大气接触的液体自由表面，p_0 为大气压力 p_a。

由式(1-39)可知，液体中任一点处的压力由两部分组成，一部分是液体自由表面上的压力 p_0 ，另一部分是该点处单位面积上液柱的重力 $\rho g h$ 。它清楚地表明了压力和重力之间的平衡关系。同时，亦可看出，所有深度相同的点存在相同的压力，共同构成等压力面。

必须指出，很多测压仪表测得的都是流体静压力与大气压力之差 $(p - p_a)$，工程上把这个差值称为相对压力或表压，而把 p 称为绝对压力。一般工程上所说的压力往往指的是表压，而不是绝对压力。

假若绝对压力 p 小于大气压力 p_a ，则相对压力为负值，这时工程上用真空压力(又称为真空度) p_b 来表示

$$p_b = p_a - p \tag{1-40}$$

(2) U 形管测压原理——连通器原理。

如图 1-7 所示，为了测量管道壁面上 C 点处的压力，可以在管壁 C 点处开一小孔，用 U 形管测压器与之相连。U 形管内部装有某种液体(如水银)，其密度为 ρ_1，U 形管的另一端与压力为 p_a 的大气相通。管道内流体密度为 ρ_2。当 U 形管中流体处于静止状态时，可由 U 形管中的液体表面高度差直接测出 C 点的压力 p_C，其原理如下。

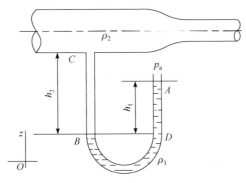

图 1-7　U 形管测压原理

根据上文分析，所有深度相同的点压力相同，即

$$p_B = p_D$$

而

$$p_B = p_C + \rho_2 g h_2$$
$$p_D = p_a + \rho_1 g h_1$$

所以

$$p_C = p_a + \rho_1 g h_1 - \rho_2 g h_2 \tag{1-41}$$

若被测流体的密度远小于 U 形管中液体的密度，则可忽略式(1-41)中的第三项，得

$$p_C = p_a + \rho_1 g h_1 \tag{1-42}$$

(3) 液压传动的基本原理——帕斯卡原理。

设有一密闭容器，如图 1-8 所示，容器的一部分边界是活塞，外力 F_1 通过小活塞向容器内液体加压。外力作用在小活塞边界液体上的压力为

$$p_0 = p_1 = \frac{F_1}{A_1}$$

式中：A_1 为小活塞面积。将 p_1 看作是该系统的边界条件，则式(1-39)仍然成立，即

$$p = p_1 + \rho gh$$

当边界压力增加某个数量时，则容器内各点液体的压力亦将增加同样的数量。由此可得出结论：密闭容器中的静止流体，由于部分边界上承受外力而产生的流体静压力，将均匀地传递到流体内所有各点上去。这就是著名的帕斯卡原理。

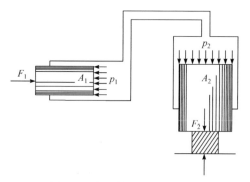

图 1-8　液压传动的基本原理

当 $p_0 \gg \rho gh$，即流体的重力可以略去时，则可认为密闭容器中压力处处相等。例如，在飞机液压系统中，导管或附件的位置高度相差不大，一般不超过 5m，设 $\rho = 850\,\mathrm{kg/m^3}$，则 $\rho gh = 41650\,\mathrm{N/m^2}$，与系统的工作压力(一般都在 140atm[①]以上)相比是很小的，故可略去。

因此，液体内部静止压力的基本方程简化为

$$p = p_0 = \mathrm{const}$$

联系到图 1-8，则有

$$p_0 = p_1 = \frac{F_1}{A_1} = p_2 = \frac{F_2}{A_2}$$

即有

$$F_2 = \frac{A_2}{A_1} F_1 \tag{1-43}$$

由于 $A_2 \gg A_1$，则 $F_2 \gg F_1$。液压系统中各种传动装置，都是应用这个原理而克服很大的外部负载的。

　　例 1-3　设水压机的柱塞直径 $D = 26\,\mathrm{cm}$，水泵柱塞直径 $d = 4\,\mathrm{cm}$，密封圈高度 $h = 2.2\,\mathrm{cm}$，摩擦系数 $f = 0.15$，压力机柱塞重 $G = 950\,\mathrm{N}$，作用在水泵柱塞上的总压力 $p_1 = 850\,\mathrm{N}$，求压力机作用于重物上的力。

---

① 1atm = 1.01325×10^5Pa。

解　p_1 所形成的流体静压力

$$p = \frac{p_1}{A_1} = \frac{p_1}{\pi \left(\dfrac{d}{2}\right)^2} = \frac{850}{3.14 \times \left(\dfrac{0.04}{2}\right)^2} \approx 676751.59 \left(N/m^2\right)$$

压力机柱塞上的总压力

$$p_2 = pA_2 = p\pi \left(\frac{D}{2}\right)^2 = 676751.59 \times 3.14 \times \left(\frac{0.26}{2}\right)^2 \approx 35912.50 (N)$$

作用于密封圈上的摩擦力为

$$T = f p \pi D h = 0.15 \times 676751.59 \times 3.14 \times 0.26 \times 0.022 \approx 1823.25 (N)$$

故压力机可施于重物的总作用力为

$$F = p_2 - G - T = 35912.50 - 950 - 1823.25 = 33139.25 (N)$$

1.4.5　静止流体对平面壁的作用力

在工程实际中, 不仅需要知道流体内部压力的分布规律, 而且还经常需要计算流体对壁面作用力的大小、方向和位置。

设有平面壁 $PQRS$ 与水平面成倾角 θ, 将流体拦截在其左侧, 如图 1-9 所示。为了说明平面壁的几何形状, 设置相应的坐标系, 将此平面壁绕 z 轴旋转 90°, 绘在右下方。现要求确定左侧流体对此平面壁 $PQRS$ 上作用力 F 的大小及其作用点 P 的位置。

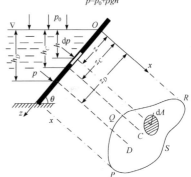

图 1-9　作用在平板上流体的合力

1.4.5.1　作用力大小

因为所求的总压力是平面壁上所受液体静压力的总和, 其方向当然与平面壁 $PQRS$ 的内法线重合。

在这个平面壁上取微元面积 dA, 并假定其形心位于液面以下深度为 h 处, 其形心处的压力为

$$p = p_0 + \rho g h$$

此微元面积 dA 所受的作用力为

$$dF = (p_0 + \rho g h) dA$$

由图 1-9 可知

$$h = z \sin \theta$$

故

$$dF = (p_0 + \rho g z \sin \theta)dA$$

因此平面壁 $PQRS$ 上所受的作用力为

$$F = \int_{PQRS} (p_0 + \rho g z \sin \theta)dA = p_0 A + \rho g \sin \theta \int_{PQRS} z dA \qquad (1\text{-}44)$$

式中：$\int_{PQRS} z dA$ 是平面壁 $PQRS$ 与 x 轴的静力矩，可改写为面积 A 与该面积几何
中心 C 点到 x 轴的垂直距离 z_C 的乘积，即

$$\int_{PQRS} z dA = z_C A$$

因此可得

$$F = p_0 A + \rho g z_C A \sin \theta \qquad (1\text{-}45)$$

又因为

$$z_C \sin \theta = h_C$$

所以式(1-45)可改写为

$$F = p_0 A + \rho g h_C A \qquad (1\text{-}46)$$

式中：h_C 为平面壁 $PQRS$ 的形心点 C 在水面以下的深度。

就平面壁 $PQRS$ 来说，其左右两侧都承受 p_0 的作用，互相抵消其影响。因此，
计算作用力的实用公式为

$$F = \rho g h_C A \qquad (1\text{-}47)$$

上式表明，静止流体对任意形状平面壁面的作用力 F 为受力面积与其形心点处流
体静压力的乘积。它的方向为受压面的内法线方向。

1.4.5.2　作用力位置

由理论力学知道，合力对于任一轴的力矩等于其分力对于同一轴的力矩和。
假定自压力作用点 D 沿壁面到 x 轴的距离为 z_D，则由式(1-47)可得

$$F \cdot z_D = \int_{PQRS} \rho g h z dA = \int_{PQRS} \rho g z^2 \sin \theta dA \qquad (1\text{-}48)$$

即

$$F \cdot z_D = \rho g \sin \theta \int_{PQRS} z^2 dA \qquad (1\text{-}49)$$

将受压面积 $PQRS$ 绕 x 轴的惯性矩 $\int_{PQRS} z^2 dA = I_x$ 和式(1-49)代入式(1-48)，整理得

$$z_D = \frac{I_x}{h_C A}\sin\theta \tag{1-50}$$

由理论力学中关于惯性矩的平行轴定理得

$$I_x = I_C + z_C^2 A \tag{1-51}$$

式中：I_x 为平面壁 PQRS 对 x 轴的惯量矩，I_C 为平面壁 PQRS 相对于通过其几何形心点并与 x 轴平行的形心轴的转动惯量。

将式(1-51)代入式(1-50)得

$$z_D = \frac{I_C + z_C^2 A}{h_C A}\sin\theta = \frac{I_C + z_C^2 A}{\dfrac{h_C}{\sin\alpha}A} = \frac{I_C + z_C^2 A}{z_C A} \tag{1-52}$$

即

$$z_D = z_C + \frac{I_C}{z_C A} \tag{1-53}$$

由上式可以看出，作用力 F 的作用点位置 D 总是低于受压面积的形心点位置 C。

1.5　国际标准大气

1.5.1　大气分层

围绕在地球表面的一层空气叫大气层。大气层的总质量约为地球质量的百万分之一，按大气的性质，首先可以把大气层分为低层大气和高层大气两层。从海平面到 85km 高度范围属于低层大气，它的组分是均匀的，其中氮气占 78.1%，氧气占 21%；85km 高度以上属于高层大气，它的特点是大气组分不均匀，直接吸收太阳辐射来的紫外线。

低大气层又可分为对流层、平流层和中间大气层。

对流层是大气的最低层，它占据了大气的大部分质量(约占 3/4)。由于靠近地面，受地面加热和起伏不平等影响，空气在不断地运动，不仅有水平方向的流动，而且有上下方向的对流，同时还发生风暴、雷雨等现象。空气的密度、压力、温度等参数均不断改变，且均随高度的增大而减小。对流层的平均高度为 11km(赤道处为 16~18km，中纬度地区为 10~12km，两极为 7~10km)。

对流层之上为平流层，其范围一直到 32km 高度左右。这层大气的特点是空气只有水平方向的流动而没有上下方向的流动，已经没有雷雨等现象。平流层中绝大部分范围(11~20km)内温度保持不变，等于 216.7K，故平流层又称同温层。平流层的上部，温度随高度增加而增加。

高度在 32～85km 之间称为中间大气层。这一层大气温度变化剧烈，先随高度增加而增加，在 47km 处达到 270.65K，而后保持到 51km 处温度不变。然后，又随高度增加而下降，在 71km 处达到 214.65K，在 85km 处温度可下降到 160K 以下。这一层所含空气质量只占整个大气层的 1/3000，十分稀薄。

85km 以上的高层大气又可分为高温层和上层大气。

高度在 85～500km 之间为高温层。在高温层里，温度随高度升高而增加。在 500km 的高空处，白天的温度高达 1370K，这是由于直接受到太阳的短波辐射造成的。

500km 高度以上称为上层大气。上层大气的上边界已没有明确的界限，逐渐和星际空间相溶合。也有人把它定义到 800km 左右，这时空气已经稀薄到没有正常定义的温度可言了，空气分子有机会逸入太空，而不与其他分子相撞。

高层大气因受太阳的短波辐射而电离，因此高层大气又称电离层。该层空气导电性强，可以反射无线电波。

现代军用飞机主要在对流层和平流层中飞行。至于更高的高度，由于空气过于稀薄，常规的喷气发动机已经不能在那样稀薄的大气中工作了。

火箭、导弹、航天飞机和人造卫星由于使用的是火箭发动机，主要在上层大气的外层空间飞行。

30～80km 之间这一空域定义为临近空间，既不适合航空飞行器的飞行，又不是航天飞行器的主要空域，目前已成为飞行器工程研究的热点。

1.5.2　国际标准大气

由于大气的压力、密度和温度等参数，不仅随高度而变化，而且随地理位置、季节和昼夜等因素而变化，这一变化直接影响到飞机的飞行性能和发动机的工作性能，从而使试飞或试车时所得的结果不好分析比较。为了便于整理试飞和试车数据，便于飞机和发动机性能比较，以及便于飞机和发动机设计计算，需要规定一个统一的大气标准。这个标准主要是按照中纬度地区全年的平均气象条件统计而确定的，称为国际标准大气。其具体规定如下。

(1) 空气被看作完全气体——一种不考虑分子间的内聚力和分子本身的体积，仅考虑分子热运动的理想化气体模型。

(2) 大气的相对湿度为零。

(3) 以海平面作为高度计算的起点($H = 0$)，在海平面处，$T_0 = 288.2\mathrm{K}$，$p_0 = 1.0133 \times 10^5 \mathrm{N/m^2}$，$\rho_0 = 1.225 \mathrm{kg/m^3}$。

(4) 高度在 0～11km 之间的对流层，气温随高度呈线性变化，每升高 1m 气温下降 0.0065K，即

$$T = 288.2 - 0.0065H (\mathrm{K})$$

(5) 高度在 11～20km 之间，气温保持不变，即

$$T = 216.7 \text{K}$$

(6) 高度在 20～32km 之间，高度每上升 1km，温度上升 1K，即

$$T = 216.7 + 0.001(H - 20000)(\text{K})$$

根据上述规定，可根据流体静力学平衡微分方程(1-34)求出大气压力随高度的变化关系。

假定空气为完全气体，因此可将完全气体状态方程

$$p = \rho R T \tag{1-54}$$

代入式(1-35)，并注意到单位质量气体的重力 $\boldsymbol{g}$ 与坐标 z 方向相反，可得

$$\frac{\mathrm{d}p}{\mathrm{d}z} = -\rho g = -\frac{pg}{RT} \tag{1-55}$$

即

$$\frac{\mathrm{d}p}{p} = -\frac{g}{RT} \mathrm{d}z \tag{1-56}$$

将坐标原点放在海平面上，并以 H 表示距海平面的高度，把 z 轴改为 H 轴，方向仍然向上，则上式可改写为

$$\frac{\mathrm{d}p}{p} = -\frac{g}{RT} \mathrm{d}H \tag{1-57}$$

(1) 对流层($H = 0 \sim 11$km)。

此时，$T = 288.2 - 0.0065H$。因而

$$\mathrm{d}T = -0.0065\mathrm{d}H, \qquad \mathrm{d}H = -\frac{\mathrm{d}T}{0.0065}$$

代入式(1-57)

$$\frac{\mathrm{d}p}{p} = \frac{g}{0.0065R} \frac{\mathrm{d}T}{T}$$

并积分，得

$$\ln p = \frac{g}{0.0065R} \ln T + C$$

已知 $H = 0$ 处的压力为 p_0，温度为 T_0，可求得积分常数

$$C = \ln p_0 - \frac{g}{0.0065R} \ln T_0$$

由此可得对流层大气的压力分布为

$$\frac{p}{p_0} = \left(\frac{T}{T_0}\right)^{\frac{g}{0.0065R}} = \left(1 - \frac{0.006\,5H}{288.2}\right)^{\frac{g}{0.0065R}} = (1 - 0.00002255H)^{5.2577} \qquad (1\text{-}58)$$

由状态方程，可得密度分布为

$$\frac{\rho}{\rho_0} = \frac{p}{p_0}\frac{T_0}{T} = \left(\frac{T}{T_0}\right)^{\frac{g}{0.0065R}-1} = (1 - 0.00002255H)^{4.2577} \qquad (1\text{-}59)$$

(2) 平流层($H = 11 \sim 20\text{km}$)。

此时，$T = 216.7\,K$。由式(1-57)，得

$$\frac{\mathrm{d}p}{p} = \frac{-g}{216.7R}\mathrm{d}H$$

$$\ln p = -\frac{gH}{216.7R} + C$$

已知 $H = 11\text{km}$ 处压强为 p_{11}，可求得积分常数

$$C = \ln p_{11} + \frac{11000g}{216.7R}$$

由此可得

$$\frac{p}{p_{11}} = \mathrm{e}^{\frac{g(11000-H)}{216.7R}} = \mathrm{e}^{-\frac{H-11000}{6\,341}} \qquad (1\text{-}60)$$

由状态方程

$$\frac{\rho}{\rho_{11}} = \frac{p}{p_{11}}\frac{T_{11}}{T} = \frac{p}{p_{11}}$$

得

$$\frac{\rho}{\rho_{11}} = \mathrm{e}^{\frac{g(11000-H)}{216.7R}} = \mathrm{e}^{-\frac{H-11000}{6341}} \qquad (1\text{-}61)$$

(3) 平流层($H = 20 \sim 32\text{km}$)。

此时，$T = 216.7 + 0.001(H - 20000)$。因而

$$\mathrm{d}T = 0.001\mathrm{d}H, \quad \mathrm{d}H = \frac{\mathrm{d}T}{0.001}$$

代入式(1-57)，得

$$\frac{\mathrm{d}p}{p} = -\frac{1}{0.001}\frac{g}{R}\frac{\mathrm{d}T}{T}$$

积分得

$$\ln p = -\frac{g}{0.001R}\ln T + C$$

已知 $H = 20\text{km}$ 时，$p = p_{20}$，$T = T_{20} = 216.7$，则

$$C = \ln p_{20} + \frac{g}{0.001R}\ln T_{20}$$

所以

$$\frac{p}{p_{20}} = \left(\frac{T}{T_{20}}\right)^{-\frac{g}{0.001R}} = (0.9077 - 4.61\times10^{-6}H)^{-34.18} \tag{1-62}$$

由状态方程得

$$\frac{\rho}{\rho_{20}} = \frac{p}{p_{20}}\frac{T_{20}}{T} = \left(\frac{T}{T_{20}}\right)^{-\frac{g}{0.001R}-1} = (0.9077 - 4.61\times10^{-6}H)^{-35.18} \tag{1-63}$$

由式(1-58)～式(1-63)，可计算出国际标准大气表。

　　以上流体的基础知识是后续章节的基础，是流体流动模型建立与空气动力学特性求解的基础知识。与传统的固体相比，流体有粘性、压缩性，并可以传导热。在静止状态时，流体内部只受与作用面垂直的法向应力作用，在此基础上，推导了流体静力学平衡微分方程，明确了压力、密度和质量力之间的关系。在学习本章内容的时候，一定要注意理解和掌握流体压缩性和粘性的表述，并要求能灵活运用流体静力学平衡微分方程解决流体静力学问题。

习　　题

　　1. 当压力增量为 $50000\text{N}/\text{m}^2$ 时，某种液体的密度增长 0.02%，试求该液体的体积弹性系数。

　　2. 流量为 $50\text{m}^3/\text{h}$、温度为 70℃ 的水流入暖气锅炉，经加热后水温升到 90℃，而水的温度膨胀系数 $\beta = 0.00064\text{L}/\text{℃}$，问从锅炉中每小时流出多少立方米的水？

　　3. 压缩机压缩空气，绝对压力从 $98.1\text{kN}/\text{m}^2$ 升高到 $6\times98.1\text{kN}/\text{m}^2$，温度从 20℃ 升高到 80℃，问空气体积减小的百分比是多少？

　　4. 设水在 60℃ 时的密度 $\rho = 983\text{kg}/\text{m}^3$，求该温度时水的运动粘度。

　　5. 一重 500N 的飞轮的回转半径为 30cm，由于轴套间流体粘性的影响，当飞轮以 $600\text{r}/\text{min}$ 旋转时，它的减速度为 $0.02\text{r}/\text{s}^2$。已知轴套的长度为 5cm、轴的直径为 2cm、它们之间的间隙为 0.05mm，求流体的粘度。

6. 设空气在 0℃时的运动粘性系数 $\nu_0 = 13.2 \times 10^{-6}\,\mathrm{m^2/s}$，密度 $\rho_0 = 1.29\,\mathrm{kg/m^3}$，求在 150℃时空气的动力粘性系数。

7. 在一滑动轴承中，转轴的直径 0.25m，轴瓦的长度 0.5m，轴与轴瓦间的间隙为 0.2mm，其中充满动力粘性系数为 0.82Pa·s 的油液。若轴的转速为 200r/min，求克服油液粘性阻力所需要的功率。

8. 温度为 20℃的空气在直径为 250mm 的圆管中流动，已知距管壁 1mm 处的空气速度为 30cm/s，求每米长管壁上的摩擦力。

9. 一块长 180cm、宽 10cm 的平板在另一块固定平板上水平滑动，两平板的间隙是 0.3mm，用密度为 918kg/m³、运动粘性系数为 $0.893 \times 10^{-4}\,\mathrm{m^2/s}$ 的润滑油充满此间隙。如果以 30cm/s 的稳定速度拖动上面的平板，问所需的力是多少？

10. 直径为 60mm 的活塞在直径为 60.1mm 的缸体内运动，当润滑油的温度由 0℃升高到 120℃时，求推动活塞所需的力减少的百分数(已知润滑油在 0℃时的动力粘性系数为 0.015Pa·s，在 120℃时的动力粘性系数为 0.002Pa·s)。

11. 汽车轮胎中的空气温度原为 27℃，绝对压强为 29.4N/cm²。设体积不变，温度升为 65℃时，其压强应为多少？

12. 已知一盛有液体的容器中液面上的压力 $p_a = 10^5\,\mathrm{Pa}$，液体的密度 $\rho = 1\,000\,\mathrm{kg/m^3}$，试求在液面下深度 $h = 2\mathrm{m}$ 处的绝对压力和表压力。

13. 如图 1-10 所示，已知水压机杠杆柄上的作用力 $F = 147\mathrm{N}$，杠杆壁 $a = 15\mathrm{cm}$，$b = 75\mathrm{cm}$。大活塞上要求的作用力 $G = 4.9\mathrm{N}$。若小活塞直径为 d，问大活塞直径 D 应为小活塞直径 d 的多少倍？活塞的高差、重量及其所受的摩擦力均可忽略不计。

14. 如图 1-11 所示，矩形闸门长 1.5m、宽 2m(垂直于纸面)，A 端为铰链，B 端连在一条倾斜角 $\alpha = 45°$ 的铁链上，用以开启此闸门。量得库内水深如图所示。今欲沿铁链方向用力 T 拉起此闸门，若不计摩擦与闸门自重，问所需力 T 为多少？

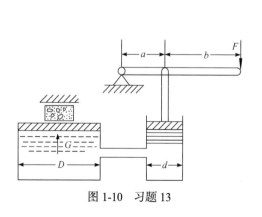

图 1-10　习题 13

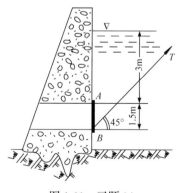

图 1-11　习题 14

15. 如图 1-12 所示，用水银 U 形管测压计测量压力水管中 A 点的压力。若测得 $h_1 = 800\text{mm}$，$h_2 = 900\text{mm}$，并假定大气压力为 $p_a = 10^5\,\text{N/m}^2$，求 A 点的绝对压力。

16. 如图 1-13 所示，盛有空气的球形容器上连接有两根测压管，一根插入水中，水面上升 $h_1 = 30\text{cm}$，另一根 U 形管中盛有水银。试确定：

(1) 球形容器中的压力 p；

(2) U 形管中水银面高度差 h_2。

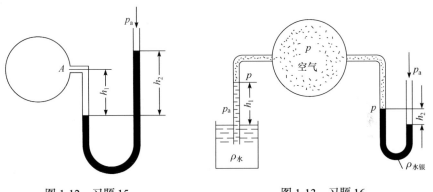

图 1-12　习题 15　　　　　　　　　　　　图 1-13　习题 16

17. 如图 1-14 所示，一块面积为 $0.91\text{m} \times 1.83\text{m}$ 的长方形木板浸没在水中，求作用在面积 AB 上的总作用力的大小和位置。如将 AB 换为底边长为 1.22m 的三角形平板 CD 倾斜浸没于水中，其顶点位于 C，求作用在面积 CD 上的总作用力的大小和位置。

18. 盛有水的容器底部有一圆孔口，见图 1-15。用空心球体封闭，该球重 $W = 2.452\text{N}$，半径 $r = 4\text{cm}$，孔口直径 $d = 5\text{cm}$，水深 $H = 20\text{cm}$，试求升起该球体所需的力 F。

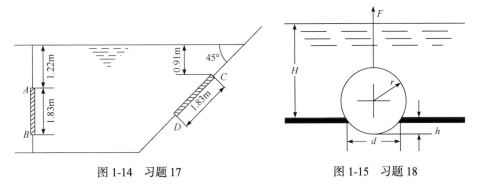

图 1-14　习题 17　　　　　　　　　　　　图 1-15　习题 18

19. 转动式桥梁支撑于直径 $d = 3.4\text{m}$ 的圆形浮筒上，浮筒漂浮于直径 $d_1 = 3.6\text{m}$

的室内，见图 1-16。

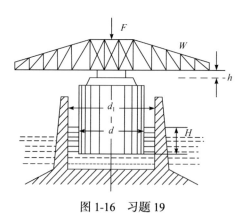

图 1-16　习题 19

(1) 假定桥梁连同浮筒自重共为 $W = 29.43 \times 10^4 \, \mathrm{N}$，求浮筒沉没在水中的深度 H；

(2) 当桥梁所受外负载 $F = 9.81 \times 10^4 \, \mathrm{N}$ 时，求桥的沉没深度 h。

第2章 流体力学基本方程

流体作为物质的一种存在形式，必须遵循自然界中关于物质运动的一些普遍规律，如质量守恒、动量守恒、能量守恒原理等，这些原理在流体运动中的具体描述形式即为流体动力学的基本方程。本章将以连续介质假设为基础，首先确定描述流体运动的一般方法，研究流体运动学。流体运动学是在不涉及力和质量的前提下，用几何观点来研究流体的运动规律，即只研究流体运动的几何性质。在此基础上，研究流体动力学，即研究流体与在其中运动着的物体之间的相互作用，以及由此物体运动而引起的流体运动的规律。本章内容是后续内容的重要理论基础，对于位流理论、机翼流动状态和空气动力特性分析等内容的学习具有重要帮助。

2.1 流体的运动

2.1.1 描述方法

描述流动通常要用两种方法，即拉格朗日法和欧拉法。

2.1.1.1 拉格朗日法

拉格朗日法是以流场中个别质点的运动作为研究的出发点，从而进一步研究整个流场的运动。具体地说，就是研究流体中某一指定质点的速度、加速度、压力、密度等描述流体运动的参数随时间的变化，以及相邻流体质点间这些参数的变化。由于流体质点是连续分布的，要研究某个确定质点的运动，首先必须有一个表征这个质点的方法。通常采用的办法是以某时刻 $t = t_0$ 各质点的空间坐标 (a,b,c) 来表征它们。不同的质点有不同的 (a,b,c) 值。显然，在瞬间 t 任一流体质点的位置，即空间的坐标 (x,y,z) 可以用 (a,b,c) 及 t 的函数来表示

$$\left. \begin{array}{l} x = x(a,b,c,t) \\ y = y(a,b,c,t) \\ z = z(a,b,c,t) \end{array} \right\} \tag{2-1}$$

式中：(a,b,c,t) 称为拉格朗日变数。

显然，当 a、b、c 固定时，式(2-1)代表确定的某个质点的运动轨迹。当 t 固定时，式(2-1)代表 t 时刻各质点所处的位置。所以式(2-1)可以描述流场中所有质

点的运动。

根据式(2-1)，任何流体质点的速度和加速度分别为

$$\left.\begin{aligned} v_x &= \frac{\partial x}{\partial t} = \frac{\partial}{\partial t} x(a,b,c,t) \\ v_y &= \frac{\partial y}{\partial t} = \frac{\partial}{\partial t} y(a,b,c,t) \\ v_z &= \frac{\partial z}{\partial t} = \frac{\partial}{\partial t} z(a,b,c,t) \end{aligned}\right\} \tag{2-2}$$

$$\left.\begin{aligned} a_x &= \frac{\partial v_x}{\partial t} = \frac{\partial^2}{\partial t^2} x(a,b,c,t) \\ a_y &= \frac{\partial v_y}{\partial t} = \frac{\partial^2}{\partial t^2} y(a,b,c,t) \\ a_z &= \frac{\partial v_z}{\partial t} = \frac{\partial^2}{\partial t^2} z(a,b,c,t) \end{aligned}\right\} \tag{2-3}$$

同样，流体的密度 ρ 、压力 p 、温度 T 也都是 (a,b,c,t) 的函数

$$\left.\begin{aligned} \rho &= \rho(a,b,c,t) \\ p &= p(a,b,c,t) \\ T &= T(a,b,c,t) \end{aligned}\right\} \tag{2-4}$$

用拉格朗日法分析流体运动，相当于对每一个流体质点布置一个观察者，跟踪记录该质点的运动情况。汇集所有观察者所记录的流体质点运动情况就是流场的运动情况。

运用拉格朗日法来研究流体运动，往往会遇到数学上的困难，所以一般很少采用这种方法。这种方法主要适用于一定流体质量封闭在一块可变空间内的一类问题，例如，研究气体在发动机汽缸内或枪炮膛内的运动。

2.1.1.2　欧拉法

欧拉法不是着眼于研究个别流体质点的运动特性，而是以流体流过空间某点时的运动特性作为研究出发点，从而研究流体在整个流场中的运动情况。具体地说，它通过下列两个方面来描述整个流场的情况：

(1) 在空间固定点上流体的各参数(如速度、加速度、压力、密度等)随时间的变化；

(2) 相邻的空间点上这些参数的变化。

用欧拉法分析流体运动，相当于在运动流体所充满的空间的每一个空间点上都布置了一个观察者，每个人都注视自己所在点流体质点的速度、加速度等物理

量怎样随时间变化。在汇集全体观察者的瞬时所得到的数据后，就可以了解整个流体的运动情况。

按照欧拉法，我们不需要注意个别流体质点的运动，而只需要研究一切描述流体运动的物理量在空间的分布，即研究各物理量的场，例如速度场、加速度场、压力场、密度场等矢量场和标量场即可。因此，在欧拉法中，一切描述运动场的物理量都应该是空间点的坐标(x, y, z)及时间t的函数，即

$$\left.\begin{array}{l} \boldsymbol{v} = \boldsymbol{v}(x, y, z, t) \\ \rho = \rho(x, y, z, t) \\ p = p(x, y, z, t) \\ T = T(x, y, z, t) \end{array}\right\} \tag{2-5}$$

其中，空间点的坐标x、y、z及时间t称为欧拉变数。

在拉格朗日描述法下，通过式(2-3)可直接求得质点的速度和加速度。但在欧拉法描述下，根据式(2-5)求加速度$\boldsymbol{a}$，其结果有所不同。因为加速度$\boldsymbol{a}$应该是"跟踪流体质点，流体质点速度对时间的导数"，而式(2-5)中的x, y, z在跟踪流体质点运动时是随时间变化的。所以应有

$$\begin{aligned} \boldsymbol{a} &= \frac{\mathrm{d}\boldsymbol{v}}{\mathrm{d}t}[x(t), y(t), z(t), t] \\ &= \frac{\partial \boldsymbol{v}}{\partial t} + \frac{\partial \boldsymbol{v}}{\partial x}\frac{\mathrm{d}x}{\mathrm{d}t} + \frac{\partial \boldsymbol{v}}{\partial y}\frac{\mathrm{d}y}{\mathrm{d}t} + \frac{\partial \boldsymbol{v}}{\partial z}\frac{\mathrm{d}z}{\mathrm{d}t} \\ &= \frac{\partial \boldsymbol{v}}{\partial t} + \frac{\partial \boldsymbol{v}}{\partial x}v_x + \frac{\partial \boldsymbol{v}}{\partial y}v_y + \frac{\partial \boldsymbol{v}}{\partial z}v_z \end{aligned} \tag{2-6}$$

引入速度的梯度表达式

$$\nabla \boldsymbol{v} = \boldsymbol{i}\frac{\partial \boldsymbol{v}}{\partial x} + \boldsymbol{j}\frac{\partial \boldsymbol{v}}{\partial y} + \boldsymbol{k}\frac{\partial \boldsymbol{v}}{\partial z} \tag{2-7}$$

它是 Hamilton 算子$\nabla = \boldsymbol{i}\frac{\partial}{\partial x} + \boldsymbol{j}\frac{\partial}{\partial y} + \boldsymbol{k}\frac{\partial}{\partial z}$与速度$\boldsymbol{v}$的并矢，为张量。于是

$$\frac{\partial \boldsymbol{v}}{\partial x}v_x + \frac{\partial \boldsymbol{v}}{\partial y}v_y + \frac{\partial \boldsymbol{v}}{\partial z}v_z = \boldsymbol{v}\cdot(\nabla\boldsymbol{v}) \tag{2-8}$$

根据张量运算法则，有$\boldsymbol{v}\cdot(\nabla\boldsymbol{v}) = (\boldsymbol{v}\cdot\nabla)\boldsymbol{v}$，因此

$$\boldsymbol{a} = \frac{\mathrm{d}\boldsymbol{v}}{\mathrm{d}t} = \frac{\partial \boldsymbol{v}}{\partial t} + (\boldsymbol{v}\cdot\nabla)\boldsymbol{v} \tag{2-9}$$

式中，$\mathrm{d}/\mathrm{d}t$表示跟踪流体质点，其变量对时间的导数，称为质点导数，或物质导数、随体导数，$\mathrm{d}\boldsymbol{v}/\mathrm{d}t$叫做质点加速度；$\partial/\partial t$表示流场任一固定点处的变量对时间的导数，是由流场的非定常性引起的，称为当地导数(或局部导数)，$\partial\boldsymbol{v}/\partial t$叫做当

地加速度；$v\cdot\nabla$ 是由于流体质点本身的运动(迁移)引起的，叫对流导数(或迁移导数)，$(v\cdot\nabla)v$ 叫做对流加速度(或迁移加速度)。其他物理量的质点导数也可以写成当地导数和对流导数之和，形式与式(2-9)相似，如

$$\frac{\mathrm{d}p}{\mathrm{d}t} = \frac{\partial p}{\partial t} + (v\cdot\nabla)p \tag{2-10}$$

由于其特殊性，在流体力学中，这种对欧拉变量的全导数也可用大写的微分符号来表示，即用 D/Dt 表示质点导数。

应该注意，在拉格朗日法中，x、y、z 是同一个流体质点在空间的位置的坐标，而在欧拉法中 x、y、z 则是空间点的坐标，在不同的瞬时，有不同的流体质点通过该点。

运用欧拉法研究流体运动时可以广泛运用数学中的场论知识，数学上比较方便，因此欧拉法得到普遍采用。本书采用的就是欧拉法。

采用欧拉法后，我们就可以用流场的概念来描述流动。所谓流场是指充满着运动流体的"空间"。用以描述运动流体特征的物理量称为"流场参量"或"流场参数"，如速度、密度、压力等，所以流场又是上述物理量的场。

流场分定常(稳定)流场和非定常(不稳定)流场两大类。

定常流场(又称定常流动)是指流体运动参数仅为空间坐标的函数，不随时间变化，即在任何时间内，通过空间某点的各质点的速度 v、压力 p、密度 ρ 等运动参数都保持固定不变的值，它们只随空间坐标位置而变。用数学形式表示为

$$\left.\begin{array}{l} v=v(x,y,z) \\ p=p(x,y,z) \\ \rho=\rho(x,y,z) \end{array}\right\} \tag{2-11}$$

或

$$\frac{\partial v}{\partial t}=0, \quad \frac{\partial p}{\partial t}=0, \quad \frac{\partial \rho}{\partial t}=0 \tag{2-12}$$

这里必须注意，在定常流动条件下，上述运动参数对时间 t 的全微分并不一定等于零。因为当流体质点由空间某一点转到另一点时，其 v、p、ρ 等可能会发生变化。

非定常流场是指流体运动参数(全部或其中之一)随时间而改变的运动，即

$$v=v(x,y,z,t)$$
$$p=p(x,y,z,t)$$
$$\rho=\rho(x,y,z,t)$$

或者

$$\frac{\partial v}{\partial t}\neq 0, \quad \frac{\partial p}{\partial t}\neq 0, \quad \frac{\partial \rho}{\partial t}\neq 0$$

工程实际中所遇到的流体运动绝大多数为非定常流动。由于非定常流动的复杂性，研究它比研究定常流动要困难得多，所以我们经常把运动参数随时间变化不大的非定常流动，在一定条件下简化为定常流动，以简化研究。此外，有些运动的定常或非定常性与坐标系的选取有关。例如，一只船在平静的湖面上等速直线航行，船两侧湖水的运动对于岸上的人来看是非定常的，但对于船上的人来看，从前方来的湖水总是受到相同的船的扰动，其运动基本上不随时间而改变，可以认为湖水的运动是定常的。飞机在空中飞行也是如此。这也是流体力学中采用运动转换的原因之一。

2.1.1.3　运动转换

研究物体在静止流体中运动时所受到的力(例如，研究飞行器在空中飞行时所受到的空气动力及舰船在水中运动时所受到的水动力等)，往往采用运动转换的方法。

所谓运动转换，就是把物体以一定的速度在静止流体中的运动情况，转换成流体以同样大小的速度流过静止物体的运动情况，如图 2-1 所示。图中 R_1，R_2 为流体作用在物体上的力。

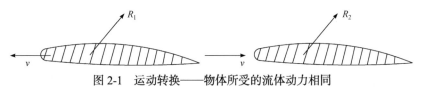

图 2-1　运动转换——物体所受的流体动力相同

根据运动相对性原理，作用在物体上的力是一样的，即

$$R_1 = R_2$$

运用运动转换可使研究工作大大简化。

首先，运动转换可简化试验设备和试验方法。以飞行器为例，应用运动转换，飞行器在空中飞行的试验研究，变为飞行器不动，而用人造气流流向飞行器的办法来进行试验研究。这就是风洞试验的基本理论依据。

其次，运动转换也可简化理论研究，使非定常流动变为定常流动。仍以飞行器为例，如果我们选取地面坐标系，当飞机(以机翼为代表)在静止空气中以速度 v_∞ 向左运动时，其流动情况如图 2-2(a)所示，其头部不断把气体质点推开，尾部又把气体质点吸引过来。因此，空间任一点的流动参数都是时间 t 的函数，流动是非定常的。如果此时在该系统中加一个向右的水平速度 v_∞，则机翼静止了，气体却以 v_∞ 流向机翼。叠加后的流线谱如图 2-2(b)所示。这相当于观察者置身于固定在机翼的坐标系中。此时空间中任意一点的流动参数与时间无关，因而流动是定常的。由此可见，从理论研究来看，运动转换的目的是选取适当的坐标系，使非定常流动变为定常流动，从而使问题简化。为了便于研究，今后我们将广泛地运用运动转换方法。

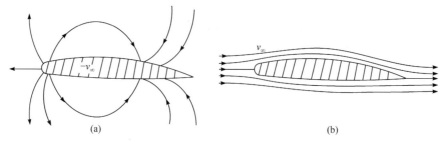

图 2-2　非定常运动转换成定常运动

2.1.2　迹线、流线及流管

为了形象地描述流场，常引用迹线、流线及流管等概念。

2.1.2.1　迹线

任何一个流体质点在流场中的运动轨迹称为迹线。

2.1.2.2　流线

流线上任一点的切线与流体在该点的速度方向一致。在用欧拉法研究流体运动时，流线是很重要的一个概念，为了加深了解，下面介绍流线的作法。

如图 2-3 所示，设在某瞬时 t_1，流场中点 1 处流体质点的速度为 v_1，沿 v_1 矢量方向在距点 1 无穷小距离 ds_1 处取点 2。点 2 处流体质点在同一瞬时 t_1 的速度为 v_2，再沿 v_2 矢量方向在距点 2 无穷小距离 ds_2 处取点 3。点 3 处流体质点在同一瞬时 t_1 速度为 v_3，……。依次类推可以找到点 4、5、…。这样，在瞬间 t_1 可以得到一条空间折线 $\overline{12}$、$\overline{23}$、$\overline{34}$、$\overline{45}$、…。当各折线段 ds 趋于零时，该折线的极限为一条光滑曲线，该曲线就是瞬时 t_1 过点 1 的流线，见图 2-3 中曲线(a)。

同理可作出图 2-3 中(b)所示的瞬时 t_2 过点 1 的流线。

根据流线的概念，可以得出流线的如下特征。

(1) 通过空间固定点流线的形状，在定常流场中不随时间变化，而在非定常流场中则随时间变化。这是由于非定

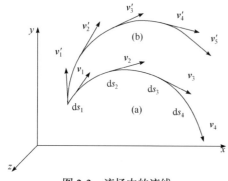

图 2-3　流场中的流线

(a) t_1 瞬时过点 1 的流线；(b) t_2 瞬时过点 1 的流线

常流场中流体质点速度随时间变化，所以在瞬时 t_2 通过流场空间点 1 的速度矢量将改变为 v_1'，因而瞬时 t_2 通过点 1 的流线将改变为图 2-3(b)。

(2) 定常流场中经过某一点的流线和经过该点流体质点的迹线重合。

(3) 一般情况下流线不会相交，因为同一瞬时空间每一点只能有一个速度方向，所以不可能有两条流线同时通过一点，但在以下三种情况下例外：

(a) 在速度为零的点上，如图 2-4(a)中 A 点，一条流线在上翼面，一条流线在下翼面，通常称 A 点(即速度为零的点)为驻点；

(b) 在速度为无穷大的点上，如图 2-4(b)中的 O 点，通常称 O 点(速度为无穷大的点)为奇点；

(c) 流线相切，如图 2-4(a)中的 B 点，上下两股流体在 B 点相切。

(4) 流场中每一点都有流线通过，所有流线的集合称为流线谱，简称流谱。

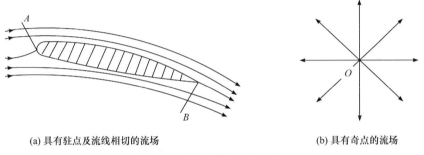

(a) 具有驻点及流线相切的流场　　　　　　　　(b) 具有奇点的流场

图 2-4　具有流线相交的流场

由流线上任意点的速度矢量和流线相切的这一性质，可得流线方程为

$$v \times \mathrm{d}r = 0 \tag{2-13}$$

式中：$\mathrm{d}r$ 为流线切线方向的微元向量。

将上式投影在直角坐标上，可得流线微分方程为

$$\frac{\mathrm{d}x}{v_x} = \frac{\mathrm{d}y}{v_y} = \frac{\mathrm{d}z}{v_z} \tag{2-14}$$

通过对微分方程(2-14)积分，即可求出流线方程。积分时必须注意，因为流线是对同一时刻而言，因此积分时可视 t 为常数。

例 2-1　已知流场中

$$v_x = x + t$$

$$v_y = y + t$$

求 $t = 1$ 时刻经过(1,2)点的流线。

解 将 v_x、v_y 代入式(2-14)中，得

$$\frac{\mathrm{d}x}{x+t} = \frac{\mathrm{d}y}{y+t}$$

积分得

$$\ln(x+t) = \ln(y+t) + \ln C$$

即

$$x+t = C(y+t)$$

此为该流场中的一般流线方程。

将 $t=1$，$x=1$，$y=2$ 代入，可解得

$$C = \frac{2}{3}$$

因此，$t=1$ 时刻通过(1,2)点的流线方程为

$$x = \frac{2}{3}y - \frac{1}{3}$$

2.1.2.3 流管

在流场中，作一不与流线重合的任意封闭曲线，经过该曲线上每一点作流线，由这些流线集合构成的管状曲面称为流管，如图 2-5 所示。

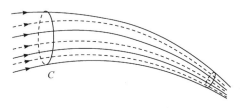

图 2-5　流场中的流管

流管有如下性质：

(1) 流管不能相交；

(2) 流管的位置与形状在定常流场中不随时间而变，而在非定常流场中则随时间变化；

(3) 由于流管由流线组成，因此流体不能穿出或穿入流管壁面，在任意瞬时，流场中的流管类似于真实的固体管壁。

2.1.3　流体微团运动分析

流体微团是具有一定几何形状的部分流体质点的集合。为了从微观上了解流体运动的本质，就必须对流体微团的运动进行分析。

2.1.3.1 流体微团速度分解的数学推导

现讨论某一流体微团在某一时刻 t 的运动。在该流体微团上任取一点 $M(x,y,z)$ 作为基点，如图 2-6 所示，它的速度分量为

$$v_x = v_x(x,y,z,t)$$
$$v_y = v_y(x,y,z,t)$$
$$v_z = v_z(x,y,z,t)$$

再取其邻近点 $M'(x+\Delta x, y+\Delta y, z+\Delta z)$，见图 2-6，则它的速度分量为

$$v'_x = v_x(x+\Delta x, y+\Delta y, z+\Delta z, t)$$
$$v'_y = v_y(x+\Delta x, y+\Delta y, z+\Delta z, t)$$
$$v'_z = v_z(x+\Delta x, y+\Delta y, z+\Delta z, t)$$

将上述三式右端按泰勒级数展开，并略去二阶以上的小量，得

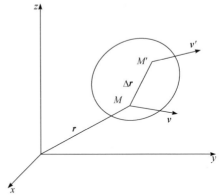

图 2-6 流体微团运动

$$v'_x = v_x + \frac{\partial v_x}{\partial x}\Delta x + \frac{\partial v_x}{\partial y}\Delta y + \frac{\partial v_x}{\partial z}\Delta z$$

$$v'_y = v_y + \frac{\partial v_y}{\partial x}\Delta x + \frac{\partial v_y}{\partial y}\Delta y + \frac{\partial v_y}{\partial z}\Delta z$$

$$v'_z = v_z + \frac{\partial v_z}{\partial x}\Delta x + \frac{\partial v_z}{\partial y}\Delta y + \frac{\partial v_z}{\partial z}\Delta z$$

写成矩阵形式

$$
\begin{bmatrix} v'_x \\ v'_y \\ v'_z \end{bmatrix} =
\begin{bmatrix} v_x \\ v_y \\ v_z \end{bmatrix} +
\begin{bmatrix}
\dfrac{\partial v_x}{\partial x} & \dfrac{\partial v_x}{\partial y} & \dfrac{\partial v_x}{\partial z} \\[2mm]
\dfrac{\partial v_y}{\partial x} & \dfrac{\partial v_y}{\partial y} & \dfrac{\partial v_y}{\partial z} \\[2mm]
\dfrac{\partial v_z}{\partial x} & \dfrac{\partial v_z}{\partial y} & \dfrac{\partial v_z}{\partial z}
\end{bmatrix}
\begin{bmatrix} \Delta x \\ \Delta y \\ \Delta z \end{bmatrix}
\tag{2-15}
$$

或简写成

$$\boldsymbol{v}' = \boldsymbol{v} + [D] \cdot \Delta \boldsymbol{r} \tag{2-16}$$

其中，矩阵

$$[D]=\begin{bmatrix} \dfrac{\partial v_x}{\partial x} & \dfrac{\partial v_x}{\partial y} & \dfrac{\partial v_x}{\partial z} \\[3mm] \dfrac{\partial v_y}{\partial x} & \dfrac{\partial v_y}{\partial y} & \dfrac{\partial v_y}{\partial z} \\[3mm] \dfrac{\partial v_z}{\partial x} & \dfrac{\partial v_z}{\partial y} & \dfrac{\partial v_z}{\partial z} \end{bmatrix} \tag{2-17}$$

式中：$[D]\cdot\Delta\boldsymbol{r}$ 是点 M' 相对于点 M 的相对运动速度。为了对此相对速度再作分解，把矩阵 $[D]$ 分解为对称矩阵和反对称矩阵之和，即

$$[D]=[S]+[A]$$

其中，对称矩阵 $[S]$ 为

$$[S]=\dfrac{[D]+[D]^{\mathrm{T}}}{2}=\begin{bmatrix} \dfrac{\partial v_x}{\partial x} & \dfrac{1}{2}\left(\dfrac{\partial v_x}{\partial y}+\dfrac{\partial v_y}{\partial x}\right) & \dfrac{1}{2}\left(\dfrac{\partial v_x}{\partial z}+\dfrac{\partial v_z}{\partial x}\right) \\[3mm] \dfrac{1}{2}\left(\dfrac{\partial v_y}{\partial x}+\dfrac{\partial v_x}{\partial y}\right) & \dfrac{\partial v}{\partial y} & \dfrac{1}{2}\left(\dfrac{\partial v_y}{\partial z}+\dfrac{\partial v_z}{\partial y}\right) \\[3mm] \dfrac{1}{2}\left(\dfrac{\partial v_z}{\partial x}+\dfrac{\partial v_x}{\partial z}\right) & \dfrac{1}{2}\left(\dfrac{\partial v_z}{\partial y}+\dfrac{\partial v_y}{\partial z}\right) & \dfrac{\partial v_z}{\partial z} \end{bmatrix} \tag{2-18}$$

反对称矩阵 $[A]$ 为

$$[A]=\dfrac{[D]-[D]^{\mathrm{T}}}{2}=\begin{bmatrix} 0 & \dfrac{1}{2}\left(\dfrac{\partial v_x}{\partial y}-\dfrac{\partial v_y}{\partial x}\right) & \dfrac{1}{2}\left(\dfrac{\partial v_x}{\partial z}-\dfrac{\partial v_z}{\partial x}\right) \\[3mm] \dfrac{1}{2}\left(\dfrac{\partial v_y}{\partial x}-\dfrac{\partial v_x}{\partial y}\right) & 0 & \dfrac{1}{2}\left(\dfrac{\partial v_y}{\partial z}-\dfrac{\partial v_z}{\partial y}\right) \\[3mm] \dfrac{1}{2}\left(\dfrac{\partial v_z}{\partial x}-\dfrac{\partial v_x}{\partial z}\right) & \dfrac{1}{2}\left(\dfrac{\partial v_z}{\partial y}-\dfrac{\partial v_y}{\partial z}\right) & 0 \end{bmatrix} \tag{2-19}$$

$[D]^{\mathrm{T}}$ 是 $[D]$ 的转置矩阵。

令

$$\left.\begin{aligned} \omega_x &= \frac{1}{2}\left(\frac{\partial v_z}{\partial y}-\frac{\partial v_y}{\partial z}\right) \\[2mm] \omega_y &= \frac{1}{2}\left(\frac{\partial v_x}{\partial z}-\frac{\partial v_z}{\partial x}\right) \\[2mm] \omega_z &= \frac{1}{2}\left(\frac{\partial v_y}{\partial x}-\frac{\partial v_x}{\partial y}\right) \end{aligned}\right\} \tag{2-20}$$

则

$$\boldsymbol{\omega} = \frac{1}{2}\text{rot}\boldsymbol{v} = \frac{1}{2}\nabla \times \boldsymbol{v} \tag{2-21}$$

且有

$$
[A] \cdot \Delta \boldsymbol{r} = \begin{bmatrix} 0 & -\omega_z & \omega_y \\ \omega_z & 0 & -\omega_x \\ -\omega_y & \omega_x & 0 \end{bmatrix} \begin{bmatrix} \Delta x \\ \Delta y \\ \Delta z \end{bmatrix}
$$

$$
= \begin{bmatrix} \omega_y \Delta z - \omega_z \Delta y \\ \omega_z \Delta x - \omega_x \Delta z \\ \omega_x \Delta y - \omega_y \Delta x \end{bmatrix}
$$

$$
= \boldsymbol{\omega} \times \Delta \boldsymbol{r} = \frac{1}{2}\text{rot}\boldsymbol{v} \times \Delta \boldsymbol{r} \tag{2-22}
$$

将以上结果代回式(2-16)，得

$$\boldsymbol{v}' = \boldsymbol{v} + \frac{1}{2}\text{rot}\boldsymbol{v} \times \Delta \boldsymbol{r} + [S] \cdot \Delta \boldsymbol{r} \tag{2-23}$$

2.1.3.2 节将进一步分析指出，矢量 $\boldsymbol{\omega} = \text{rot}\boldsymbol{v}/2$ 实际上描述了流体微团的旋转，而矩阵 $[S]$ 描述了流体微团的变形，称矩阵 $[A]$ 为旋转矩阵，矩阵 $[S]$ 为变形速率矩阵。式(2-23)表示，流体微团上任一点 M' 的速度 $\boldsymbol{v}'$ 等于随基点 M 的移动速度 $\boldsymbol{v}$、绕基点转动而引起的旋转速度 $\frac{1}{2}\text{rot}\boldsymbol{v} \times \Delta \boldsymbol{r}$ 以及因流体变形而产生的点 M' 相对于点 M 的变形速度 $[S] \cdot \Delta \boldsymbol{r}$ 三者之和。这就是亥姆霍兹速度分解定理。

2.1.3.2　流体微团的旋转分析

为了理解旋转矩阵和变形矩阵的物理意义，我们考虑边长分别为 Δx、Δy 和 Δz 的流体微团，图 2-7(a)是其平行于 xy 平面的一个侧面 $ABCD$。设 A 点沿 x 和 y 方向的速度分量分别为 v_x 和 v_y，则 B、C、D 各点的速度分量分别如图 2-7(a)所示。

现在研究流体微团的旋转，为此暂不考虑微团的伸缩。设 $\text{d}t$ 时间后 $ABCD$ 面将移至 $A'B'C'D'$ 位置，见图 2-7(b)。则 AB 边的角速度是

$$\frac{\text{d}\theta_1}{\text{d}t} = \frac{\left[\left(v_y + \frac{\partial v_y}{\partial x}\Delta x\right)\text{d}t - v_y \text{d}t\right]\bigg/\Delta x}{\text{d}t} = \frac{\partial v_y}{\partial x}$$

AD 边的旋转角速度是

$$\frac{\text{d}\theta_2}{\text{d}t} = -\frac{\left[\left(v_x + \frac{\partial v_x}{\partial y}\Delta y\right)\text{d}t - v_x \text{d}t\right]\bigg/\Delta y}{\text{d}t} = -\frac{\partial v_x}{\partial y}$$

式中：取负号是因为当 $\partial v_x/\partial y > 0$ 时，AD 边沿顺时针方向转动，应有 $\mathrm{d}\theta_2/\mathrm{d}t < 0$；反之亦然。

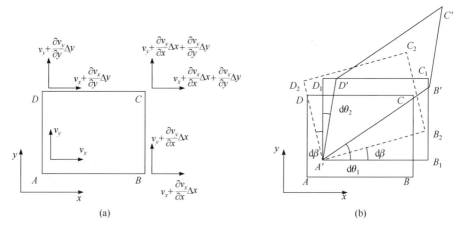

图 2-7　流体微团的运动示意图

由此可见，互相垂直的两边 AB 和 AD 绕经过 A 点的平行于 z 轴的直线的平均旋转角速度 ω_z 为

$$\omega_z = \frac{1}{2}\left(\frac{\mathrm{d}\theta_1}{\mathrm{d}t} + \frac{\mathrm{d}\theta_2}{\mathrm{d}t}\right) = \frac{1}{2}\left(\frac{\partial v_y}{\partial x} - \frac{\partial v_x}{\partial y}\right)$$

同理可求得流体微团绕其他两个轴的角速度分别为

$$\omega_x = \frac{1}{2}\left(\frac{\partial v_z}{\partial y} - \frac{\partial v_y}{\partial z}\right)$$

$$\omega_y = \frac{1}{2}\left(\frac{\partial v_x}{\partial z} - \frac{\partial v_z}{\partial x}\right)$$

因此，流体微团的平均角速度向量为

$$\begin{aligned}
\boldsymbol{\omega} &= \omega_x \boldsymbol{i} + \omega_y \boldsymbol{j} + \omega_z \boldsymbol{k} \\
&= \frac{1}{2}\left[\left(\frac{\partial v_z}{\partial y} - \frac{\partial v_y}{\partial z}\right)\boldsymbol{i} + \left(\frac{\partial v_x}{\partial z} - \frac{\partial v_z}{\partial x}\right)\boldsymbol{j} + \left(\frac{\partial v_y}{\partial x} - \frac{\partial v_x}{\partial y}\right)\boldsymbol{k}\right] = \frac{1}{2}\mathrm{rot}\boldsymbol{v}
\end{aligned} \tag{2-24}$$

所以，$\dfrac{1}{2}\mathrm{rot}\boldsymbol{v} \times \Delta\boldsymbol{r}$ 是由于流体微团绕基点的转动而引起的邻近点相对于基点的旋转速度。

从上面分析可知，流体微团是否旋转以及旋转的程度如何，决定于速度的旋度。通常我们称速度的旋度为涡量，并记作

$$\boldsymbol{\Omega} = \mathrm{rot}\boldsymbol{v} \equiv \nabla \times \boldsymbol{v} \tag{2-25}$$

显然，涡量等于流体微团平均旋转角速度的两倍。如果 $\boldsymbol{\Omega} = \nabla \times \boldsymbol{v} = 0$，则称流体的运动为无旋运动；否则，称为有旋运动。

2.1.3.3　流体微团的变形分析

下面研究变形矩阵[S]中各量的物理意义。

1) 线变形速率 ε_{ii}

单位时间内流体线的相对伸长称为相对线变形速率，简称线变形速率。现以微团中平行于 xy 平面的 $ABCD$ 面为例进行说明，见图 2-8。为研究方便起见，只考虑 AB 边的变形速率，即假定其他各边变形率为零。这样，经过 $\mathrm{d}t$ 时间后，$ABCD$ 面将运动到 $A'B'C'D'$。从图 2-8 中可见，流体微团沿 x 方向的相对线变形率(亦称相对线膨胀率)为

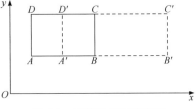

图 2-8　流体微团的线变形

$$\varepsilon_{xx} = \lim_{\Delta x \to 0} \frac{\left(v_x + \dfrac{\partial v_x}{\partial x} \Delta x\right)\mathrm{d}t - v_x \mathrm{d}t}{\Delta x \mathrm{d}t} = \frac{\partial v_x}{\partial x} \tag{2-26}$$

ε_{xx} 表示 x 方向的流体相对线变形率。

同理可求得沿 y 方向和沿 z 方向的相对线变形率分别为

$$\varepsilon_{yy} = \frac{\partial v_y}{\partial y} \tag{2-27}$$

$$\varepsilon_{zz} = \frac{\partial v_z}{\partial z} \tag{2-28}$$

于是，流体的相对体膨胀率则为

$$\frac{\left(1 + \dfrac{\partial v_x}{\partial x}\mathrm{d}t\right)\left(1 + \dfrac{\partial v_y}{\partial y}\mathrm{d}t\right)\left(1 + \dfrac{\partial v_z}{\partial z}\mathrm{d}t\right)\Delta x \Delta y \Delta z - \Delta x \Delta y \Delta z}{\Delta x \Delta y \Delta z \cdot \mathrm{d}t}$$

$$\approx \frac{\partial v_x}{\partial x} + \frac{\partial v_y}{\partial y} + \frac{\partial v_z}{\partial z} = \mathrm{div}\boldsymbol{v} \tag{2-29}$$

上式表明，流体微团的相对体膨胀率等于沿三个方向的相对线膨胀率之和，即速度向量的散度。对于不可压流体，其体积不会变化，则

$$\mathrm{div}\boldsymbol{v} = 0 \tag{2-30}$$

2) 角变形速率 $\varepsilon_{ij}(i \neq j)$

角变形速率主要讨论流体微团的剪切变形，故又称剪变形速率。

如图 2-7(b)所示，在 dt 时间内流体面 $ABCD$ 将运动到 $A'B'C'D'$ 位置。这一运动可以看成由 $ABCD$ 到 $A'B_1C_1D_1$ 的平动、由 $A'B_1C_1D_1$ 到 $A'B_2C_2D_2$ 的转动以及由 $A'B_2C_2D_2$ 到 $A'B'C'D'$ 的变形三者的复合运动。现研究由 $A'B_2C_2D_2$ 到 $A'B'C'D'$ 纯变形。

因为平动和变形运动不影响流体微团的旋转角速度，因此，$A'B_1C_1D_1$ 到 $A'B_2C_2D_2$ 的旋转角速度与 $ABCD$ 到 $A'B'C'D'$ 的旋转角速度相同，为 $\dfrac{1}{2}\left(\dfrac{\partial v_y}{\partial x}-\dfrac{\partial v_x}{\partial y}\right)$，d$t$ 时间内流体微团旋转的角度为

$$\mathrm{d}\beta=\frac{1}{2}\left(\frac{\partial v_y}{\partial x}-\frac{\partial v_x}{\partial y}\right)\mathrm{d}t$$

在纯变形中，AB 边从 $A'B_2$ 到 $A'B'$ 的单位时间内转过的角度为

$$\frac{\mathrm{d}\theta_1-\mathrm{d}\beta}{\mathrm{d}t}=\frac{\partial v_y}{\partial x}-\frac{1}{2}\left(\frac{\partial v_y}{\partial x}-\frac{\partial v_x}{\partial y}\right)=\frac{1}{2}\left(\frac{\partial v_y}{\partial x}+\frac{\partial v_x}{\partial y}\right)$$

AD 边从 $A'D_2$ 到 $A'D'$ 的单位时间内转过的角度为

$$\frac{\mathrm{d}\theta_2+\mathrm{d}\beta}{\mathrm{d}t}=\frac{\partial v_x}{\partial y}+\frac{1}{2}\left(\frac{\partial v_y}{\partial x}-\frac{\partial v_x}{\partial y}\right)=\frac{1}{2}\left(\frac{\partial v_x}{\partial y}+\frac{\partial v_y}{\partial x}\right)$$

两者大小相等，但方向相反，如同剪刀的两臂运动，故称这种变形为剪变形，其变形速率为

$$\varepsilon_{xy}=\frac{1}{2}\left(\frac{\partial v_y}{\partial x}+\frac{\partial v_x}{\partial y}\right)=\varepsilon_{yx} \tag{2-31}$$

其中，ε_{xy} 表示沿 xy 平面的剪变形速率，或角变形速率，其第一个下标表示流体边平行于 x 轴，第二个下标 y 表示流体边的端点在 y 轴方向上产生位移；ε_{yx} 则表示流体边平行于 y 轴，而流体边的端点在 x 轴方向上产生位移。

同理可求得

$$\varepsilon_{yz}=\frac{1}{2}\left(\frac{\partial v_z}{\partial y}+\frac{\partial v_y}{\partial z}\right)=\varepsilon_{zy} \tag{2-32}$$

$$\varepsilon_{zx}=\frac{1}{2}\left(\frac{\partial v_x}{\partial z}+\frac{\partial v_z}{\partial x}\right)=\varepsilon_{xz} \tag{2-33}$$

将式(2-26)~式(2-28)及式(2-31)~式(2-33)代入式(2-18)，得

$$[S]=\begin{bmatrix}\varepsilon_{xx} & \varepsilon_{xy} & \varepsilon_{xz} \\ \varepsilon_{yx} & \varepsilon_{yy} & \varepsilon_{yz} \\ \varepsilon_{zx} & \varepsilon_{zy} & \varepsilon_{zz}\end{bmatrix} \tag{2-34}$$

由此可见，矩阵[S]代表了流体微团的变形速率，故称变形速率矩阵。而

$$[S]\cdot \Delta r = \begin{bmatrix} \varepsilon_{xx} & \varepsilon_{xy} & \varepsilon_{xz} \\ \varepsilon_{yx} & \varepsilon_{yy} & \varepsilon_{yz} \\ \varepsilon_{zx} & \varepsilon_{zy} & \varepsilon_{zz} \end{bmatrix} \begin{bmatrix} \Delta x \\ \Delta y \\ \Delta z \end{bmatrix} = \begin{bmatrix} \varepsilon_{xx}\Delta x + \varepsilon_{xy}\Delta y + \varepsilon_{xz}\Delta z \\ \varepsilon_{yx}\Delta x + \varepsilon_{yy}\Delta y + \varepsilon_{yz}\Delta z \\ \varepsilon_{zx}\Delta x + \varepsilon_{zy}\Delta y + \varepsilon_{zz}\Delta z \end{bmatrix} \tag{2-35}$$

则代表因流体变形而产生的变形速度。

讨论了流体微团的旋转运动和变形运动后，对亥姆霍兹速度分解定理的物理本质可以得到进一步理解。

2.2 雷诺输运方程

流体受力导致流体的运动，流体运动和受力之间的关系遵循质量守恒、动量守恒和能量守恒原理。虽然质量守恒、动量守恒及能量守恒原理的原始形式都是对"系统"写出的，但在许多流体力学的实际问题中，采用"控制体"的概念却方便得多。为此，在讨论基本运动方程之前，首先介绍"系统"和"控制体"概念以及为推导流体力学基本方程而引入的雷诺输运方程。

2.2.1 系统与控制体的定义

2.2.1.1 系统的定义

包含着不变的物质的任何集合称为系统。系统之外的一切，统称为外界。系统的边界是把系统和外界分开的表面，这个表面既可是真实的，也可是假设的。在流体力学中，系统往往指的是由确定的流体质点所组成的流体团。

系统有如下的特点：

(1) 系统的边界随系统一起运动，它可以是刚性的，也可以产生变形；

(2) 在系统的边界上，不存在质量交换，即流体不能流出边界，也不能流入边界；

(3) 在系统的边界上，可以存在能量交换以及系统与外界的相互作用。

2.2.1.2 控制体的定义

控制体是指流场空间中的一个固定体积。控制体的边界面称为控制面。控制面是一个封闭曲面。控制体的形状和大小恒定不变，但占据控制体的流体质点是随着时间而变化的。

控制体的边界控制面有如下特点：

(1) 控制面对于坐标系是固定的；

(2) 控制面上可以有质量和能量交换；

(3) 在控制面上存在着控制体外的物体与控制体内的物体的相互作用。

2.2.2　雷诺输运方程的推导

定义系统的某种物理量

$$I = \iiint_{V_S} \Phi \mathrm{d}V_S \tag{2-36}$$

其中，V_S 为系统体积，$\mathrm{d}V_S$ 为系统的微元体积。把 I 对时间的变化率称为系统导数。雷诺输运方程的本质就是把上述物理量的系统导数 $\dfrac{\mathrm{d}I}{\mathrm{d}t} = \dfrac{\mathrm{d}}{\mathrm{d}t}\iiint_{V_S}\Phi\mathrm{d}V_S$ 转换成适合于控制体的导数。

在计算物理量 I 的导数时，不但要考虑到被积函数 $\Phi(x,y,z,t)$ 随时间的变化，而且还要考虑到流体体积 V_S 本身的变化。

用 V_C 表示控制体体积，相应的微元体用 $\mathrm{d}V_C$ 表示。显然 V_C、$\mathrm{d}V_C$ 是不随时间变化的，而 V_S、$\mathrm{d}V_S$ 是随时间变化的。

设系统在 t 时刻和 $t+\Delta t$ 时刻的位置如图 2-9 所示，I 在时间间隔 Δt 内的增量为

$$\begin{aligned}
\Delta I &= I(t+\Delta t) - I(t)\\
&= \iiint_{V_{S1}+V_{S2}} \Phi(x,y,z,t+\Delta t)\mathrm{d}V_S - \iiint_{V_{S1}+V_{S3}} \Phi(x,y,z,t)\mathrm{d}V_S\\
&= \iiint_{V_{S1}} [\Phi(x,y,z,t+\Delta t) - \Phi(x,y,z,t)]\mathrm{d}V_S\\
&\quad + \iiint_{V_{S2}} \Phi(x,y,z,t+\Delta t)\mathrm{d}V_S - \iiint_{V_{S3}} \Phi(x,y,z,t)\mathrm{d}V_S
\end{aligned}$$

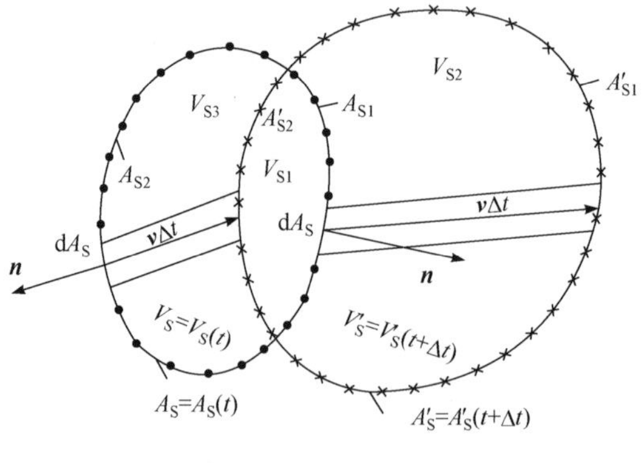

图 2-9　系统运动分析

由系统导数的定义知

$$\frac{\mathrm{d}I}{\mathrm{d}t} = \lim_{\Delta t \to 0} \frac{I(t + \Delta t) - I(t)}{\Delta t} = \lim_{\Delta t \to 0} \frac{1}{\Delta t} \iiint_{V_{S1}} [\Phi(x, y, z, t + \Delta t) - \Phi(x, y, z, t)] \mathrm{d}V_S$$

$$+ \lim_{\Delta t \to 0} \frac{1}{\Delta t} \left[\iiint_{V_{S2}} \Phi(x, y, z, t + \Delta t) \mathrm{d}V_S - \iiint_{V_{S3}} \Phi(x, y, z, t) \mathrm{d}V_S \right]$$

由积分中值定理

$$\Phi(x, y, z, t + \Delta t) - \Phi(x, y, z, t) = \Delta t \left(\frac{\partial \Phi}{\partial t} \right)_{t + \theta \Delta t}$$

式中：$0 \leqslant \theta \leqslant 1$。当 $\Delta t \to 0$ 时，体积 V_{S1} 趋近于 V_S，而在 t 时刻系统体积 V_S 等于控制体体积 V_C，即 $V_C = V_S$。所以

$$\lim_{\Delta t \to 0} \frac{1}{\Delta t} \iiint_{V_{S1}} [\Phi(x, y, z, t + \Delta t) - \Phi(x, y, z, t)] \mathrm{d}V_S = \iiint_{V_S} \frac{\partial \Phi}{\partial t} \mathrm{d}V_S = \iiint_{V_C} \frac{\partial \Phi}{\partial t} \mathrm{d}V_C$$

若以 $\mathrm{d}A_S$ 表示 A_{S1}、A_{S2} 面上某一微元面积，则由图 2-9 可知，在时间间隔 Δt 内，经过此微元面积流出的流体质点，必定近似为充满在以 $\mathrm{d}A_S$ 为基底而其棱边为向量 $(\mathbf{v} \cdot \mathbf{n})\Delta t$ 的柱形体积内。此微元体积为 $(\mathbf{v} \cdot \mathbf{n})\Delta t \mathrm{d}A_S$，于是有

$$\iiint_{V_{S2}} \Phi(x, y, z, t + \Delta t) \mathrm{d}V_S \approx \iint_{A_{S1}} \Phi(x, y, z, t)(\mathbf{v} \cdot \mathbf{n})\Delta t \mathrm{d}A_S$$

$$\iiint_{V_{S3}} \Phi(x, y, z, t) \mathrm{d}V_S \approx -\iint_{A_{S2}} \Phi(x, y, z, t)(\mathbf{v} \cdot \mathbf{n})\Delta t \mathrm{d}A_S$$

所以

$$\iiint_{V_{S2}} \Phi(x, y, z, t + \Delta t) \mathrm{d}V_S - \iiint_{V_{S3}} \Phi(x, y, z, t) \mathrm{d}V_S \approx \iint_{A_{S1} + A_{S2}} \Phi(x, y, z, t)(\mathbf{v} \cdot \mathbf{n})\Delta t \mathrm{d}A_S$$

以 A_S、A_C 分别表示 t 时刻系统与控制体的表面积，显然有 $A_S = A_C$。因此得

$$\lim_{\Delta t \to 0} \frac{1}{\Delta t} \left[\iiint_{V_{S2}} \Phi(x, y, z, t + \Delta t) \mathrm{d}V_S - \iiint_{V_{S3}} \Phi(x, y, z, t) \mathrm{d}V_S \right]$$

$$= \oiint_{A_S} \Phi(x, y, z, t)(\mathbf{v} \cdot \mathbf{n}) \mathrm{d}A_S = \oiint_{A_C} \Phi(x, y, z, t)(\mathbf{v} \cdot \mathbf{n}) \mathrm{d}A_C$$

最后可得

$$\frac{\mathrm{d}}{\mathrm{d}t} \iiint_{V_S} \Phi \mathrm{d}V_S = \iiint_{V_C} \frac{\partial \Phi}{\partial t} \mathrm{d}V_C + \oiint_{A_C} (\mathbf{v} \cdot \mathbf{n}) \Phi \mathrm{d}A_C \tag{2-37}$$

这就是系统导数的欧拉表示式，通常称它为雷诺输运方程。公式右端第一项表示

在单位时间内，控制体 V_C 中所含物理量 Φ 的增量，它是由流场非定常性引起的。因为 V_C 已是控制体体积，它是不随时间变化的，故这项也可以写成 $\dfrac{\partial}{\partial t}\iiint\limits_{V_C}\Phi \mathrm{d}V_C$ 。

公式右端第二项表示在单位时间内通过控制体表面 A_C 流出的物理量，它是由流场非均匀性和流体迁移引起的。因此输运方程(2-37)可表述为：某物理量的系统导数等于单位时间内控制体 V_C 中所含物理量 Φ 的增量与通过控制面 A_C 流出的相应物理量之和。

2.3　连续方程

对于一个确定的系统来说，质量守恒可简述如下：在系统中不存在源或汇的条件下，系统的质量 m 不随时间变化。即

$$\frac{\mathrm{d}m}{\mathrm{d}t}=\frac{\mathrm{d}}{\mathrm{d}t}\iiint\limits_{V_S}\rho \mathrm{d}V_S=0 \tag{2-38}$$

式中：ρ 是流体密度。

在输运方程(2-37)中，令 $\Phi=\rho$ ，便可得到

$$\frac{\mathrm{d}}{\mathrm{d}t}\iiint\limits_{V_S}\rho \mathrm{d}V_S=\iiint\limits_{V_C}\frac{\partial \rho}{\partial t}\mathrm{d}V_C+\oiint\limits_{A_C}\rho(\boldsymbol{v}\cdot\boldsymbol{n})\mathrm{d}A_C \tag{2-39}$$

结合式(2-38)、式(2-39)，并略去 V_C 、A_C 的下标 C，便可得到

$$\oiint\limits_{A}\rho(\boldsymbol{v}\cdot\boldsymbol{n})\mathrm{d}A=-\iiint\limits_{V}\frac{\partial \rho}{\partial t}\mathrm{d}V \tag{2-40}$$

其物理意义为：单位时间内通过控制面 A 流出的质量等于同时间内控制体内质量的减少量。

如果是定常流动，则连续方程简化为

$$\oiint\limits_{A}\rho(\boldsymbol{v}\cdot\boldsymbol{n})\mathrm{d}A=0 \tag{2-41}$$

对于不可压缩流体(包括定常与非定常)密度 $\rho=\mathrm{const}$ ，连续方程可进一步简化为

$$\oiint\limits_{A}(\boldsymbol{v}\cdot\boldsymbol{n})\mathrm{d}A=0 \tag{2-42}$$

为了便于将控制体上得到的积分形式运动方程转化为微分形式运动方程，通常采用的高斯定理即散度定理为

$$\oiint\limits_{A}\boldsymbol{n}\cdot\boldsymbol{a}\mathrm{d}A=\iiint\limits_{V}\nabla\cdot\boldsymbol{a}\mathrm{d}V \tag{2-43}$$

式中：V 为控制体体积，A 为控制体面积。此定理将向量 $\boldsymbol{a}$ 对坐标的曲面积分与向量 $\boldsymbol{a}$ 的散度的体积分联系起来，$\boldsymbol{n}$ 是 A 的单位外法向量。

还可将式(2-43)推广到梯度与旋度的情形。

梯度定理：

$$\oiint_A \boldsymbol{n}\varphi \mathrm{d}A = \iiint_V \nabla \varphi \mathrm{d}V \tag{2-44}$$

旋度定理：

$$\oiint_A \boldsymbol{n} \cdot \boldsymbol{a}\mathrm{d}A = \iiint_V \nabla \times \boldsymbol{a}\mathrm{d}V \tag{2-45}$$

这两个定理与高斯定理结构相似，一个涉及标量场的梯度的体积分，另一个涉及向量场的旋度的体积分，皆可由高斯定理导出。

因此，根据高斯定理，连续方程可改写为

$$\oiint_A \rho(\boldsymbol{v} \cdot \boldsymbol{n})\mathrm{d}A = \iiint_V \nabla \cdot (\rho\boldsymbol{v})\mathrm{d}V$$

所以式(2-40)可改写为

$$\iiint_V \left[\frac{\partial \rho}{\partial t} + \nabla \cdot (\rho\boldsymbol{v}) \right]\mathrm{d}V = 0$$

由被积函数的连续性及积分区域的任意性，可得

$$\frac{\partial \rho}{\partial t} + \nabla \cdot (\rho\boldsymbol{v}) = 0 \tag{2-46}$$

即

$$\frac{\partial \rho}{\partial t} + \frac{\partial(\rho v_x)}{\partial x} + \frac{\partial(\rho v_y)}{\partial y} + \frac{\partial(\rho v_z)}{\partial z} = 0 \tag{2-47}$$

式(2-47)即为微分形式的连续方程。考虑到

$$\frac{\mathrm{d}\rho}{\mathrm{d}t} = \frac{\partial \rho}{\partial t} + v_x\frac{\partial \rho}{\partial x} + v_y\frac{\partial \rho}{\partial y} + v_z\frac{\partial \rho}{\partial z}$$

则式(2-47)还可以写成

$$\frac{1}{\rho}\frac{\mathrm{d}\rho}{\mathrm{d}t} + \frac{\partial v_x}{\partial x} + \frac{\partial v_y}{\partial y} + \frac{\partial v_z}{\partial z} = 0 \tag{2-48}$$

或

$$\frac{1}{\rho}\frac{\mathrm{d}\rho}{\mathrm{d}t} + \mathrm{div}\boldsymbol{v} = 0 \tag{2-49}$$

同理，对于定常流动，$\partial \rho / \partial t = 0$，连续方程(2-47)可简化为

$$\frac{\partial(\rho v_x)}{\partial x} + \frac{\partial(\rho v_y)}{\partial y} + \frac{\partial(\rho v_z)}{\partial z} = 0 \qquad (2\text{-}50)$$

或

$$\text{div}(\rho \boldsymbol{v}) = 0 \qquad (2\text{-}51)$$

对于不可压定常流体，式(2-50)可进一步简化为

$$\frac{\partial v_x}{\partial x} + \frac{\partial v_y}{\partial y} + \frac{\partial v_z}{\partial z} = 0 \qquad (2\text{-}52)$$

或

$$\text{div}\boldsymbol{v} = 0 \qquad (2\text{-}53)$$

连续方程是流体力学基本方程之一，在工程应用和理论研究中经常应用。

必须指出，流体的粘性与质量守恒无关。因此，上述连续方程既适用于理想流体又适应于实际的粘性流体。

2.4 动 量 方 程

从动量守恒原理出发，导出的流体运动方程一般称作动量方程。由于动量守恒原理与牛顿第二定理在本质上是相同的，因而，这里从动量守恒定理出发，并将导出的流体动力学方程称为动量方程。

动量守恒原理可简述如下：系统的动量对于时间的变化率等于外界作用在该系统上的合力，即

$$\frac{\mathrm{d}}{\mathrm{d}t}\iiint\limits_{V_S} \rho \boldsymbol{v}\mathrm{d}V_S = \iiint\limits_{V_S} \rho \boldsymbol{R}\mathrm{d}V_S + \oiint\limits_{A_S} \boldsymbol{p}_n\mathrm{d}A_S \qquad (2\text{-}54)$$

其中，$\boldsymbol{R}$ 为单位质量的质量力，$\boldsymbol{p}_n$ 为表面应力。

在输运方程(2-37)中，令 $\boldsymbol{\Phi} = \rho \boldsymbol{v}$，并由于在 t 时刻，$V_S = V_C$，$A_S = A_C$，略去所有的下标 C，则(2-54)可改写为

$$\iiint\limits_{V} \frac{\partial(\rho \boldsymbol{v})}{\partial t}\mathrm{d}V + \oiint\limits_{A} (\boldsymbol{v}\cdot\boldsymbol{n})\rho \boldsymbol{v}\mathrm{d}A = \iiint\limits_{V} \rho \boldsymbol{R}\mathrm{d}V + \oiint\limits_{A} \boldsymbol{p}_n\mathrm{d}A \qquad (2\text{-}55)$$

因此，对控制体而言，动量定理可叙述为：控制体内动量对时间的变化率与单位时间内通过控制面流入的流体动量之和等于作用在控制体内流体上的合外力。

对于定常流动，积分形式动量方程可简化为

$$\oiint\limits_{A} (\boldsymbol{v}\cdot\boldsymbol{n})\rho \boldsymbol{v}\mathrm{d}A = \iiint\limits_{V} \rho \boldsymbol{R}\mathrm{d}V + \oiint\limits_{A} \boldsymbol{p}_n\mathrm{d}A \qquad (2\text{-}56)$$

如果质量力与表面力相比可以略去，则积分形式动量方程可进一步简化为

$$\oiint\limits_{A} (\boldsymbol{v} \cdot \boldsymbol{n}) \rho \boldsymbol{v} \mathrm{d}A = \oiint\limits_{A} \boldsymbol{p}_n \mathrm{d}A \tag{2-57}$$

即单位时间流进与流出控制体的流体的动量差等于外界作用在该控制体的表面力的合力。

记

$$\boldsymbol{p}_n = n_x \boldsymbol{p}_x + n_y \boldsymbol{p}_y + n_z \boldsymbol{p}_z$$

而

$$\left.\begin{aligned}
\boldsymbol{p}_x &= \boldsymbol{i}\sigma_{xx} + \boldsymbol{j}\tau_{xy} + \boldsymbol{k}\tau_{xz} \\
\boldsymbol{p}_y &= \boldsymbol{i}\tau_{yx} + \boldsymbol{j}\sigma_{yy} + \boldsymbol{k}\tau_{yz} \\
\boldsymbol{p}_z &= \boldsymbol{i}\tau_{zx} + \boldsymbol{j}\tau_{zy} + \boldsymbol{k}\sigma_{zz}
\end{aligned}\right\} \tag{2-58}$$

式中：σ_{xx}、σ_{yy}、σ_{zz} 为法向应力，τ_{xy}、τ_{yz}、τ_{zx}、τ_{yx}、τ_{zy}、τ_{xz} 为切向应力，其第一个下标表示与应力作用面垂直的坐标轴，第二个下标表示与应力方向平行的坐标轴。该九个分量可组成一个二阶张量

$$\boldsymbol{\sigma} = \begin{bmatrix} \sigma_{xx} & \tau_{xy} & \tau_{xz} \\ \tau_{yx} & \sigma_{yy} & \tau_{yz} \\ \tau_{zx} & \tau_{zy} & \sigma_{zz} \end{bmatrix} \tag{2-59}$$

此张量亦可写为

$$\boldsymbol{\sigma} = \boldsymbol{i}\boldsymbol{p}_x + \boldsymbol{j}\boldsymbol{p}_y + \boldsymbol{k}\boldsymbol{p}_z \tag{2-60}$$

于是可得

$$\boldsymbol{p}_n = \boldsymbol{n} \cdot \boldsymbol{\sigma} \tag{2-61}$$

因而在式(2-54)中，由高斯定理

$$\oiint\limits_{A} (\boldsymbol{v} \cdot \boldsymbol{n}) \rho \boldsymbol{v} \mathrm{d}A = \iiint\limits_{V} \nabla \cdot (\rho \boldsymbol{v}\boldsymbol{v}) \mathrm{d}V$$

$$\oiint\limits_{A} \boldsymbol{p}_n \mathrm{d}A = \oiint\limits_{A} \boldsymbol{n} \cdot \boldsymbol{\sigma} \mathrm{d}A = \iiint\limits_{V} \nabla \cdot \boldsymbol{\sigma} \mathrm{d}V$$

得

$$\iiint\limits_{V} \left[\frac{\partial(\rho \boldsymbol{v})}{\partial t} + \nabla \cdot (\rho \boldsymbol{v}\boldsymbol{v}) - \rho \boldsymbol{R} - \nabla \cdot \boldsymbol{\sigma} \right] \mathrm{d}V = 0$$

由被积函数的连续性及积分区域的任意性，可得

$$\frac{\partial(\rho \boldsymbol{v})}{\partial t} + \nabla \cdot (\rho \boldsymbol{v}\boldsymbol{v}) - \rho \boldsymbol{R} - \nabla \cdot \boldsymbol{\sigma} = 0 \tag{2-62}$$

由于

$$\frac{\partial(\rho \boldsymbol{v})}{\partial t} + \nabla \cdot (\rho \boldsymbol{v}\boldsymbol{v}) = \boldsymbol{v}\left[\frac{\partial \rho}{\partial t} + \nabla \cdot (\rho \boldsymbol{v})\right] + \rho\left[\frac{\partial \boldsymbol{v}}{\partial t} + (\boldsymbol{v} \cdot \nabla)\boldsymbol{v}\right]$$

代入连续方程(2-46)，则式(2-62)可改写为

$$\frac{\partial \boldsymbol{v}}{\partial t} + (\boldsymbol{v} \cdot \nabla)\boldsymbol{v} = \boldsymbol{R} + \frac{1}{\rho}\nabla \cdot \boldsymbol{\sigma} \tag{2-63}$$

在直角坐标系中，式(2-63)的分量形式为

$$\left.\begin{aligned}
\frac{\partial v_x}{\partial t} + v_x\frac{\partial v_x}{\partial x} + v_y\frac{\partial v_x}{\partial y} + v_z\frac{\partial v_x}{\partial z} &= X + \frac{1}{\rho}\left(\frac{\partial \sigma_{xx}}{\partial x} + \frac{\partial \tau_{yx}}{\partial y} + \frac{\partial \tau_{zx}}{\partial z}\right) \\
\frac{\partial v_y}{\partial t} + v_x\frac{\partial v_y}{\partial x} + v_y\frac{\partial v_y}{\partial y} + v_z\frac{\partial v_y}{\partial z} &= Y + \frac{1}{\rho}\left(\frac{\partial \tau_{xy}}{\partial x} + \frac{\partial \sigma_{yy}}{\partial y} + \frac{\partial \tau_{zy}}{\partial z}\right) \\
\frac{\partial v_z}{\partial t} + v_x\frac{\partial v_z}{\partial x} + v_y\frac{\partial v_z}{\partial y} + v_z\frac{\partial v_z}{\partial z} &= Z + \frac{1}{\rho}\left(\frac{\partial \tau_{xz}}{\partial x} + \frac{\partial \tau_{yz}}{\partial y} + \frac{\partial \sigma_{zz}}{\partial z}\right)
\end{aligned}\right\} \tag{2-64}$$

2.4.1 理想流体的动量方程

由于理想流体没有粘性，因此作用在流体上的表面力只有法向力而无切向力。

$$\tau_{xy} = \tau_{yx} = \tau_{yz} = \tau_{zy} = \tau_{zx} = \tau_{xz} = 0$$

$$\sigma_{xx} = \sigma_{yy} = \sigma_{zz} = -p$$

可记为

$$\boldsymbol{\sigma} = -p\boldsymbol{\delta}$$

其中，δ 为单位矩阵。从而理想流体的动量微分方程为

$$\frac{\partial \boldsymbol{v}}{\partial t} + (\boldsymbol{v} \cdot \nabla)\boldsymbol{v} = \boldsymbol{R} - \frac{1}{\rho}\nabla p \tag{2-65}$$

该方程由欧拉(Euler)于 1822 年首先推出，故又称为欧拉方程。它在直角坐标系中，分量形式表示为

$$\left.\begin{aligned}
\frac{\partial v_x}{\partial t} + v_x\frac{\partial v_x}{\partial x} + v_y\frac{\partial v_x}{\partial y} + v_z\frac{\partial v_x}{\partial z} &= X - \frac{1}{\rho}\frac{\partial p}{\partial x} \\
\frac{\partial v_y}{\partial t} + v_x\frac{\partial v_y}{\partial x} + v_y\frac{\partial v_y}{\partial y} + v_z\frac{\partial v_y}{\partial z} &= Y - \frac{1}{\rho}\frac{\partial p}{\partial y} \\
\frac{\partial v_z}{\partial t} + v_x\frac{\partial v_z}{\partial x} + v_y\frac{\partial v_z}{\partial y} + v_z\frac{\partial v_z}{\partial z} &= Z - \frac{1}{\rho}\frac{\partial p}{\partial z}
\end{aligned}\right\} \tag{2-66}$$

2.4.2 实际流体的动量方程

在方程(2-64)中除单位质量力为已知数外,其余 9 个应力、3 个速度分量和密度ρ均为未知数,显然无法求解。下面讨论应力和速度之间的关系,以减少方程中未知数的个数。如何解决这一问题,关键在于如何把流体应力与速度变化率联系起来。斯托克斯于 1845 年首先研究了这方面问题,提出了三条假设:

(1) 流体是连续的,粘性引起的应力与变形率呈线性关系,其中粘性引起的切向应力与流体角变形率ε_{ij}成正比,粘性引起的法向应力增量与流体线变形率ε_{ii}成正比;

(2) 流体是各向同性的,即它的特性与方向无关;

(3) 静止流体中,切向应力为零,法向应力的数值为静压力p。

下面根据斯托克斯假设来研究流体应力与流体速度变化率的关系。由于斯托克斯第(2)条假设与第(3)条假设与前面讨论的基本一致,这里将直接应用而不加说明。

2.4.2.1 流体应力与流体速度分布的关系

对于图 2-10 所示的微元六面体,将所有外力对通过其形心点并与y轴平行的m-m轴取矩。由于质量力和惯性力对该轴的力矩是四阶无穷小量,可以略去不计。故力矩平衡方程为

$$\tau_{xz}\mathrm{d}y\mathrm{d}z\frac{1}{2}\mathrm{d}x + \left(\tau_{xz}+\frac{\partial \tau_{xz}}{\partial x}\mathrm{d}x\right)\mathrm{d}y\mathrm{d}z\frac{1}{2}\mathrm{d}x$$

$$= \tau_{zx}\mathrm{d}x\mathrm{d}y\frac{1}{2}\mathrm{d}z + \left(\tau_{zx}+\frac{\partial \tau_{zx}}{\partial z}\mathrm{d}z\right)\mathrm{d}x\mathrm{d}y\frac{1}{2}\mathrm{d}z$$

略去四阶无穷小量,可以得到

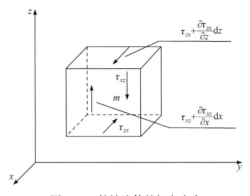

图 2-10 粘性流体的切向应力

$$\tau_{xz} = \tau_{zx}$$

同理有

$$\tau_{xy} = \tau_{yx}, \quad \tau_{yz} = \tau_{zy}$$

可见，六个切向应力中只有三个是独立的。

根据斯托克斯假设，切向应力应与流体角变形率成正比，由理论推导可得

$$\left.\begin{aligned}
\tau_{xy} = \tau_{yx} = \mu\left(\frac{\partial v_x}{\partial y} + \frac{\partial v_y}{\partial x}\right) \\
\tau_{yz} = \tau_{zy} = \mu\left(\frac{\partial v_y}{\partial z} + \frac{\partial v_z}{\partial y}\right) \\
\tau_{zx} = \tau_{xz} = \mu\left(\frac{\partial v_z}{\partial x} + \frac{\partial v_x}{\partial z}\right)
\end{aligned}\right\} \tag{2-67}$$

现在再来看法向应力。对于静止流体或理想运动流体，运动中任意点的法向应力(即压力)与作用面的方位无关，即 $\sigma_{xx} = \sigma_{yy} = \sigma_{zz} = -p$，且切向应力为零。但在实际运动流体中这个性质不能再保持，这是因为由于粘性的影响，流体微团运动时将产生变形，这个变形除使流体产生切向应力外，也将引起附加的法向应力，即

$$\left.\begin{aligned}
\sigma_{xx} = -p + \tau_{xx} \\
\sigma_{yy} = -p + \tau_{yy} \\
\sigma_{zz} = -p + \tau_{zz}
\end{aligned}\right\} \tag{2-68}$$

式中：τ_{xx}、τ_{yy}、τ_{zz} 为流体粘性引起的附加法向应力。根据斯托克斯假设，这一法向应力增量应与流体线变形率成正比，经推导可得

$$\left.\begin{aligned}
\tau_{xx} = 2\mu\frac{\partial v_x}{\partial x} - \frac{2}{3}\mu(\mathrm{div}\boldsymbol{v}) \\
\tau_{yy} = 2\mu\frac{\partial v_y}{\partial y} - \frac{2}{3}\mu(\mathrm{div}\boldsymbol{v}) \\
\tau_{zz} = 2\mu\frac{\partial v_z}{\partial z} - \frac{2}{3}\mu(\mathrm{div}\boldsymbol{v})
\end{aligned}\right\} \tag{2-69}$$

至此为止，九个应力分量都可用流体速度变化率来代替。

2.4.2.2　纳维-斯托克斯方程

将式(2-67)~式(2-69)代入式(2-64)，即可得到

$$
\left.
\begin{aligned}
&X - \frac{1}{\rho}\frac{\partial p}{\partial x} + \frac{1}{\rho}\frac{\partial}{\partial x}\left[2\mu\frac{\partial v_x}{\partial x} - \frac{2}{3}\mu(\mathrm{div}\boldsymbol{v})\right] \\
&+ \frac{1}{\rho}\frac{\partial}{\partial y}\left[\mu\left(\frac{\partial v_x}{\partial y} + \frac{\partial v_y}{\partial x}\right)\right] + \frac{1}{\rho}\frac{\partial}{\partial z}\left[\mu\left(\frac{\partial v_z}{\partial x} + \frac{\partial v_x}{\partial z}\right)\right] = \frac{\mathrm{d}v_x}{\mathrm{d}t} \\
&Y - \frac{1}{\rho}\frac{\partial p}{\partial y} + \frac{1}{\rho}\frac{\partial}{\partial y}\left[2\mu\frac{\partial v_y}{\partial y} - \frac{2}{3}\mu(\mathrm{div}\boldsymbol{v})\right] \\
&+ \frac{1}{\rho}\frac{\partial}{\partial z}\left[\mu\left(\frac{\partial v_y}{\partial z} + \frac{\partial v_z}{\partial y}\right)\right] + \frac{1}{\rho}\frac{\partial}{\partial x}\left[\mu\left(\frac{\partial v_x}{\partial y} + \frac{\partial v_y}{\partial x}\right)\right] = \frac{\mathrm{d}v_y}{\mathrm{d}t} \\
&Z - \frac{1}{\rho}\frac{\partial p}{\partial z} + \frac{1}{\rho}\frac{\partial}{\partial z}\left[2\mu\frac{\partial v_z}{\partial z} - \frac{2}{3}\mu(\mathrm{div}\boldsymbol{v})\right] \\
&+ \frac{1}{\rho}\frac{\partial}{\partial x}\left[\mu\left(\frac{\partial v_z}{\partial x} + \frac{\partial v_x}{\partial z}\right)\right] + \frac{1}{\rho}\frac{\partial}{\partial y}\left[\mu\left(\frac{\partial v_y}{\partial z} + \frac{\partial v_z}{\partial y}\right)\right] = \frac{\mathrm{d}v_z}{\mathrm{d}t}
\end{aligned}
\right\}
\tag{2-70}
$$

式(2-70)就是实际流体的运动微分方程,又称纳维-斯托克斯方程,简称 N-S 方程。

当流体的粘性在流场中不随位置变化时,N-S 方程可简化为

$$
\left.
\begin{aligned}
X - \frac{1}{\rho}\frac{\partial p}{\partial x} + \frac{\mu}{\rho}\nabla^2 v_x + \frac{1}{3}\frac{\mu}{\rho}\frac{\partial}{\partial x}(\mathrm{div}\boldsymbol{v}) &= \frac{\mathrm{d}v_x}{\mathrm{d}t} \\
Y - \frac{1}{\rho}\frac{\partial p}{\partial y} + \frac{\mu}{\rho}\nabla^2 v_y + \frac{1}{3}\frac{\mu}{\rho}\frac{\partial}{\partial y}(\mathrm{div}\boldsymbol{v}) &= \frac{\mathrm{d}v_y}{\mathrm{d}t} \\
Z - \frac{1}{\rho}\frac{\partial p}{\partial z} + \frac{\mu}{\rho}\nabla^2 v_z + \frac{1}{3}\frac{\mu}{\rho}\frac{\partial}{\partial z}(\mathrm{div}\boldsymbol{v}) &= \frac{\mathrm{d}v_z}{\mathrm{d}t}
\end{aligned}
\right\}
\tag{2-71}
$$

式中: $\nabla^2 = \dfrac{\partial^2}{\partial x^2} + \dfrac{\partial^2}{\partial y^2} + \dfrac{\partial^2}{\partial z^2}$ 为拉普拉斯算子。

如果将式(2-71)的 N-S 方程写成矢量形式,即为

$$
\boldsymbol{R} - \frac{1}{\rho}\mathrm{grad}\,p + \frac{\mu}{\rho}\nabla^2 \boldsymbol{v} + \frac{1}{3}\frac{\mu}{\rho}\mathrm{grad}(\mathrm{div}\boldsymbol{v}) = \frac{\mathrm{d}\boldsymbol{v}}{\mathrm{d}t}
\tag{2-71a}
$$

由式(2-71a)可以看出:其等式左边第一项为质量力项,第二项为压力项,第三、第四两项为粘性力项,等式右边为惯性力项。因此,N-S 方程实质是单位质量运动流体的力的平衡关系式。

对于不可压缩流体,由连续方程可知, $\mathrm{div}\boldsymbol{v} = 0$,则 N-S 方程可简化为

$$
\left.
\begin{array}{l}
X-\dfrac{1}{\rho}\dfrac{\partial p}{\partial x}+\dfrac{\mu}{\rho}\nabla^2 v_x=\dfrac{\mathrm{d}v_x}{\mathrm{d}t}\\[3mm]
Y-\dfrac{1}{\rho}\dfrac{\partial p}{\partial y}+\dfrac{\mu}{\rho}\nabla^2 v_y=\dfrac{\mathrm{d}v_y}{\mathrm{d}t}\\[3mm]
Z-\dfrac{1}{\rho}\dfrac{\partial p}{\partial z}+\dfrac{\mu}{\rho}\nabla^2 v_z=\dfrac{\mathrm{d}v_z}{\mathrm{d}t}
\end{array}
\right\}
\tag{2-72}
$$

写成矢量形式，则为

$$
\boldsymbol{R}-\dfrac{1}{\rho}\operatorname{grad}p+\dfrac{\mu}{\rho}\nabla^2\boldsymbol{v}=\dfrac{\mathrm{d}\boldsymbol{v}}{\mathrm{d}t}
\tag{2-73}
$$

2.5　能　量　方　程

根据能量守恒定律有：单位时间内由外界传入系统的热量 Q 与外力对系统所做的功 W 之和，等于系统总能量 E 对时间的变化率，可以得到

$$
\dfrac{\mathrm{d}E}{\mathrm{d}t}=Q+W
\tag{2-74}
$$

这里所考虑的能量包括机械能和热能(未考虑电磁能、化学能、原子能等)。式(2-74)中未写出系统内力的功，因为它除对外输出热量和对外做功之外，其余皆归入系统总能量，不会导致系统总能量的增加或减少。

2.5.1　系统能量方程

2.5.1.1　外界输入的热量 Q

外界向系统输入热量的方式有两种：传导和辐射。前者为面作用，通过界面输入；后者为体作用，可同时被系统各部分所吸收。由于系统与外界之间没有质量交换，因此不考虑热量的对流输入方式。

设单位时间内，外界通过系统表面单位面积以传导方式输入系统的热量为 q_λ，则单位时间内通过系统表面输入系统的总传导热量为

$$
\oiint\limits_{A_\mathrm{S}} q_\lambda \mathrm{d}A_\mathrm{S}
$$

设单位时间内由外界辐射到系统内单位质量上的热量为 q_R，则单位时间内系统吸收的总辐射热量为

$$
\iiint\limits_{V_\mathrm{S}} q_R \rho \mathrm{d}V_\mathrm{S}
$$

于是外界输入系统的总热量为

$$Q = \iiint\limits_{V_S} q_R \rho \mathrm{d}V_S + \oiint\limits_{A_S} q_\lambda \mathrm{d}A_S \tag{2-75}$$

2.5.1.2　外力所做的功 W

设外界作用在系统内单位质量上的质量力为 $\boldsymbol{R}$，则单位时间内质量力对系统所做的功为

$$\iiint\limits_{V_S} (\boldsymbol{R} \cdot \boldsymbol{v}) \rho \mathrm{d}V_S$$

设外界作用在系统表面上的应力为 $\boldsymbol{p}_n$，则单位时间内表面力对系统做的功为

$$\oiint\limits_{A_S} (\boldsymbol{p}_n \cdot \boldsymbol{v}) \mathrm{d}A_S$$

于是，外力对系统所做的功为

$$W = \iiint\limits_{V_S} (\boldsymbol{R} \cdot \boldsymbol{v}) \rho \mathrm{d}V_S + \oiint\limits_{A_S} (\boldsymbol{p}_n \cdot \boldsymbol{v}) \mathrm{d}A_S \tag{2-76}$$

2.5.1.3　系统总能量 E

系统的总能量包括动能和内能两部分。动能指系统中流体做宏观运动时的总动能。内能是系统中所有分子热运动的动能和分子间相互作用的势能的总和。设单位质量流体的内能为 u，则系统的总能量为

$$E = \iiint\limits_{V_S} \rho \left(u + \frac{v^2}{2} \right) \mathrm{d}V_S \tag{2-77}$$

2.5.1.4　能量方程

将式(2-75)~式(2-77)代入式(2-74)，即得系统上的能量方程为

$$\frac{D}{Dt} \iiint\limits_{V_S} \rho \left(u + \frac{v^2}{2} \right) \mathrm{d}V_S = \iiint\limits_{V_S} q_R \rho \mathrm{d}V_S + \oiint\limits_{A_S} q_\lambda \mathrm{d}A_S + \iiint\limits_{V_S} (\boldsymbol{R} \cdot \boldsymbol{v}) \rho \mathrm{d}V_S + \oiint\limits_{A_S} (\boldsymbol{p}_n \cdot \boldsymbol{v}) \mathrm{d}A_S$$

$$\tag{2-78}$$

2.5.2　积分形式的能量方程

在输运方程(2-37)中，令 $\varPhi = \rho \left(u + \dfrac{v^2}{2} \right)$，利用 t 时刻 $V_S = V_C$、$A_S = A_C$ 的关系

式，并略去 V_C、A_C 的下标 C，则式(2-78)可改写为

$$\iiint\limits_V \frac{\partial}{\partial t}\left[\rho\left(u+\frac{v^2}{2}\right)\right]\mathrm{d}V_S + \oiint\limits_A\left[\left(u+\frac{v^2}{2}\right)\rho(\boldsymbol{v}\cdot\boldsymbol{n})\right]\mathrm{d}A$$

$$= \iiint\limits_V q_R\rho\mathrm{d}V + \oiint\limits_A q_\lambda\mathrm{d}A + \iiint\limits_V (\boldsymbol{R}\cdot\boldsymbol{v})\rho\mathrm{d}V + \oiint\limits_A (\boldsymbol{p}_n\cdot\boldsymbol{v})\mathrm{d}A \qquad (2\text{-}79)$$

可见，单位时间内传给控制体内流体的热量及外界对控制体内流体所做的功与通过控制面流入的流体总能量之和等于控制体内流体的总能量对时间的变化率。

2.5.3 微分形式的能量方程

利用式(2-61)中 $\boldsymbol{p}_n$ 的关系式，并由高斯定理可得

$$\oiint\limits_A (\boldsymbol{p}_n\cdot\boldsymbol{v})\mathrm{d}A = \oiint\limits_A (\boldsymbol{n}\cdot\boldsymbol{\sigma})\cdot\boldsymbol{v}\mathrm{d}A = \oiint\limits_A \boldsymbol{n}\cdot(\boldsymbol{\sigma}\cdot\boldsymbol{v})\mathrm{d}A = \iiint\limits_V \nabla\cdot(\boldsymbol{\sigma}\cdot\boldsymbol{v})\mathrm{d}V \qquad (2\text{-}80)$$

根据热传导的 Fourier 定律有

$$\boldsymbol{q}_\lambda = \lambda(\boldsymbol{n}\cdot\nabla T) = \lambda\frac{\partial T}{\partial\boldsymbol{n}}$$

其中，λ 为热传导系数。于是有

$$\oiint\limits_A q_\lambda\mathrm{d}A = \oiint\limits_A \boldsymbol{n}\cdot(\lambda\nabla T)\mathrm{d}A = \iiint\limits_V \nabla\cdot(\lambda\nabla T)\mathrm{d}V \qquad (2\text{-}81)$$

将式(2-80)、式(2-81)代入式(2-79)，并利用被积函数的连续性及积分区域的任意性，便可得到微分形式的能量方程：

$$\frac{\partial}{\partial t}\left(u+\frac{v^2}{2}\right) + (\boldsymbol{v}\cdot\nabla)\left(u+\frac{v^2}{2}\right) = \boldsymbol{R}\cdot\boldsymbol{v} + \frac{1}{\rho}\nabla\cdot(\boldsymbol{\sigma}\cdot\boldsymbol{v}) + q_R + \frac{1}{\rho}\nabla\cdot(\lambda\nabla T) \qquad (2\text{-}82)$$

各项的物理意义：方程左边为流体能量的变化率；方程右边的第一项表示质量力对流体所做的功；第二项表示静压力和摩擦力对流体所做的功；第三项、第四项代表由于热辐射和热传导而传入流体的热量。

以 v_x、v_y、v_z 分别乘以动量方程(2-64)的各式，然后相加，得

$$\frac{\partial}{\partial t}\left(\frac{1}{2}v^2\right) + (\boldsymbol{v}\cdot\nabla)\left(\frac{1}{2}v^2\right) = \boldsymbol{R}\cdot\boldsymbol{v} + \frac{1}{\rho}\boldsymbol{v}\cdot(\nabla\cdot\boldsymbol{\sigma}) \qquad (2\text{-}83)$$

利用对称条件 $\tau_{yx}=\tau_{xy}$，$\tau_{yz}=\tau_{yz}$，$\tau_{zx}=\tau_{xz}$，将式(2-82)中 $\frac{1}{\rho}\nabla\cdot(\boldsymbol{\sigma}\cdot\boldsymbol{v})$ 项改写为

$$\frac{1}{\rho}\nabla\cdot(\boldsymbol{\sigma}\cdot\boldsymbol{v}) = \frac{1}{\rho}[\boldsymbol{v}\cdot(\nabla\cdot\boldsymbol{\sigma}) + (\boldsymbol{\sigma}\cdot\nabla)\cdot\boldsymbol{v}]$$

于是，从能量方程(2-82)中减去式(2-83)，得

$$\rho\left(\frac{\partial u}{\partial t}+v_x\frac{\partial u}{\partial x}+v_y\frac{\partial u}{\partial y}+v_z\frac{\partial u}{\partial z}\right)=(\boldsymbol{\sigma}\cdot\nabla)\cdot\boldsymbol{v}+q_R+\nabla\cdot(\lambda\nabla T) \tag{2-84}$$

将三个法向应力 σ_{xx}、σ_{yy}、σ_{zz} 分成两个部分——静压力和流体粘性的作用 τ_{xx}、τ_{yy} 和 τ_{zz}，即

$$\sigma_{xx}=\tau_{xx}-p, \quad \sigma_{yy}=\tau_{yy}-p, \quad \sigma_{zz}=\tau_{zz}-p$$

其中

$$\tau_{xx}=2\mu\frac{\partial v_x}{\partial x}-\frac{2}{3}\mu\operatorname{div}\boldsymbol{v}$$

$$\tau_{yy}=2\mu\frac{\partial v_y}{\partial y}-\frac{2}{3}\mu\operatorname{div}\boldsymbol{v}$$

$$\tau_{zz}=2\mu\frac{\partial v_z}{\partial z}-\frac{2}{3}\mu\operatorname{div}\boldsymbol{v}$$

则方程(2-84)可改写为

$$\rho\left(\frac{\partial u}{\partial t}+v_x\frac{\partial u}{\partial x}+v_y\frac{\partial u}{\partial y}+v_z\frac{\partial u}{\partial z}\right)=-p\operatorname{div}\boldsymbol{v}+q_R+\nabla\cdot(\lambda\nabla T)+\varPhi \tag{2-85}$$

其中

$$\begin{aligned}\varPhi&=\tau_{xx}\frac{\partial v_x}{\partial x}+\tau_{yx}\frac{\partial v_x}{\partial y}+\tau_{zx}\frac{\partial v_x}{\partial z}+\tau_{xy}\frac{\partial v_y}{\partial x}+\tau_{yy}\frac{\partial v_y}{\partial y}+\tau_{zy}\frac{\partial v_y}{\partial z}+\tau_{xz}\frac{\partial v_z}{\partial x}+\tau_{yz}\frac{\partial v_z}{\partial y}+\tau_{zz}\frac{\partial v_z}{\partial z}\\&=2\mu\left[\left(\frac{\partial v_x}{\partial x}\right)^2+\left(\frac{\partial v_y}{\partial y}\right)^2+\left(\frac{\partial v_z}{\partial z}\right)^2\right]+\mu\left(\frac{\partial v_x}{\partial y}+\frac{\partial v_y}{\partial x}\right)^2+\mu\left(\frac{\partial v_x}{\partial z}+\frac{\partial v_z}{\partial x}\right)^2+\mu\left(\frac{\partial v_y}{\partial z}+\frac{\partial v_z}{\partial y}\right)^2\\&\quad-\frac{2}{3}\mu(\operatorname{div}\boldsymbol{v})^2\end{aligned} \tag{2-86}$$

由于

$$\left(\frac{\partial v_x}{\partial x}\right)^2+\left(\frac{\partial v_y}{\partial y}\right)^2+\left(\frac{\partial v_z}{\partial z}\right)^2-\frac{1}{3}(\operatorname{div}\boldsymbol{v})^2=\frac{1}{3}\left[\left(\frac{\partial v_x}{\partial x}-\frac{\partial v_y}{\partial y}\right)^2+\left(\frac{\partial v_y}{\partial y}-\frac{\partial v_z}{\partial z}\right)^2+\left(\frac{\partial v_z}{\partial z}-\frac{\partial v_x}{\partial x}\right)^2\right]\geqslant0$$

所以

$$\varPhi\geqslant0$$

这表明功总是被耗散的，即粘性应力所做的功总是不断地转换成热，并由热转化成内能，这一转化是不可逆的。因此在流体力学中 $\varPhi$ 为耗散功，或耗散项。与此同时，$-p\operatorname{div}\boldsymbol{v}$ 这一部分功，表示流体压缩($\operatorname{div}\boldsymbol{v}<0$)或膨胀($\operatorname{div}\boldsymbol{v}>0$)时，压力 p 所做的功，压缩时，功转化为内能，膨胀时，内能转化为功，即它们是可逆的。

　　忽略辐射项，则方程(2-85)简化为

$$\rho\left(\frac{\partial u}{\partial t}+v_x\frac{\partial u}{\partial x}+v_y\frac{\partial u}{\partial y}+v_z\frac{\partial u}{\partial z}\right)=-p\,\mathrm{div}\boldsymbol{v}+\nabla\cdot(\lambda\nabla T)+\Phi \tag{2-87}$$

这就是用内能表示的能量方程。

进而，对于不可压缩流体，由热力学关系式 $u=c_vT$ 及 $\mathrm{div}\boldsymbol{v}=0$，方程(2-87)可化为

$$\rho c_v\left(\frac{\partial u}{\partial t}+v_x\frac{\partial u}{\partial x}+v_y\frac{\partial u}{\partial y}+v_z\frac{\partial u}{\partial z}\right)=\nabla\cdot(\lambda\nabla T)+\Phi \tag{2-88}$$

对于热完全气体，c_v 和 c_p 与温度无关，并满足热力学关系式 $u=c_vT$ 以及

$$h=u+\frac{p}{\rho}=c_pT$$

或

$$u=c_pT-\frac{p}{\rho}$$

则能量方程简化为

$$\rho c_p\left(\frac{\partial T}{\partial t}+v_x\frac{\partial T}{\partial x}+v_y\frac{\partial T}{\partial y}+v_z\frac{\partial T}{\partial z}\right)=\left(\frac{\partial p}{\partial t}+v_x\frac{\partial p}{\partial x}+v_y\frac{\partial p}{\partial y}+v_z\frac{\partial p}{\partial z}\right)$$

$$+\left[\frac{\partial}{\partial x}\left(\lambda\frac{\partial T}{\partial x}\right)+\frac{\partial}{\partial y}\left(\lambda\frac{\partial T}{\partial y}\right)+\frac{\partial}{\partial z}\left(\lambda\frac{\partial T}{\partial z}\right)\right]+\mu\Phi \tag{2-89}$$

2.6　一维定常流动的基本方程

一维定常流动是指垂直于流动方向的各个截面上的流动参数(如速度、压力、密度、温度等)都均匀一致，且不随时间而变化的流动。

一维定常流动可以说是一种最简单、理想化的流动模型，除了在微元流管中的理想流体流动外，在实际的流体运动中并不存在严格的一维定常流动。但对于许多的工程应用问题，在一定的条件下可近似地看作一维定常流动，并用一维定常流动的基本理论提供快速且准确的计算方法。一维定常流动的基本方程在后面章节中还经常用到，因此，本节讨论建立一维定常流动的连续方程与动量方程。

对于常见的一维定常流动，取控制体如图 2-11 所示。由一维定常流动的特点可知，控制体进口截面 1-1 和出口截面 2-2 均与流动方向垂直，且其上参数分布均匀。

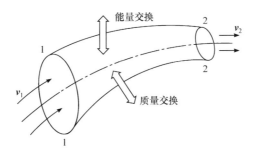

图 2-11　一维定常流动常用控制体

一维流动在超声速情况下，也会产生激波，通常称其为正激波。关于激波的成因与性质，将在第 4 章详细介绍。

2.6.1　连续方程

根据流体的积分形式连续方程

$$\oiint_A \rho(\boldsymbol{v} \cdot \boldsymbol{n})\mathrm{d}A = -\iiint_V \frac{\partial \rho}{\partial t}\mathrm{d}V$$

对于定常流动，则有

$$\oiint_A \rho(\boldsymbol{v} \cdot \boldsymbol{n})\mathrm{d}A = 0$$

应用于一维定常流，由图 2-11 可知，控制体表面分三个部分，即进口截面 A_1，出口截面 A_2 以及侧表面 A_C。对于进、出口截面，ρv 的分布是均匀的，且与截面垂直，并记通过的质量流量分别为 Q_{m_1} 和 Q_{m_2}；对于侧表面，将流体与外界的质量交换记为 Q_{m_C}，且记流入控制体为正，则连续方程可写为

$$Q_{m_2} = Q_{m_1} + Q_{m_C}$$

其中

$$Q_{m_1} = -\iint_{A_1} \rho \boldsymbol{v} \cdot \boldsymbol{n}\mathrm{d}A = \rho_1 v_1 A_1$$

$$Q_{m_2} = \iint_{A_2} \rho \boldsymbol{v} \cdot \boldsymbol{n}\mathrm{d}A = \rho_2 v_2 A_2$$

$$Q_{m_C} = -\iint_{A_C} \rho \boldsymbol{v} \cdot \boldsymbol{n}\mathrm{d}A$$

式中：A_1、A_2 分别为进、出口截面面积。

若流体与外界没有质量交换，则 $Q_{m_C} = 0$，所以连续方程为

$$Q_{m_2} = Q_{m_1} = \text{const} \tag{2-90}$$

或者

$$\rho_1 v_1 A_1 = \rho_2 v_2 A_2 = \text{const} \tag{2-91}$$

若进一步假设流体不可压，则 $\rho = \text{const}$，那么连续方程又可写为

$$v_1 A_1 = v_2 A_2 = \text{const} \tag{2-92}$$

由此可见，对于不可压流体，速度与截面积成反比，即流管收敛时，流速加快；流管扩张时，流速减慢。

　　在研究可压缩流体的流动时，通常把乘积 ρv 称为密流，它表示通过单位面积的质量流量，单位为 $\text{kg}/(\text{s} \cdot \text{m}^2)$。对于不可压流，称 $v \cdot A$ 为流体的体积流量(或容积流量)，常用 Q_V 表示，单位为 m^3/s。

2.6.2　动量方程

　　根据定常流动的流体动量方程

$$\oiint_A (\boldsymbol{v} \cdot \boldsymbol{n}) \rho \boldsymbol{v} \mathrm{d}A = \iiint_V \rho \boldsymbol{R} \mathrm{d}V + \oiint_A \boldsymbol{p}_n \mathrm{d}A$$

由于 $(\boldsymbol{v} \cdot \boldsymbol{n})\mathrm{d}A = \mathrm{d}Q_V$，所以上式可改写为

$$\oiint_A \rho \boldsymbol{v} \mathrm{d}Q_V = \iiint_V \rho \boldsymbol{R} \mathrm{d}V + \oiint_A \boldsymbol{p}_n \mathrm{d}A \tag{2-93}$$

方程右端即为作用于控制体中流体的合外力，左端为单位时间控制体中流体动量的变化量。

　　对于图 2-11 所示的控制体，动量的变化量为

$$\oiint_A \rho \boldsymbol{v} \mathrm{d}Q_V = Q_{m_2} \boldsymbol{v}_2 - Q_{m_1} \boldsymbol{v}_1 - \iint_{A_C} \rho \boldsymbol{v} \mathrm{d}Q_V$$

合外力分为两部分，第一部分是作用于控制体表面所有表面应力 $\boldsymbol{p}_n$ 的合力。$\boldsymbol{p}_n$ 又分为法向应力 $\boldsymbol{p}$ (实际上就是流体的压力 p)和切向应力 $\boldsymbol{\tau}$，即 $\boldsymbol{p}_n = \boldsymbol{p} + \boldsymbol{\tau}$。对于图 2-11 所示的控制体，由于切向应力仅存在于控制体的侧壁面，所以表面应力合力为

$$\oiint_A \boldsymbol{p}_n \mathrm{d}A = \iint_A \boldsymbol{p} \mathrm{d}A + \iint_{A_C} \boldsymbol{\tau} = \boldsymbol{p}_2 A_2 + \boldsymbol{p}_1 A_1 + \iint_{A_C} (\boldsymbol{p} + \boldsymbol{\tau}) \mathrm{d}A$$

式中：$\displaystyle\iint_{A_C} (\boldsymbol{p} + \boldsymbol{\tau}) \mathrm{d}A$ 代表了控制体侧壁面对流体的作用力，记为 $\boldsymbol{F}_{\text{in}}$。另一部分是控制体中流体所受的重力 $\displaystyle\iiint_V \rho \boldsymbol{R} \mathrm{d}V$，记为 $\boldsymbol{F}_W$。

这样，一维定常流的动量方程就成为

$$Q_{m_2}\boldsymbol{v}_2 - Q_{m_1}\boldsymbol{v}_1 - \iint\limits_{A_C}\rho\boldsymbol{v}\mathrm{d}Q_V = \boldsymbol{p}_2A_2 + \boldsymbol{p}_1A_1 + \boldsymbol{F}_{\mathrm{in}} + \boldsymbol{F}_W \tag{2-94}$$

如无质量交换，且略去重力的作用，则常用的一维定常流动的动量方程形式为

$$Q_{m_2}\boldsymbol{v}_2 - Q_{m_1}\boldsymbol{v}_1 = \boldsymbol{p}_2A_2 + \boldsymbol{p}_1A_1 + \boldsymbol{F}_{\mathrm{in}} \tag{2-95}$$

由连续方程，又可写为

$$Q_m(\boldsymbol{v}_2 - \boldsymbol{v}_1) = \boldsymbol{p}_2A_2 + \boldsymbol{p}_1A_1 + \boldsymbol{F}_{\mathrm{in}} \tag{2-96}$$

在许多实际应用中，对于由压力和切向应力(剪切力)引起的表面力 $\boldsymbol{F}_{\mathrm{in}}$，人们感兴趣的往往是其合力的综合结果，既无可能也无必要去详细地研究其具体结构。另外，在应用动量方程求解问题时，为获得正确的结论，还应充分注意以下两个问题：

第一，在动量方程中流体的速度和流体所受的作用力均是矢量，所以动量方程是向量方程。在求解具体问题时，往往将其分解为标量方程形式，以便求解。在直角坐标系中，方程(2-96)在 x、y、z 三个坐标上的方程分别是

$$\left.\begin{array}{l} Q_m(v_{x2} - v_{x1}) = \sum F_x \\ Q_m(v_{y2} - v_{y1}) = \sum F_y \\ Q_m(v_{z2} - v_{z1}) = \sum F_z \end{array}\right\} \tag{2-97}$$

式中：下标 x、y、z 分别表示向量在三个坐标上的分量，$\sum F$ 表示合外力。

第二，计算中应注意正确地选择控制体，并且正确地进行受力分析和向量分解。

例 2-2　设有水在弯曲成90°的收敛形管道中流动，如图 2-12 所示。在弯管进、出口截面处水流的压力分别为 $4.91 \times 10^5 \mathrm{Pa}$、$4.19 \times 10^5 \mathrm{Pa}$，水流量为 78.5kg/s。管道进、出口截面积分别为 $78.5\mathrm{cm}^2$、$50.24\mathrm{cm}^2$。设水流为不可压流动，$\rho = 1000\mathrm{kg/m}^3$，忽略水流本身的重量。求水流对管道内壁的作用力。

解　取控制体如图 2-12 中虚线所示，所用坐标系也示于图中。

设 F_{inx}、F_{iny} 分别为弯管内壁对控制体内水流的作用力 $\boldsymbol{F}_{\mathrm{in}}$ 在 x、y 坐标方向上的分量，并设 F_{inx}、F_{iny} 沿坐标系正方向。

对所取控制体在 x 轴方向和 y 轴方向分别应用动量方程，则有

$$F_{\mathrm{inx}} + p_1A_1 = Q_m(0 - v_1)$$

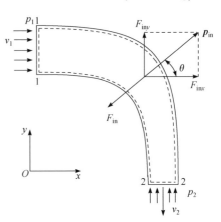

图 2-12　弯管流动控制体及受力分析图

$$F_{\text{iny}} + p_2 A_2 = Q_m(-v_2 - 0)$$

因此可得

$$F_{\text{inx}} = -p_1 A_1 - Q_m v_1$$

$$F_{\text{iny}} = -p_2 A_2 - Q_m v_2$$

又由连续方程

$$Q_m = \rho A_1 v_1 = \rho A_2 v_2$$

可知

$$v_1 = \frac{Q_m}{\rho A_1}, \quad v_2 = \frac{Q_m}{\rho A_2}$$

最后有

$$F_{\text{inx}} = -p_1 A_1 - \frac{Q_m^2}{\rho A_1}$$

$$F_{\text{iny}} = -p_2 A_2 - \frac{Q_m^2}{\rho A_2}$$

代入已知数据，求得

$$F_{\text{inx}} = -4639.35\text{N}$$

$$F_{\text{iny}} = -3331.62\text{N}$$

　　计算结果的负号说明 F_{inx}、F_{iny} 的实际方向与原先假定的方向相反，从而可以确定弯管内壁对水流的作用力的方向如图 2-12 中 $\boldsymbol{F}_{\text{in}}$ 所示。根据牛顿第三定律，水流对弯管内壁的作用力 $\boldsymbol{p}_{\text{in}} = -\boldsymbol{F}_{\text{in}}$ ，即

$$p_{\text{in}} = -\sqrt{F_{\text{inx}}^2 + F_{\text{iny}}^2} = 5711.68\text{N}$$

$\boldsymbol{p}_{\text{in}}$ 与 x 轴正方向的夹角 θ 为

$$\theta = \arctan\frac{F_{\text{iny}}}{F_{\text{inx}}} = 35.68°$$

2.7　伯努利方程简介

　　1738 年，瑞士科学家丹尼尔·伯努利(Daniel Bernoulli，1700～1782 年)推导得出了一维流机械能守恒方程，即著名的理想流体定常流动的能量方程(后称为伯努利方程)。1755 年，欧拉推导了理想流体运动的微分方程组，然后针对质量力有势、定常流动的理想流体，积分欧拉方程组，同样可得到伯努利方程。伯努利方

程是在工程实际中得到了广泛使用，用它来理解流动现象非常直观，但伯努利方程有其严格的适用条件。本节从欧拉方程的角度出发推导伯努利方程。

2.7.1　理想流体的伯努利方程

2.7.1.1　理想流体运动微分方程的推导

本章 2.4 节中根据动量方程推导得到了理想流体的动量方程，即欧拉方程。本节首先介绍另一种易于理解的欧拉方程的推导方法。

由于理想流体没有粘性，因此，作用在理想流体上的表面力只有法向力而无切向力。假设从运动的理想流体中取一边长为 dx、dy、dz 的微元六面体，如图 2-13 所示，该微元六面体中心点 $M(x, y, z)$ 处的压力为 $p(x, y, z)$，微元六面体单位质量力为 R，其在三个轴上的分量为 X、Y、Z。

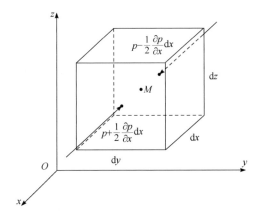

图 2-13　理想流体微元六面体受力情况

根据牛顿第二运动定律，在 x 轴方向的运动方程为

$$X\rho \mathrm{d}x\mathrm{d}y\mathrm{d}z + \left(p - \frac{1}{2}\frac{\partial p}{\partial x}\mathrm{d}x\right)\mathrm{d}y\mathrm{d}z - \left(p + \frac{1}{2}\frac{\partial p}{\partial x}\mathrm{d}x\right)\mathrm{d}y\mathrm{d}z = \rho \mathrm{d}x\mathrm{d}y\mathrm{d}z \frac{\mathrm{d}v_x}{\mathrm{d}t} \quad (2\text{-}98)$$

化简后，可得

$$X - \frac{1}{\rho}\frac{\partial p}{\partial x} = \frac{\mathrm{d}v_x}{\mathrm{d}t}$$

同理可得

$$Y - \frac{1}{\rho}\frac{\partial p}{\partial y} = \frac{\mathrm{d}v_y}{\mathrm{d}t}$$

$$Z - \frac{1}{\rho}\frac{\partial p}{\partial z} = \frac{\mathrm{d}v_z}{\mathrm{d}t}$$

写成矢量形式，为

$$R - \frac{1}{\rho}\nabla p = \frac{\mathrm{d}\boldsymbol{v}}{\mathrm{d}t} \tag{2-99}$$

式(2-99)就是理想流体的运动微分方程。因为

$$\begin{cases} \dfrac{\mathrm{d}v_x}{\mathrm{d}t} = \dfrac{\partial v_x}{\partial t} + \dfrac{\partial v_x}{\partial x}\dfrac{\mathrm{d}x}{\mathrm{d}t} + \dfrac{\partial v_x}{\partial y}\dfrac{\mathrm{d}y}{\mathrm{d}t} + \dfrac{\partial v_x}{\partial z}\dfrac{\mathrm{d}z}{\mathrm{d}t} \\ \qquad = \dfrac{\partial v_x}{\partial t} + v_x\dfrac{\partial v_x}{\partial x} + v_y\dfrac{\partial v_x}{\partial y} + v_z\dfrac{\partial v_x}{\partial z} \\ \dfrac{\mathrm{d}v_y}{\mathrm{d}t} = \dfrac{\partial v_y}{\partial t} + v_x\dfrac{\partial v_y}{\partial x} + v_y\dfrac{\partial v_y}{\partial y} + v_z\dfrac{\partial v_y}{\partial z} \\ \dfrac{\mathrm{d}v_z}{\mathrm{d}t} = \dfrac{\partial v_z}{\partial t} + v_x\dfrac{\partial v_z}{\partial x} + v_y\dfrac{\partial v_z}{\partial y} + v_z\dfrac{\partial v_z}{\partial z} \end{cases}$$

所以，欧拉方程又可表达成

$$\begin{cases} X - \dfrac{1}{\rho}\dfrac{\partial p}{\partial x} = \dfrac{\partial v_x}{\partial t} + v_x\dfrac{\partial v_x}{\partial x} + v_y\dfrac{\partial v_x}{\partial y} + v_z\dfrac{\partial v_x}{\partial z} \\ Y - \dfrac{1}{\rho}\dfrac{\partial p}{\partial y} = \dfrac{\partial v_y}{\partial t} + v_x\dfrac{\partial v_y}{\partial x} + v_y\dfrac{\partial v_y}{\partial y} + v_z\dfrac{\partial v_y}{\partial z} \\ Z - \dfrac{1}{\rho}\dfrac{\partial p}{\partial z} = \dfrac{\partial v_z}{\partial t} + v_x\dfrac{\partial v_z}{\partial x} + v_y\dfrac{\partial v_z}{\partial y} + v_z\dfrac{\partial v_z}{\partial z} \end{cases} \tag{2-100}$$

写成矢量形式为

$$R - \frac{1}{\rho}\nabla p = \frac{\partial \boldsymbol{v}}{\partial t} + (\boldsymbol{v}\cdot\nabla)\boldsymbol{v} \tag{2-101}$$

在欧拉方程的基础上，可以推导得到伯努利方程，对于多维流动而言，伯努利方程的推导较为复杂，为简化推导过程，本节只推导一维流动情形。

2.7.1.2 理想流体伯努利方程的推导

假设流动为理想流体沿 z 轴的一维流动，则由分量形式的欧拉方程(2-100)可得

$$Z - \frac{1}{\rho}\frac{\partial p}{\partial z} = \frac{\partial v_z}{\partial t} + v_z\frac{\partial v_z}{\partial z} \tag{2-102}$$

如果质量力只有重力，则

$$Z = -g$$

代入上式，并假设流动为定常流动，即 $\dfrac{\partial v_z}{\partial t} = 0$，式(2-102)可进一步化简为

$$\mathrm{d}p + \rho v \mathrm{d}v + \rho g \mathrm{d}z = 0 \tag{2-103}$$

将上式沿流线积分，得

$$\int \frac{\mathrm{d}p}{\rho} + \frac{v^2}{2} + gz = C \tag{2-104}$$

式中：C 称为伯努利常数。对于多维流动，上式只对沿着给定的流线才是正确的。在一般情况下，不同的流线，伯努利常数 C 是不同的。

为了求出式(2-104)中的积分 $\int \frac{\mathrm{d}p}{\rho}$，必须要知道流体在流动过程中 p 与 ρ 之间的函数关系。下面按不可压缩流体与可压缩流体两种情况分别加以讨论。

2.7.1.3 不可压缩流体的伯努利方程

对于不可压缩流体，$\rho = \text{const}$，则式(2-104)积分后变成

$$\frac{p}{\rho} + \frac{v^2}{2} + gz = C$$

或

$$p + \frac{1}{2}\rho v^2 + \rho gz = C \tag{2-105}$$

式(2-105)称为不可压缩流体的伯努利方程。

根据上述推导过程，可总结得出伯努利方程成立的条件：
(1) 无粘流动，即流体为理想流体；
(2) 质量力只有重力，从广义的角度来说，也可描述为质量力有势；
(3) 不可压缩流体；
(4) 流动定常且沿流线。

2.7.1.4 伯努利方程的物理意义

从力学观点看，伯努利方程表示理想流体的能量守恒定律，其中 p 代表流体的压力能，$\rho v^2/2$ 代表流体的动能，而 ρgz 则代表流体的势能。如果流体运动时势能变化可以忽略不计(例如，高度差很小)，则式(2-105)可变成

$$p + \frac{1}{2}\rho v^2 = C$$

有时把 C 取为 p_0，则上式变成

$$p + \frac{1}{2}\rho v^2 = p_0$$

式中：p 称为静压，$\rho v^2/2$ 称为动压，通常用 g 表示，而 p_0 称为总压(或全压)。上式表明，对于理想不可压缩流体，沿着流管其总压 p_0 保持不变。当流速增大时，动压增大，静压减小；反之，当流速减小时动压减小，静压增大。总压 p_0 有时用 p^* 表示。

2.7.1.5　可压缩流体的伯努利方程

可压缩流体主要对象为气体。对于做等熵流动的气体，$p/\rho^k = \text{const}$，略去高度变化，则根据式(2-104)积分后即可得到可压缩流体的伯努利方程为

$$\frac{k}{k-1}\frac{p}{\rho} + \frac{1}{2}v^2 = C \tag{2-106}$$

2.7.2　实际流体的伯努利方程

实际流体在流动中存在粘性损失，因此伯努利方程应该在式(2-104)的基础上加上粘性损失项，此时伯努利方程变为

$$\int\frac{\mathrm{d}p}{\rho} + \frac{v^2}{2} + gz + \Delta\omega = C \tag{2-107}$$

式中：$\Delta\omega$ 为流体的粘性损失。

对于不可压缩流体，实际流体的伯努利方程可以简化为

$$p + \frac{1}{2}\rho v^2 + \rho gz + \Delta p = C \tag{2-108}$$

式中：Δp 表示粘性引起的压力损失；其他各项物理意义与理想流体相同。

在水力学及液压传动与控制中，往往用"水头高"来代表流体的能量，此时式(2-108)可改写为

$$\frac{p}{\rho g} + \frac{v^2}{2g} + z + \Delta h = C \tag{2-109}$$

式(2-109)中各项均具有长度量纲。其中 z 称为位置水头，$v^2/(2g)$ 称为速度水头，$p/(\rho g)$ 称为压力水头，而 $p/(\rho g) + v^2/(2g) + z$ 称为总水头，Δh 称为水头损失。在理想流动时，流体的总水头保持不变，在有损失的实际流动中，因为有 Δh 存在，总水头沿流动方向逐渐下降，它们之间的关系如图 2-14 所示。

2.7.3　伯努利方程在工程测量中的应用

工程上常用测量流速与流量的仪表，大都是以伯努利方程为其工作原理制造而成的。

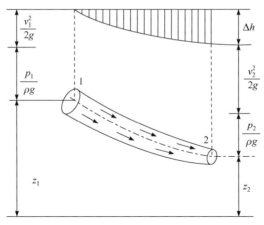

图 2-14　流体水头沿流管的变化

2.7.3.1　皮托管与空速管

皮托管是用以测量运动流体速度的仪器,之所以称为皮托管,是因为皮托 (Henri Pitot)在 1773 年首次用之测量了塞纳河的流速。其测量原理如下。

设在河流中某一水平的微元流束(或流线)上,沿流向取两点。A、B 一弯成直角的玻璃管两端开口,一端开口面向来流,安装于 B 点,距离水面 H_0,一端垂直向上,管内流体上升到高出水面 h。B 点速度变为零,其压力为总压 p_B^*,根据液体内部静压力基本方程,应有 $p_B^* = \rho g(H_0 + h)$。另一方面,B 点上游 A 点未受测管影响,应有 $p_A = \rho g H_0$,如图 2-15 所示。应用伯努利方程,在 A、B 两点应有

$$p_A + \frac{1}{2}\rho v_A^2 = p_B^* \tag{2-110}$$

所以

$$v_A = \sqrt{\frac{2(p_B^* - p_A)}{\rho}} = \sqrt{2gh} \tag{2-111}$$

皮托管因便于携带、安装和测量,通常用以测定风管、水管、渠道和矿井巷道中任一点的流体速度。

伯努利方程在航空中的应用也很广,飞机的飞行速度就是根据伯努利方程来测得的,其原理与皮托管测速原理基本相同,如图 2-16 所示。

飞行速度是由空速管、空速表组合系统来测量和指示的。空速表上的粗针指示飞行表速,细针指示飞行真速。空速管上有两种孔:侧壁一排孔叫静压孔,它感受大气静压 p_H (指某一飞行高度时的静压),并通过导管与开口膜盒外部相通。空速管前端的孔叫总压孔,用来感受总压 p_0,并通过导管和空速表的开口膜盒内腔相通。这样,膜盒内外的压力差就是动压 q。

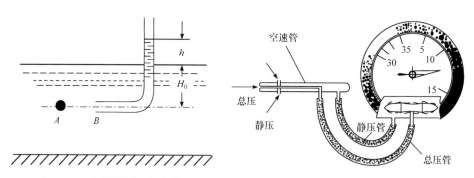

图 2-15　皮托管测河水流速　　　　　图 2-16　空速管测速原理

当飞机在海平面飞行时，膜盒内外的压力差为

$$p_0 - p_{H=0} = \frac{1}{2}\rho_0 v^2$$

膜盒在此压力差作用下膨胀，带动空速表粗针转动，指示飞机表速，用 v_i 表示。此时的表速就是飞机的真实速度。

当飞机在空中飞行时，表速 v_i 就不再是真正的飞行速度。这是因为刻度盘所表示的表速大小是根据动压和海平面的密度 ρ_0 之间的关系

$$q = \frac{1}{2}\rho_0 v_i^2$$

而确定的，即

$$v_i = \sqrt{\frac{2q}{\rho_0}} \tag{2-112}$$

所以粗针所转动角度是随动压 q 的大小而增减。如果飞行速度不变，飞行高度升高，由于空气密度减小，动压下降，膜盒收缩，空速表粗针所转动的角度减小，指示的表速也随之减小。因此，表速的大小只能反映飞行中动压的大小和海平面的飞行速度，并不代表任一高度的飞行真速。

飞行真速是由空速表中的细针指示的。细针的转动角度除了受开口膜盒控制外，还受真空膜盒的控制。当飞行高度增高时，真空膜盒膨胀，带动细针多偏一个角度，指示出飞行真速。

飞行表速和真速有一定的换算关系。根据

$$q = \frac{1}{2}\rho_H v^2 = \frac{1}{2}\rho_0 v_i^2$$

可得

$$v = \sqrt{\frac{\rho_0}{\rho_H}} v_i \tag{2-113}$$

由上式可见，在海平面上真速等于表速；飞行高度增加，真速将越来越大于表速。

2.7.3.2　文丘里流量计

文丘里(Venturi)管用于管道中的流量测量，它是由收缩段和扩散段组成的，如图 2-17 所示。在文丘里管入口前的直管段截面 1-1 和喉部截面 2-2 两处测量静压差，根据静压差及两个截面的已知截面积就可计算管道的流量。设截面 1-1 和截面 2-2 上的流速和截面积分别为 v_1、A_1 和 v_2、A_2，根据伯努利方程，有

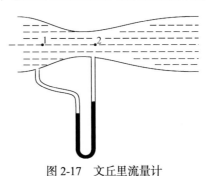

$$p_1 + \frac{1}{2}\rho v_1^2 = p_2 + \frac{1}{2}\rho v_2^2$$

图 2-17　文丘里流量计

由连续方程(2-92)，有

$$v_1 = \frac{A_2}{A_1}v_2$$

于是截面 2-2 上的流速为

$$v_2 = \sqrt{\frac{2(p_1 - p_2)}{\rho\left[1 - \left(\dfrac{A_2}{A_1}\right)^2\right]}} \tag{2-114}$$

所通过的体积流量为

$$Q_{V_2} = A_2\sqrt{\frac{2(p_1 - p_2)}{\rho\left[1 - \left(\dfrac{A_2}{A_1}\right)^2\right]}} \tag{2-115}$$

在实际应用中，考虑到粘性引起的截面上速度分布的不均匀以及流动中的能量损失，还应乘上一个修正系数 β，即

$$Q_{V_2} = \beta A_2\sqrt{\frac{2(p_1 - p_2)}{\rho\left[1 - \left(\dfrac{A_2}{A_1}\right)^2\right]}} \tag{2-116}$$

如果压力差 $p_1 - p_2$ 用 U 形管中的液面的高度差 h 来表示，则有

$$p_1 - p_2 = (\rho_U - \rho)gh$$

式中：ρ_U 是 U 形管中液体的密度。于是得到

$$Q_{V_2} = \beta A_2 \sqrt{\frac{2gh(\rho_U - \rho)}{\rho\left[1 - \left(\dfrac{A_2}{A_1}\right)^2\right]}} \qquad (2\text{-}117)$$

习　　题

1. 给定拉格朗日型流场：$x = a\mathrm{e}^{-2t/k}$ ，$y = b\mathrm{e}^{t/k}$ ，$z = c\mathrm{e}^{t/k}$ ，式中 k 为常数($k \neq 0$)，请判别

(1) 是否是不可压流场；

(2) 是否是有旋流场；

(3) 计算加速度 $\boldsymbol{a}$ 。

2. 根据亥姆霍兹速度分解定理，对流场 $v_x = U(h^2 - y^2)$ ，$v_y = v_z = 0$ 进行速度分解，其中 h 、U 均为常量。

3. 已知流场的速度分布为 $\boldsymbol{v} = xy^2\boldsymbol{i} - \dfrac{1}{3}y^3\boldsymbol{j} + xy\boldsymbol{k}$ ，求点 $(1,2,3)$ 的加速度。

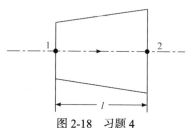

图 2-18　习题 4

4. 有一段收缩管道如图 2-18 所示。已知 $v_x = 8\mathrm{m/s}$ ，$v_y = 2\mathrm{m/s}$ ，$l = 1.5\mathrm{m}$ ，试求点 2 的迁移加速度。

5. 某不定常流动流场的速度 $\boldsymbol{v} = (x+c)t^2\boldsymbol{i} + (y+b)t^2\boldsymbol{j}$ ，试确定通过 $(-c, -b)$ 点的迹线方程 (b 、c 为常数)。

6. 某一平面流动的速度分量为：$v_x = x + 2t$ ，$v_y = -y + t + 3$ 。试求该流动的流线方程及在 $t = 0$ 时通过点 $P(-1, -1)$ 的流线。

7. 某流场速度 $\boldsymbol{v} = (a + bt)\boldsymbol{i} + c\boldsymbol{j}$ ，试求通过坐标原点的流线和迹线方程，并就 a 、b 的取值进行讨论。

8. 在一平面流动的流场中，已知速度分量为：$v_x = -4y$ ，$v_y = 4x$ ，试求流线方程并判别流动方向。

9. 已知流场的速度分布为 $\boldsymbol{v} = 2(x + y + t)\boldsymbol{i} - 2(y - z - t)\boldsymbol{j} + (x - z + t)\boldsymbol{k}$ ，求 $t = 3$ 时流场中点 $(2,2,1)$ 处：

(1) 流线方程；

(2) 加速度。

10. 已知速度场 $\boldsymbol{v} = -By\boldsymbol{i} + Bx\boldsymbol{j} + \sqrt{c - 2B^2(x^2 + y^2)}\boldsymbol{k}$ ，求：

(1) 沿 xy 平面上半径为 a 的圆周上的环量；

(2) 通过 xy 平面上半径为 a 的圆周上的环量。

11. 设空间有一无限长直涡线，其旋涡强度为 Γ。求此无限长直线线涡所诱导的速度表达式。

12. 设平面流动的速度场在极坐标系中为

$$v_\theta = \frac{\Gamma_0}{2\pi r}\left(1 - \mathrm{e}^{-\frac{r^2}{4vt}}\right), \quad v_r = 0$$

其中，Γ_0、v 均为常数，t 为时间。求：

(1) 流体微团的角速度；

(2) 沿任一半径为 R 的圆周的速度环量 Γ；

(3) 通过全平面的旋涡总强度。

13. 以 x 为固体壁面的上半平面中有一点涡距离壁面 $h = 2\mathrm{m}$，在密度 $\rho = 1\,030\mathrm{kg/m^3}$ 的静止流体中以等速 $v_0 = 5\mathrm{m/s}$ 平行于壁面运动。设点涡强度 $\Gamma = 284\mathrm{m^2/s}$，求整个边界线上所受总力的大小。

14. 试说明下述速度场能否表示不可压理想流体的一种运动，如能表示，则不计质量力，计算压力场。在充满流体的固定圆筒内，流体运动的速度为：

(1) $v_x = Ay$，$v_y = Ax$；

(2) $v_x = -Ay$，$v_y = Ax$；

(3) $v_x = -Ax$，$v_y = Ay$。

这里 A 为常数，圆筒物面方程 $x^2 + y^2 = a^2$，圆筒轴线上的压力 p_0 为已知。

15. 如图 2-19 所示。水在竖直管道中流动，已知管径 $D = 350\mathrm{mm}$ 处的流速为 $3\mathrm{m/s}$，要使高度差为 $2\mathrm{m}$ 的两压力表读数相同，渐缩管后的直径 d 应为多少？

16. 消防管路直径 $D = 250\mathrm{mm}$，末端收缩性喷嘴的出口直径 $d = 55\mathrm{mm}$，喷嘴与管路用法兰连接，其上装有 4 个螺栓。如图 2-20 所示。求当管路沿水平方向工

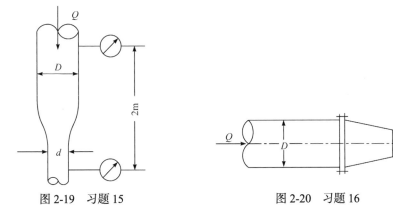

图 2-19　习题 15　　　　　　　　图 2-20　习题 16

作且流量 $Q = 100\mathrm{L/s}$ 时，每个螺栓上所受的拉力。

17. 密度 $\rho = 3.12\mathrm{kg/m^3}$ 的蒸汽以流速 $v = 22\mathrm{m/s}$ 沿直径 $d = 100\mathrm{mm}$ 的主管道流入两支管道，如图 2-21 所示。已知 $d_1 = 60\mathrm{mm}$ ，$\rho_1 = 2.78\mathrm{kg/m^3}$ ，$d_2 = 40\mathrm{mm}$ ，$\rho_2 = 2.54\mathrm{kg/m^3}$ ，试问两支管中的流速各应多大时才能够使支管中的质量流量相等？

18. 用皮托管和静压管测量管道中水的流速，如图 2-22 所示。若 U 形管中液体的密度为 $\rho = 1588\mathrm{kg/m^3}$ ，并测得液面差 $\Delta h = 350\mathrm{mm}$ ，试求管道中心的流速。

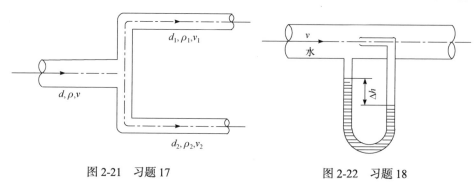

图 2-21　习题 17　　　　　　　　　图 2-22　习题 18

19. 在管道上装一倒置 U 形管，如图 2-23 所示。上部为密度 $\rho = 800\mathrm{kg/m^3}$ 的油，用来测定水管中 A 点的流速。若读数 $\Delta h = 300\mathrm{mm}$ ，求管中心的流速。

20. 一变直径水平放置的 90° 弯管，如图 2-24 所示。已知直径 $d_1 = 200\mathrm{mm}$ ，$d_2 = 100\mathrm{mm}$ ，管中水的表压力 $p_1 = 200\mathrm{kPa}$ ，流量 $Q = 226\mathrm{m^3/h}$ 。求水流对弯管管壁的作用力。

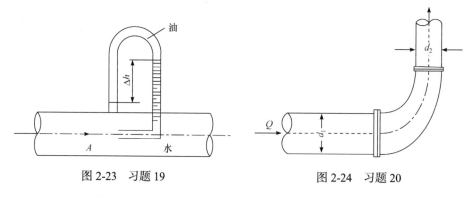

图 2-23　习题 19　　　　　　　　　图 2-24　习题 20

21. 有一段等直径水平弯管，管径 $d = 200\mathrm{mm}$ ，拐角 $\alpha = 45°$ ，如图 2-25 所示。若已知截面 1-1 上流速 $v_1 = 4\mathrm{m/s}$ ，压力 $p_1 = 98\mathrm{kPa(abs)}$ ，不计弯管中的水头损失，求弯管作用于水流的两个分力 R_x 、R_y 及合力 R 。

22. 井巷喷锚采用的喷嘴，如图 2-26 所示，其入口直径 $d_1 = 50\text{mm}$，出口直径 $d_2 = 25\text{mm}$。喷嘴前压强 $p_1 = 60\,\text{N}/\text{cm}^2$，流量 $Q = 5\text{L/s}$。若不计摩擦损失，喷嘴与水管接头处所受的拉力及工作面所受的冲击力各为多少？

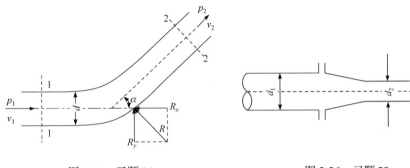

图 2-25　习题 21　　　　　　　　图 2-26　习题 22

第3章　理想流体位流理论

本书的重点是关注空气动力学的基础知识问题，本着理论学习从简单到复杂的原则，先从二维理想流体理论方法模型入手，然后推广到三维的情况。本章主要介绍的二维理想流体基本模型是空气动力学问题基础中的基础。整章首先介绍理想流体的无粘、无旋运动的速度位函数(位函数)，以及有旋运动的基本概念、旋涡定理与计算模型，然后介绍二维定常不可压位流模型与计算方法，最后拓展介绍二维定常可压位流的特点。

理想流体的无粘、无旋运动存在着速度位函数，同时描述理想流体流线的流函数与位函数正交，由此得出的理想流体的模型、方法与理论可以称为理想流体位流理论，本章介绍的二维定常不可压位流以及叠加方法等内容是空气动力学的基础，为下一步空气动力学计算求解打下基础。

3.1　理想流体的无旋运动和速度位函数

3.1.1　理想流体的无旋运动

理想流体微团是否旋转以及旋转的快慢程度取决于流体速度的旋度 $\mathrm{rot}\boldsymbol{v}$ ，如果在任意时刻，流场中处处满足

$$\boldsymbol{\Omega} = \mathrm{rot}\boldsymbol{v} = \nabla \times \boldsymbol{v} \equiv 0 \tag{3-1}$$

则称流体的运动为无旋运动；否则，称为有旋运动或旋涡运动。

必须注意，这里所说的有旋或无旋，仅指流体微团本身有无旋转，而与流体微团移动的迹线形状无关，如下文例 3-1～例 3-3 所示。

例 3-1　简单剪切流动(粘性流动，此时是非理想流体)，如图 3-1 所示。设该流动的速度场为

$$\begin{cases} v_x = By \\ v_y = 0 \end{cases}$$

迹线方程

$$y = \mathrm{const}$$

为平行于 x 轴的直线，但其

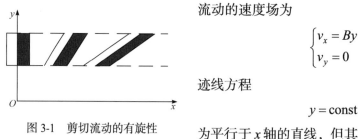

图 3-1　剪切流动的有旋性

$$\boldsymbol{\Omega} = \nabla \times \boldsymbol{v} = -B\boldsymbol{k} \neq 0$$

说明该流体虽然迹线是直线，但流动是有旋的。

例 3-2　自由旋涡流动(涡核外无粘流动，此时是理想流体)，如图 3-2 所示，设该流动的速度场为

$$\begin{cases} v_x = -\dfrac{ky}{x^2 + y^2} \\ v_y = \dfrac{kx}{x^2 + y^2} \end{cases}$$

迹线方程为

$$x^2 + y^2 = \text{const}$$

即流体微团运动轨迹为以原点为中心的圆周，但其

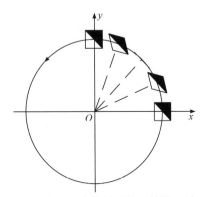

图 3-2　自由旋涡的无旋性

$$\boldsymbol{\Omega} = \nabla \times \boldsymbol{v} \equiv 0$$

表明流动是无旋的。

例 3-3　强迫旋涡流动(涡核内粘性流动，此时是非理想流体)，如图 3-3 所示。设该流动的速度场为

$$\begin{cases} v_x = -By \\ v_y = Bx \end{cases}$$

迹线方程

$$x^2 + y^2 = \text{const}$$

表明其流体微团的运动轨迹也是以原点为中心的圆周，但

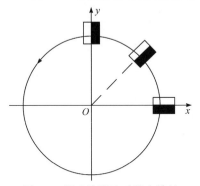

图 3-3　强迫旋涡流动的有旋性

$$\boldsymbol{\Omega} = \nabla \times \boldsymbol{v} = 2B\boldsymbol{k} \neq 0$$

表明其流动是有旋的。

　　从以上可以看出，有旋或无旋与流体微团运动的迹线无关。在简单剪切流动中，流体微团的运动是直线运动，但流动却是有旋的；在自由旋涡流动和强迫旋涡流动中，流体微团都做圆周运动，但前者是无旋流动，而后者则是有旋流动。

3.1.2 理想流体无旋流动的速度位函数

从理想流体无旋流动的定义

$$\boldsymbol{\Omega} = \nabla \times \boldsymbol{v} \equiv 0$$

可以得出，理想流体做无旋流动时，满足以下条件

$$\frac{\partial v_y}{\partial z} = \frac{\partial v_z}{\partial y}; \quad \frac{\partial v_z}{\partial x} = \frac{\partial v_x}{\partial z}; \quad \frac{\partial v_x}{\partial y} = \frac{\partial v_y}{\partial x} \tag{3-2}$$

由数学分析知，式(3-2)是 $v_x\mathrm{d}x + v_y\mathrm{d}y + v_z\mathrm{d}z$ 称为全微分的必要和充分条件。令 $\mathrm{d}\Phi$ 代表这个全微分，即

$$\mathrm{d}\Phi = v_x\mathrm{d}x + v_y\mathrm{d}y + v_z\mathrm{d}z \tag{3-3}$$

则 $\Phi = \Phi(x, y, z)$ 称为速度位或位函数，也可称为速度势或势函数，以下统称为速度位函数。式(3-3)即为速度位函数 Φ 的定义式。注意，Φ 为标量。

由速度位函数的定义可得

$$v_x = \frac{\partial \Phi}{\partial x}, \quad v_y = \frac{\partial \Phi}{\partial y}, \quad v_z = \frac{\partial \Phi}{\partial z} \tag{3-4}$$

即

$$\mathrm{grad}\,\Phi = \boldsymbol{v} \tag{3-5}$$

或

$$\nabla \Phi = \boldsymbol{v} \tag{3-6}$$

因此，无旋运动一定有速度位函数存在。反之，有速度位函数存在的流动一定是无旋的。这是因为，如果有速度位函数存在，则

$$\begin{aligned}\boldsymbol{\Omega} &= \left(\frac{\partial v_z}{\partial y} - \frac{\partial v_y}{\partial z}\right)\boldsymbol{i} + \left(\frac{\partial v_x}{\partial z} - \frac{\partial v_z}{\partial x}\right)\boldsymbol{j} + \left(\frac{\partial v_y}{\partial x} - \frac{\partial v_x}{\partial y}\right)\boldsymbol{k} \\ &= \left(\frac{\partial^2 \Phi}{\partial y \partial z} - \frac{\partial^2 \Phi}{\partial z \partial y}\right)\boldsymbol{i} + \left(\frac{\partial^2 \Phi}{\partial z \partial x} - \frac{\partial^2 \Phi}{\partial x \partial z}\right)\boldsymbol{j} + \left(\frac{\partial^2 \Phi}{\partial x \partial y} - \frac{\partial^2 \Phi}{\partial y \partial x}\right)\boldsymbol{k} = 0\end{aligned}$$

即存在速度位函数的流动 $\Omega = 0$，流动无旋，也是一种无粘的理想流体。

由于速度位函数是标量，计算比较简单，因此，研究无旋运动时引入速度位函数，则流体力学的问题将会得到很大简化，不必求解三个未知函数 v_x、v_y、v_z，而只要求一个未知函数 Φ。由速度位函数利用式(3-4)～式(3-6)可求出速度分布，然后再根据伯努利方程可得到流场中的压强分布。

如果应用极坐标 (R, θ, Z)，则有

$$v_R = \frac{\partial \Phi}{\partial R}, \quad v_\theta = \frac{1}{R}\frac{\partial \Phi}{\partial \theta}, \quad v_Z = \frac{\partial \Phi}{\partial Z} \tag{3-7}$$

应用球坐标 (r,θ,ε)，则有

$$v_r = \frac{\partial \Phi}{\partial r}, \quad v_\theta = \frac{1}{r}\frac{\partial \Phi}{\partial \theta}, \quad v_\varepsilon = \frac{1}{r\sin\theta}\frac{\partial \Phi}{\partial \varepsilon} \tag{3-8}$$

例 3-4 设有速度场

$$v_x = x + 2y + z + 5$$
$$v_y = 2x + y + z + 3$$
$$v_z = x + y + z - 6$$

试证明此流场是无旋的，并求其速度位函数。

解 (1) 证明流场是无旋的。

因为

$$\Omega_x = \frac{\partial v_z}{\partial y} - \frac{\partial v_y}{\partial z} = 1 - 1 = 0$$

$$\Omega_y = \frac{\partial v_x}{\partial z} - \frac{\partial v_z}{\partial x} = 1 - 1 = 0$$

$$\Omega_z = \frac{\partial v_y}{\partial x} - \frac{\partial v_x}{\partial y} = 2 - 2 = 0$$

即涡量 $\boldsymbol{\Omega} = \nabla \times \boldsymbol{v} = 0$，因而流场是无旋的，存在速度位函数。

(2) 求速度位函数 $\boldsymbol{\Phi}$。

因为流场无旋，所以存在速度位函数 $\boldsymbol{\Phi}$，使得

$$\mathrm{d}\Phi = \frac{\partial \Phi}{\partial x}\mathrm{d}x + \frac{\partial \Phi}{\partial y}\mathrm{d}y + \frac{\partial \Phi}{\partial z}\mathrm{d}z$$
$$= v_x\mathrm{d}x + v_y\mathrm{d}y + v_z\mathrm{d}z$$

采用图 3-4 所示的路径积分，则

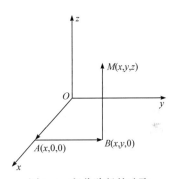

图 3-4 积分路径的选取

$$\Phi = \int_{(0,0,0)}^{(x,y,z)} v_x\mathrm{d}x + v_y\mathrm{d}y + v_z\mathrm{d}z$$
$$= \int_{(0,0,0)}^{(x,0,0)} v_x\mathrm{d}x + \int_{(x,0,0)}^{(x,y,0)} v_y\mathrm{d}y + \int_{(x,y,0)}^{(x,y,z)} v_z\mathrm{d}z$$
$$= \int_0^x (x+5)\mathrm{d}x + \int_0^y (2x+y+3)\mathrm{d}y + \int_0^z (x+y+z-6)\mathrm{d}z$$
$$= \left(\frac{1}{2}x^2 + 5x\right) + \left(2xy + \frac{1}{2}y^2 + 3y\right) + \left(xz + yz + \frac{1}{2}z^2 - 6z\right)$$
$$= \frac{1}{2}(x^2 + y^2 + z^2) + 2xy + xz + yz + 5x + 3y - 6z$$

3.2　流体的有旋运动和旋涡

3.2.1　粘性旋涡运动的基本概念

3.2.1.1　有旋运动及旋涡的形成

流体的有旋运动是指流体速度的旋度 $\boldsymbol{\Omega} = \mathrm{rot}\boldsymbol{v} \neq 0$ 的流体运动，这是流体运动中的又一个重要流动形式。

有旋运动的主要特征是旋涡，因此有旋运动又称旋涡运动。但必须注意的是，自然界存在的旋涡，既包括了有旋流动部分，又包含了无旋流动部分。这可通过旋涡生成的试验来说明。在一个相当大的水盆中垂直放置一个半径为 r 的圆柱。当圆柱以常值角速度 ω 旋转时，由于流体的粘性作用，圆柱表面的流体质点将以切向流速 $r\omega$ 跟着圆柱转动，且带动周围的质点做圆周运动。在远离圆柱的地方，圆周运动的速度越来越小，到无限远处流速为零。如果突然将圆柱从水中抽出，水盆中的流动就与二维旋涡流场相似。旋涡运动核心区就相当于旋转的圆柱，是旋涡本体，称为涡核。涡核的尺度与旋涡流动尺度相比可认为是很小的，其内部速度像刚体一样是与半径 r 成正比、并呈线性分布的。这是由于涡核区内速度梯度很大，粘性作用很强引起的。而涡核外流体粘性很小，其流体的圆周运动速度是由于涡核的旋转运动诱导而产生的，称为诱导速度。该部分流动是无旋的。因此，旋涡运动可分为涡核内的有粘旋转运动和涡核外的无粘无旋运动，也就是说涡核内的流动是有粘的旋转运动，它不是理想流体运动，涡核外的运动是无粘的无旋运动，是一种理想流动。

3.2.1.2　有旋运动的旋转角速度

有旋运动的特点是它的速度旋度 $\boldsymbol{\Omega} = \mathrm{rot}\boldsymbol{v} \neq 0$，亦即存在着旋转角速度。前面式(2-22)已经导出，流体微团角速度是旋度的一半，即

$$\boldsymbol{\omega} = \frac{1}{2}\mathrm{rot}\boldsymbol{v}$$

写成标量形式，即

$$\left.\begin{array}{l} \omega_x = \dfrac{1}{2}\left(\dfrac{\partial v_z}{\partial y} - \dfrac{\partial v_y}{\partial z}\right) \\[3mm] \omega_y = \dfrac{1}{2}\left(\dfrac{\partial v_x}{\partial z} - \dfrac{\partial v_z}{\partial x}\right) \\[3mm] \omega_z = \dfrac{1}{2}\left(\dfrac{\partial v_y}{\partial x} - \dfrac{\partial v_x}{\partial y}\right) \end{array}\right\} \tag{3-9}$$

对于 xy 平面上的二维旋涡，则有

$$\omega_z = \frac{1}{2}\left(\frac{\partial v_y}{\partial x} - \frac{\partial v_x}{\partial y}\right)$$

(3-10)

这里必须再次指出的是，流体微团是否有旋(即是否具有旋转角速度)，与其运动轨迹是否弯曲是两回事。例如，涡核外的流体微团其运动轨迹虽为圆周，但其角平分线在运动中方位不变，如图 3-2 所示，$\omega = 1/2 \mathrm{rot}v = 0$，仍为无旋运动。

3.2.1.3　涡线、涡管的定义

(1) 涡线的定义。

像流线一样，在流场中有一条曲线，若线上每一点的流体微团角速度矢量都与曲线相切，则这条曲线称为涡线。流体微团的角速度矢量又叫涡矢量。从某点的涡矢量出发，顺涡矢量走一个微小的距离到第二点，接着按第二点的涡矢量再走一个微小距离到第三点。依次下去，当每个微段长度趋于零时，所得曲线就叫涡线，如图 3-5(a)所示。

可以想象，涡线上的流体微团就像带孔的小珠，穿在涡线上，绕涡线转动，如图 3-5(b)所示。

(2) 涡管的定义。

也如流管的定义一样，经过一条封闭曲线的许多涡线组成的管子称涡管，见图 3-6。

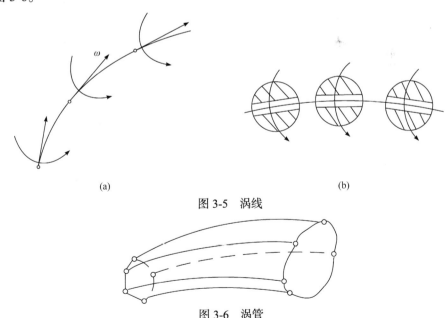

(a)　　　　　　　　　　　　　　　　(b)

图 3-5　涡线

图 3-6　涡管

3.2.2　旋涡运动的数学描述

3.2.2.1　环量的定义

在流场中沿一条指定曲线对速度的积分，也就是计算速度与长度的乘积之和叫环量。像做功一样，速度和长度的乘积是数量积。环量的值通常记为 Γ 。对于图 3-7(a)所示的曲线路径 AB ，则

$$\Gamma_{AB} = \int_A^B \boldsymbol{v} \cdot \mathrm{d}\boldsymbol{s} = \int_A^B v\cos\theta\mathrm{d}s \tag{3-11}$$

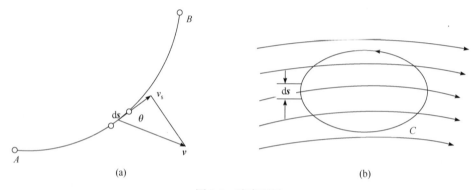

图 3-7　速度环量

环量的线积分是有方向的，如果由 A 至 B 为正，那么由 B 至 A 便为负： $\Gamma_{AB} = -\Gamma_{BA}$ 。但该定义对于积分的曲线是否封闭没有作任何规定。事实上，多数场合要计算的是沿一条封闭曲线的速度线积分，如图 3-7(b)所示。这时

$$\Gamma = \oint_C \boldsymbol{v} \cdot \mathrm{d}\boldsymbol{s} = \oint_C v\cos\theta\mathrm{d}s \tag{3-12}$$

如果把速度向量 $\boldsymbol{v}$ 分解为三个坐标方向的分量 v_x、v_y、v_z，把线段 $\mathrm{d}\boldsymbol{s}$ 也分解为 $\mathrm{d}x$、$\mathrm{d}y$、$\mathrm{d}z$，则

$$\Gamma = \int_A^B (v_x\boldsymbol{i} + v_y\boldsymbol{j} + v_z\boldsymbol{k}) \cdot (\mathrm{d}x\boldsymbol{i} + \mathrm{d}y\boldsymbol{j} + \mathrm{d}z\boldsymbol{k})$$

$$= \int_A^B v_x\mathrm{d}x + v_y\mathrm{d}y + v_z\mathrm{d}z \tag{3-13}$$

对于二维流场，则可改写为

$$\Gamma = \int_A^B v_x\mathrm{d}x + v_y\mathrm{d}y \tag{3-14}$$

3.2.2.2　涡管强度

设涡管切面积为 A ，$\mathrm{d}A$ 为切面的微元面积，ω_n 是流体微团在 $\mathrm{d}A$ 法线方向上

的转动角速度, 如图 3-8 所示, 则积分

$$\iint\limits_{A} \omega_n \mathrm{d}A$$

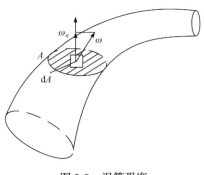

称为涡管切面 A 的角速度通量, 并将经过涡管切面 A 的流体微团角速度通量的两倍定义为涡管强度 J, 即

$$J = 2\iint\limits_{A} \omega_n \mathrm{d}A \qquad (3\text{-}15)$$

图 3-8　涡管强度

3.2.2.3　斯托克斯定理

为了说明涡管强度与速度环量之间的关系, 在二维流场中划取一个边长为 $\mathrm{d}x$、$\mathrm{d}y$ 的矩形微团, 见图 3-9(a)。

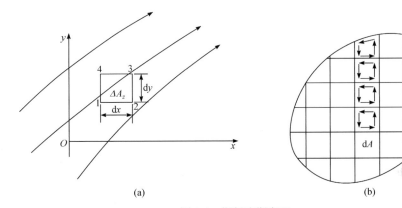

(a)　　　　　　　　　　　　　　　　(b)

图 3-9　斯托克斯定理

根据数学上平面场的斯托克斯公式(格林定理):

$$\iint\limits_{D_S}\left(\frac{\partial Q}{\partial x}-\frac{\partial P}{\partial y}\right)\mathrm{d}x\mathrm{d}y = \oint\limits_{S}\left(P\mathrm{d}x+Q\mathrm{d}y\right) \qquad (3\text{-}16)$$

可知, 若取微团周线为 C, 则

$$\begin{aligned}
\Gamma_C &= \oint\limits_{C} v_x\mathrm{d}x + v_y\mathrm{d}y = \iint\limits_{D_C}\left(\frac{\partial v_y}{\partial x}-\frac{\partial v_x}{\partial y}\right)\mathrm{d}x\mathrm{d}y \\
&\approx \left(\frac{\partial v_y}{\partial x}-\frac{\partial v_x}{\partial y}\right)\Delta x\Delta y
\end{aligned} \qquad (3\text{-}17)$$

其中, D_S、D_C 为 S、C 所围的平面区域。

此式表明，沿微团周线的环量等于微团旋转角速度的二倍与面积的乘积，即涡管强度等于沿涡管切面周线的速度环量，这就是平面流场的斯托克斯定理。

如果周线 L 所包围的是有限大的面积 A，则可将其分割成很多微元面积，如图 3-9(b)所示。沿每块微元面积的周线做速度曲线积分，其环量均等于 $2\omega_z$（ω_z 本身是位置的函数）乘上此微元面积。由于在面积 A 内部每条分割线上的线积分都走了两次，一次过去，一次回来，而当地速度只有一个，所以一来一去的线积分值恰好对消。最后，把这些微元面积的环量全加起来得到的就只是最外的一条周线 L 的速度线积分了。这个积分值等于所有微元面积角速度的二倍乘上该微元面积的总和，即

$$\Gamma = \oint_L v\cos\theta\,\mathrm{d}s = \iint_A 2\omega_z\,\mathrm{d}A \tag{3-18}$$

由上可见，沿一条封闭曲线计算环量时，如果周线内流体无旋，则环量必为零；如果周线内流体有旋，则环量值为面积分 $\iint_A 2\omega_z\,\mathrm{d}A$，即为通过面积 A 的涡管强度。

3.2.3 存在于理想流体中旋涡的基本特征

旋涡是由流体的粘性产生的，但是我们关心的是旋涡出现以后的效应。由于涡核外流体的粘性很小，因此可以近似地用理想流体的观点来研究旋涡场。在理想流体中旋涡运动有以下三条定理。

定理 3-1 在同一瞬间，沿涡线或涡管涡强不变。

参看图 3-10，在涡管上截两条围线：一条为 PQR，一条为 $P'Q'R'$。作两条重合的连线 PP' 和 RR'。把 PQR 和 $P'Q'R'$ 两条围线之间侧表面看作是在连线 PP' 和 RR' 处裂开的一块弯曲的面，像一段剥下来的树皮一样。然后沿 $P'PQRR'Q'P'$ 这样一条周线计算环量。这块剥开的树皮样曲面是包在原始的涡管的外皮上的，没有涡线穿过，所以，根据环量与涡的关系得知总的环量值等于零，即

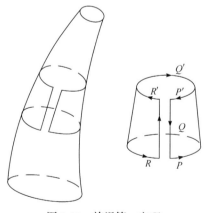

图 3-10 旋涡第一定理

$$\Gamma_{P'PQRR'Q'P'} = \Gamma_{P'P} + \Gamma_{PQR} + \Gamma_{RR'} + \Gamma_{R'Q'P'} = 0$$

而

$$\Gamma_{P'P} = -\Gamma_{RR'}, \quad \Gamma_{R'Q'P'} = -\Gamma_{P'Q'R'}$$

由此可得

$$\Gamma_{PQR} = \Gamma_{P'Q'R'}$$

这就是说沿涡管,不论在什么地方计算它的环量(涡强),其值都是相同的。这条定理称为亥姆霍兹第一定理,或简称为第一涡定理。

定理 3-2　一根涡管在流体内不可能中断,可以延伸到无限远处,或自相连接成一个涡环(不一定是圆环),或止于固体边界或自由边界(如自由液面)。参看图 3-11。

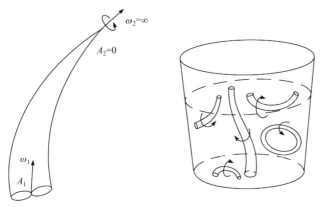

图 3-11　涡管在流体中的情形

这条定理可以用第一定理的结论推演而得到证明。第一定理指出,涡强沿涡管不变,如果涡管到某处突然中止,那么涡强应该随之变为零,而这是违反第一定理的,所以是不可能的。这条定理称为亥姆霍兹第二定理,或简称为第二涡定理。

定理 3-3　在理想流体中,旋涡的强度不随时间变化,即既不会增强,也不会减弱或消失。由于理想流体不存在粘性力,旋涡的旋转角速度就不会变化,涡强也就不会发生变化。

必须注意,实际流体都是有粘性的,涡强是会随时间变化的。不过空气的粘性很小,涡强随时间衰减相当慢。

3.2.4　旋涡对理想流体的诱导速度

3.2.4.1　毕奥-萨伐尔公式

毕奥-萨伐尔公式指出了强度为 Γ 的微元长度旋涡和周围流体微团的诱导速度 v 之间的关系,其数学表达式为

$$d\boldsymbol{v} = \frac{\Gamma}{4\pi} \frac{d\boldsymbol{s} \times \boldsymbol{R}}{R^3} \qquad (3\text{-}19)$$

式中:$d\boldsymbol{s}$ 为旋涡微段,$\boldsymbol{R}$ 为旋涡涡核外任意一点 M 至微段 $d\boldsymbol{s}$ 的向径,Γ 为旋涡强度,如图 3-12 所示。

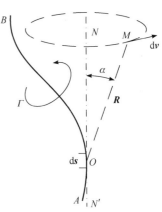

图 3-12　旋涡引起的诱导速度

毕奥-萨伐尔公式的标量形式为

$$dv = \frac{\Gamma}{4\pi} \frac{ds}{R^2} \sin\alpha \tag{3-20}$$

式中：α 为微段 d**s** 与 **R** 的夹角，d**v** 的方向由 d**s** 与 **R** 按右手定则确定，见图 3-12。

3.2.4.2 直旋涡的诱导速度

(1) 有限长直旋涡诱导速度。

如图 3-13 所示，有限长直旋涡 AB 的微元段 ds 对点 M 的诱导速度为

$$dv = \frac{\Gamma}{4\pi} \frac{ds}{R^2} \sin\alpha$$

dv 垂直于 MAB 平面，则

$$v = \int_A^B dv = \frac{\Gamma}{4\pi} \int_A^B \frac{\sin\alpha}{R^2} ds$$

作 $MC \perp AB$，令 $MC = h$，由图 3-13 得

$$Rd\alpha = ds\sin\alpha, \quad R = \frac{h}{\sin\alpha}$$

将上面两式代入积分式，得

$$v = \frac{\Gamma}{4\pi h}(\cos\alpha_1 - \cos\alpha_2) \tag{3-21}$$

此式表明，有限长直旋涡对任意点 M 的诱导速度的大小与 M 点至旋涡的垂直距离 h 以及 α_1、α_2 的大小有关。

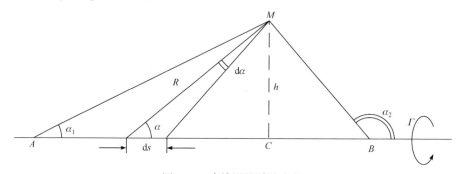

图 3-13　直旋涡的诱导速度

(2) 半无限长直旋涡。

在图 3-13 中，令 B 沿 AB 向右移至无穷远，于是 $\alpha_2 \to \pi$，此时

$$v = \frac{\Gamma}{4\pi h}(\cos\alpha_1 + 1) \tag{3-22}$$

若 M 点在过 A 且垂直于 AB 平面内，则 $\alpha_1 = \dfrac{\pi}{2}$，此时

$$v = \frac{\Gamma}{4\pi h} \tag{3-23}$$

(3) 无限长直旋涡(二维涡)。

在图 3-13 中，令端点 A 和 B 沿 AB 分别向左、向右移至无穷远，则

$$\alpha_1 \to 0，\quad \alpha_2 \to \pi$$

$$v = \frac{\Gamma}{2\pi h} \tag{3-24}$$

此式表明，无限长直旋涡(二维涡)对任一点诱导速度的大小仅与 M 点至旋涡的垂直距离 h 有关，即诱导速度与旋涡的垂直距离 h 成反比。

所以，无限长直旋涡(二维涡)所引起的诱导速度分布呈双曲线规律，如图 3-14(a)所示，从图中可以看出，涡核内的流体转动如同刚体转动，其速度分布与 R 成正比($R \leqslant R_0$，$v = R\omega$)。

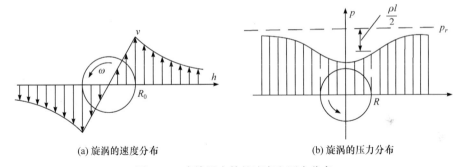

(a) 旋涡的速度分布   (b) 旋涡的压力分布

图 3-14 直旋涡内外的速度和压力分布

从上述速度分布可以证明，涡核内的流动为有旋流动，涡核外的流动为无旋流动。证明如下。

涡核内：$v_\theta = R\omega$，则

$$v_x = -\omega y，\quad v_y = \omega x$$

$$\omega_z = \frac{1}{2}\left(\frac{\partial v_y}{\partial x} - \frac{\partial v_x}{\partial y}\right) = \omega$$

涡核外：$v_\theta = \Gamma/(2\pi h)$。这样涡核外任意点 $P(R,\theta)$ 处的诱导速度在 x 轴和 y 轴方向的分量可按以下公式求得(注意，此时 R 即为 P 点至涡核的垂直距离 h)。

$$v_x = -\frac{\Gamma}{2\pi R}\sin\theta，\quad v_y = \frac{\Gamma}{2\pi R}\cos\theta$$

其中

$$R = \sqrt{x^2 + y^2} \;, \quad \sin\theta = \frac{y}{\sqrt{x^2 + y^2}} \;, \quad \cos\theta = \frac{x}{\sqrt{x^2 + y^2}}$$

所以

$$v_x = -\frac{\Gamma}{2\pi}\frac{y}{x^2 + y^2} \;, \quad v_y = \frac{\Gamma}{2\pi}\frac{x}{x^2 + y^2}$$

于是

$$\omega_z = \frac{1}{2}\left(\frac{\partial v_y}{\partial x} - \frac{\partial v_x}{\partial y}\right)$$

$$= \frac{1}{2}\left\{\frac{\Gamma}{2\pi}\left[\frac{1}{x^2 + y^2} - \frac{2x^2}{\left(x^2 + y^2\right)^2}\right] + \frac{\Gamma}{2\pi}\left[\frac{1}{x^2 + y^2} - \frac{2y^2}{\left(x^2 + y^2\right)^2}\right]\right\} = 0$$

即涡核外 $\omega_z = 0$ ，为无旋流动。

可以证明二维旋涡涡核内外的压力分布规律如图 3-14(b)所示，由此可见，越靠近涡核中心压力越小，在涡核中心，压力最小，这就是旋风能把纸屑杂物吸进去的原因。

3.3　二维定常不可压位流

二维定常流动是指流场中各点的流体速度都平行于某一固定平面，并且各流动参数(压力、密度、温度等)在此平面的垂直方向上没有变化，且也不随时间而变化的流动。若取 z 轴垂直于某一固定平面，则二维定常流动的任一物理量 B 都应满足 $\partial B/\partial z = 0$ ， $\partial B/\partial t = 0$ 并且 $v_z = 0$ 。

二维定常流动是一种简单的理想化的流动模型，严格的二维定常流动是不存在的。但是在工程实际问题中，当流动的物理量在某一方向(如 z 轴方向)的变化相对于其他方向上的变化为小量，而且在此方向上的速度近似为零时，则可以简化为二维流动。例如，对于一个大展弦比的矩形机翼(翼弦与翼展相比为小量)，垂直于翼展的各平面上流动状况相差甚微，尤其是在机翼的中间部分，就可以简化为二维流动。

3.3.1　二维定常不可压位流的流函数

下面我们来讨论一下，二维定常不可压位流这一种理想流体，它的流线函数，即流函数的数学表征方法。

3.3.1.1　流函数的定义及性质

由前面可知，二维定常不可压流动的连续方程为

$$\frac{\partial v_x}{\partial x}+\frac{\partial v_y}{\partial y}=0 \tag{3-25}$$

由高等数学知识可知，式(3-25)是 $-v_y\mathrm{d}x+v_x\mathrm{d}y$ 为某一函数 $\Psi(x,y)$ 全微分的充分必要条件。故有

$$\mathrm{d}\,\Psi=-v_y\mathrm{d}x+v_x\mathrm{d}y \tag{3-26}$$

又因为

$$\mathrm{d}\,\Psi=\frac{\partial\,\Psi}{\partial x}\mathrm{d}x+\frac{\partial\,\Psi}{\partial y}\mathrm{d}y \tag{3-27}$$

所以

$$\frac{\partial\,\Psi}{\partial x}=-v_y\ ,\quad \frac{\partial\,\Psi}{\partial y}=v_x \tag{3-28}$$

我们称 Ψ 为流函数。以上推导可知流函数是自动满足式(3-25)的，所以流函数的存在就意味着满足连续方程。这样可以用一个标量函数来代替两个标量函数 v_x、v_y。这是一个很有意义的简化，也是引进流函数的目的所在。

流函数具有明显的物理意义：

(1) 等流函数为一条流线。

因为 $\Psi(x,y)=C$ ，所以

$$\mathrm{d}\,\Psi=\frac{\partial\,\Psi}{\partial x}\mathrm{d}x+\frac{\partial\,\Psi}{\partial y}\mathrm{d}y=-v_y\mathrm{d}x+v_x\mathrm{d}y=0$$

因此有

$$\frac{v_x}{\mathrm{d}x}=\frac{v_y}{\mathrm{d}y} \tag{3-29}$$

由式(2-13)可知，式(3-29)即为二维流动的流线方程，因此等流函数线就是流线。

(2) 两条流线函数值之差就是这两条流线之间的体积流量。

在二维不可压流场上取两点 $P(x,y)$ 和 $Q(x+\mathrm{d}x,y+\mathrm{d}y)$，见图 3-15，$P$ 点在 $\Psi=C_1$ 的流线上，Q 点在 $\Psi+\mathrm{d}\Psi=C_2$ 的流线上。设单位时间内流过 $\overline{PQ}$ 的流体的体积为 $\mathrm{d}Q_V$，并规定流入为负，流出为正。则

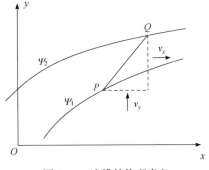

图 3-15　流线的物理意义

$$dQ_V = v_x dy - v_y dx \tag{3-30}$$

比较式(3-30)和式(3-26)，可得

$$dQ_V = d\varPsi$$

即两条流线流函数之差等于通过这两条流线之间的体积流量。

3.3.1.2 流函数 $\varPsi$ 与位函数 $\varPhi$ 的关系

在二维定常不可压无旋流场中，流函数 $\varPsi$ 取不同的常数，组成流线族。速度位函数 $\varPhi$ 取不同的常数，组成等位线族，则这两族曲线是相互正交的，原因如下。

按位函数的定义：

$$d\varPhi = \frac{\partial \varPhi}{\partial x} dx + \frac{\partial \varPhi}{\partial y} dy = v_x dx + v_y dy$$

等位线 $\varPhi = C$，则 $d\varPhi = 0$。因此等位线的斜率为

$$\left(\frac{dy}{dx}\right)_{\varPhi = C} = -\frac{v_x}{v_y}$$

按流函数的定义

$$d\varPsi = \frac{\partial \varPsi}{\partial x} dx + \frac{\partial \varPsi}{\partial y} dy = -v_y dx + v_x dy$$

流线 $\varPsi = C$，则 $d\varPsi = 0$。因此流函数的斜率为

$$\left(\frac{dy}{dx}\right)_{\varPsi = C} = \frac{v_y}{v_x}$$

于是

$$\left(\frac{dy}{dx}\right)_{\varPsi = C} \cdot \left(\frac{dy}{dx}\right)_{\varPhi = C} = -1$$

可见流线族和等位线族是正交的。

3.3.2 二维定常不可压位流基本方程及边界条件

二维定常不可压位流必须满足二维定常不可压的连续方程

$$\frac{\partial v_x}{\partial x} + \frac{\partial v_y}{\partial y} = 0$$

同时，因为是位流，则必有位函数 $\varPhi$ 存在，且 $\dfrac{\partial \varPhi}{\partial x} = v_x$，$\dfrac{\partial \varPhi}{\partial y} = v_y$，代入连续方程得

$$\frac{\partial^2 \Phi}{\partial x^2} + \frac{\partial^2 \Phi}{\partial y^2} = 0 \qquad (3\text{-}31)$$

式(3-31)称为二维定常不可压位流的位函数方程。

同理,对于二维定常不可压位流必定存在流函数 Ψ ,且 $\frac{\partial \Psi}{\partial x} = -v_y$,$\frac{\partial \Psi}{\partial y} = v_x$,

代入无旋条件

$$\frac{\partial v_y}{\partial x} = \frac{\partial v_x}{\partial y}$$

可得

$$\frac{\partial^2 \Psi}{\partial x^2} + \frac{\partial^2 \Psi}{\partial y^2} = 0 \qquad (3\text{-}32)$$

式(3-32)称为二维定常不可压位流的流函数方程。

对于一个二维定常不可压位流,它必满足式(3-31)和式(3-32),当然要描述一个二维定常不可压位流,只需满足式(3-31)或式(3-32)中的其中一个就够了。

式(3-31)和式(3-32)在数学上具有相同的形式,在数学分析中称为拉普拉斯方程。对于一个具体的二维定常不可压位流,只要能求解式(3-31)或式(3-32),求出其位函数或流函数即能算出流场各点流速。进而可利用伯努利方程算出流场中各点的压力。所以式(3-31)和式(3-32)称为二维定常不可压位流的基本方程。

对于具体的流动问题应有给定的边界条件求解拉普拉斯方程。当流体绕物体流动时,若以物体为讨论对象,则无限远处为外边界,物体表面为内边界。

若流体从无限远处以匀速 v_∞ 流向静止物体。假设流体不能渗入又不能离开物体时,则物体表面上流体的法向分速 v_n 应处处为零。换一种说法,即物面是一条流线。取 v_∞ 方向为 x 方向,则这种情况下的边界条件可描述为

物面条件(内边界): $v_n = 0$,$\left(\dfrac{\partial \Phi}{\partial n}\right)_b = 0$,$\Psi = C$ 。

无穷远处条件(外边界): $v_n = v_\infty$,即

$$(v_x)_\infty = \frac{\partial \Phi}{\partial x} = v_\infty , \quad (v_y)_\infty = \frac{\partial \Phi}{\partial y} = 0$$

3.3.3 二维定常不可压位流的叠加原理

直接求解 3.3.2 节得到的拉普拉斯方程,对于形状不规则的物体,由于其边界条件的复杂性,是相当困难的。注意到拉普拉斯方程是线性微分方程,其解是可以叠加的。因此我们可以利用简单的位流的叠加来获得绕某物体的流动,即所谓的叠加原理。

叠加原理的内容是：如果已知两个或更多个流动，它们的位函数分别为 Φ_1，Φ_2，$\cdots$，Φ_n，并且每一个流动都满足拉普拉斯方程(3-31)，那么由这些流动叠加而得的流动位函数 $\Phi = \Phi_1 + \Phi_2 + \cdots + \Phi_n$ 也满足拉普拉斯方程(3-31)。因此，将一些不可压位流叠加起来的流动也是不可压位流，而且叠加所得的流动自动满足参加叠加的各流动加在一起所给出的边界条件。

现证明如下：

设 Φ_1，Φ_2，$\cdots$，Φ_n 分别为满足拉普拉斯方程的位函数，即

$$\frac{\partial^2 \Phi_1}{\partial x^2} + \frac{\partial^2 \Phi_1}{\partial y^2} = 0 \;, \quad \frac{\partial^2 \Phi_2}{\partial x^2} + \frac{\partial^2 \Phi_2}{\partial y^2} = 0 \;, \quad \cdots, \quad \frac{\partial^2 \Phi_n}{\partial x^2} + \frac{\partial^2 \Phi_n}{\partial y^2} = 0$$

令 $\Phi = \Phi_1 + \Phi_2 + \cdots + \Phi_n$，则

$$\frac{\partial^2 \Phi}{\partial x^2} + \frac{\partial^2 \Phi}{\partial y^2} = \frac{\partial^2 (\Phi_1 + \Phi_2 + \cdots + \Phi_n)}{\partial x^2} + \frac{\partial^2 (\Phi_1 + \Phi_2 + \cdots + \Phi_n)}{\partial y^2}$$

$$= \left(\frac{\partial^2 \Phi_1}{\partial x^2} + \frac{\partial^2 \Phi_1}{\partial y^2} \right) + \left(\frac{\partial^2 \Phi_2}{\partial x^2} + \frac{\partial^2 \Phi_2}{\partial y^2} \right) + \cdots + \left(\frac{\partial^2 \Phi_n}{\partial x^2} + \frac{\partial^2 \Phi_n}{\partial y^2} \right) = 0$$

即由 Φ_1，Φ_2，$\cdots$，Φ_n 叠加而得的流动也满足拉普拉斯方程，它是二维定常不可压位流。

根据位函数和速度分量的关系得 x 方向的速度分量

$$v_x = \frac{\partial \Phi}{\partial x} = \frac{\partial (\Phi_1 + \Phi_2 + \cdots + \Phi_n)}{\partial x} = \frac{\partial \Phi_1}{\partial x} + \frac{\partial \Phi_2}{\partial x} + \cdots + \frac{\partial \Phi_n}{\partial x} = v_{x1} + v_{x2} + \cdots + v_{xn}$$

式中：v_{x1}，v_{x2}，$\cdots$，v_{xn} 分别为流动 1，2，$\cdots$，n 的 x 向的速度分量。因而流场中各点的速度分量是可以叠加的。

值得注意的是，流场各点处的压力是不可以用叠加的方法得到的。理由很简单，根据伯努利方程，压力与速度的函数关系是非线性的。因此，描述参数关系式是否为线性，是叠加原理是否有效的关键。

3.3.4 几种典型的二维定常不可压位流

由 3.3.3 节分析可知，可以利用简单位流的叠加来获得绕某物体的流动，下面介绍几种典型的二维定常不可压位流。

3.3.4.1 二维直匀流

二维直匀流是一种简单的平行流动，流场中各点的流速的大小和方向都相同。设该流动为

$$v_x = a$$

$$v_y = b$$

式中：a，b 为常数。容易验证，这种流动满足无旋条件和连续方程，因此它有位函数和流函数存在。

$$\Phi = \int_{(0,0)}^{(x,y)} d\Phi = \int_{(0,0)}^{(x,y)} \frac{\partial \Phi}{\partial x} dx + \frac{\partial \Phi}{\partial y} dy$$

$$= \int_{(0,0)}^{(x,y)} v_x dx + v_y dy = \int_{(0,0)}^{(x,y)} a dx + b dy = ax + by \qquad (3\text{-}33)$$

$$\Psi = \int_{(0,0)}^{(x,y)} d\Psi = \int_{(0,0)}^{(x,y)} \frac{\partial \Psi}{\partial x} dx + \frac{\partial \Psi}{\partial y} dy$$

$$= \int_{(0,0)}^{(x,y)} -v_y dx + v_x dy = \int_{(0,0)}^{(x,y)} -b dx + a dy = -bx + ay \qquad (3\text{-}34)$$

令 Φ 和 Ψ 分别等于一系列常数，即可得一族等位线和一族流线，见图 3-16。等位线和流线是相互垂直的两族直线。

常用的直匀流是沿 x 方向的，其速度值用 v_∞ 来表示，在式(3-33)、式(3-34)中，令 $a = v_\infty$，$b = 0$，由此二维直匀流的位函数和流函数分别为

$$\Phi = v_\infty x$$

$$\Psi = v_\infty y$$

因直匀流中各点的速度相同，由伯努利方程得 $\rho g z + p = C$，如果重力的作用可忽略不计，则有 $p = C$，即在流场中各点的压力都相同。

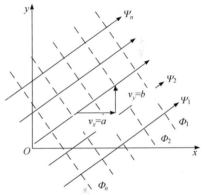

图 3-16　二维直匀流

3.3.4.2　平面点源和点汇

平面点源指的是流场中的某点单位时间内从该点流出体积为 Q（Q 也称为点源强度）的流体在平面上向四面八方流去的一种流动。而点汇是刚好和点源流动方向相反的向心流动。这两种流动的特点是只有径向速度 v_r，没有周向速度 v_θ。并且，离点源(汇)的距离相等处，其径向速度的大小也相同。

考虑一个位于坐标原点的点源，由于流动对于坐标原点是对称的，故用极坐标系更为方便。在极坐标系中任一点必有

$$\begin{cases} v_\theta = 0 \\ v_r \cdot 2\pi r = Q \end{cases}$$

即

$$\begin{cases} v_\theta = 0 \\ v_r = Q/(2\pi r) \end{cases}$$

若改用直角坐标系，则有

$$v_x = \frac{Q}{2\pi} \frac{x}{x^2 + y^2}$$

$$v_y = \frac{Q}{2\pi} \frac{y}{x^2 + y^2}$$

容易验证该流动满足无旋条件和连续方程，有位函数和流函数存在。

由

$$v_r = \frac{\partial \Phi}{\partial r} = \frac{Q}{2\pi r}$$

得

$$\Phi = \frac{Q}{2\pi} \ln r$$

由

$$v_r = \frac{\partial \Psi}{r \partial \theta} = \frac{Q}{2\pi r}$$

得

$$\Psi = \frac{Q}{2\pi} \theta$$

其中，$r = \sqrt{x^2 + y^2}$，$\theta = \arctan \dfrac{y}{x}$。

若改用直角坐标系，则有

$$\Phi = \frac{Q}{2\pi} \ln \sqrt{x^2 + y^2}$$

$$\Psi = \frac{Q}{2\pi} \arctan \frac{y}{x}$$

若点源位于 (ξ, η) 处时，根据数学中坐标平移原理，其位函数和流函数为

$$\Phi = \frac{Q}{2\pi} \ln \sqrt{(x-\xi)^2 + (y-\eta)^2} \tag{3-35}$$

$$\Psi = \frac{Q}{2\pi} \arctan \frac{y-\eta}{x-\xi} \tag{3-36}$$

对于位于 (ξ, η) 处的点汇，只需将式(3-35)和式(3-36)中的 Q 用 $-Q$ 代替，则得

点汇的位函数和流函数为

$$\Phi = -\frac{Q}{2\pi}\ln\sqrt{(x-\xi)^2+(y-\eta)^2} \tag{3-37}$$

$$\Psi = -\frac{Q}{2\pi}\arctan\frac{y-\eta}{x-\xi} \tag{3-38}$$

点源和点汇的等位线族与流线族如图 3-17 所示。

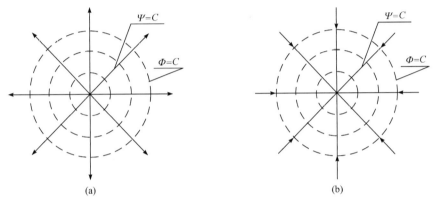

图 3-17　点源和点汇

如果平面 Oxy 是无限大的水平面，根据伯努利方程

$$p + \frac{1}{2}\rho v_r^2 = p_\infty$$

式中：p_∞ 是在 $r \to \infty$ 时的压力，该处速度为零，将速度表达式代入上式

$$p = p_\infty - \frac{Q^2\rho}{8\pi^2}\frac{1}{r^2}$$

由此可见，压力随半径的减小而降低，当 $r = r_0$ 时，$p = 0$，其中 $r_0 = \sqrt{\dfrac{Q^2}{8\pi^2}\dfrac{\rho}{p_\infty}}$。

3.3.4.3　平面偶极

一对彼此无限靠近的等强度平面点源和点汇的合成流动称为平面偶极流动。考虑 x 轴上 $(-\varepsilon,0)$ 处有一强度为 Q 的点源，而在 $(\varepsilon,0)$ 处有强度为 Q 的点汇，如图 3-18 所示。

利用叠加原理，这一对源、汇对 $P(x,y)$ 点的位函数和流函数可分别表示为

$$\Phi = \Phi_s + \Phi_{-s} = \frac{Q}{4\pi}\left\{\ln\left[(x+\varepsilon)^2+y^2\right]-\ln\left[(x-\varepsilon)^2+y^2\right]\right\}$$

$$\Psi = \Psi_s + \Psi_{-s} = \frac{Q}{2\pi}\left(\arctan\frac{y}{x+\varepsilon} - \arctan\frac{y}{x-\varepsilon}\right)$$

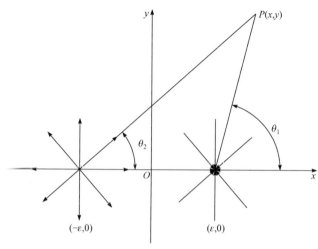

图 3-18   源汇对

当 $2\varepsilon \to 0$ 时，为保留源、汇对外部流体的作用，必须同时增大流量 Q，使 $2\varepsilon Q = M$ 不变，M 称为偶极强度。这时，偶极的位函数和流函数分别为

$$\Phi = \lim_{2\varepsilon \to 0}\frac{Q}{4\pi}\left\{\ln\left[(x+\varepsilon)^2 + y^2\right] - \ln\left[(x-\varepsilon)^2 + y^2\right]\right\}$$

$$= \lim_{2\varepsilon \to 0}\frac{M}{4\pi}\frac{\ln\left[(x+\varepsilon)^2 + y^2\right] - \ln\left[(x-\varepsilon)^2 + y^2\right]}{2\varepsilon}$$

$$= \frac{M}{4\pi}\frac{\partial}{\partial x}\ln\left(x^2 + y^2\right)$$

$$= \frac{M}{2\pi}\frac{x}{x^2 + y^2} = \frac{M}{2\pi}\frac{\cos\theta}{r} \tag{3-39}$$

$$\Psi = \lim_{2\varepsilon \to 0}\frac{Q}{2\pi}\left(\arctan\frac{y}{x+\varepsilon} - \arctan\frac{y}{x-\varepsilon}\right)$$

$$= \lim_{2\varepsilon \to 0}\frac{M}{2\pi}\left(\frac{\arctan\dfrac{y}{x+\varepsilon} - \arctan\dfrac{y}{x-\varepsilon}}{2\varepsilon}\right)$$

$$= \frac{M}{2\pi}\frac{\partial}{\partial x}\left(\arctan\frac{y}{x}\right)$$

$$= -\frac{M}{2\pi}\frac{y}{x^2 + y^2} = -\frac{M}{2\pi}\frac{\sin\theta}{r} \tag{3-40}$$

对式(3-39)、式(3-40)进行简单变换即可得

$$\left(x - \frac{M}{4\pi\Phi}\right)^2 + y^2 = \left(\frac{M}{4\pi\Phi}\right)^2 \quad (3\text{-}41)$$

$$x^2 + \left(y + \frac{M}{4\pi\Psi}\right)^2 = \left(\frac{M}{4\pi\Psi}\right)^2 \quad (3\text{-}42)$$

式(3-41)、式(3-42)说明此偶极流的
等位线是圆心在 x 轴上的，并与 y 轴相
切的圆；流线是圆心在 y 轴上，并与 x
轴相切的圆。如图 3-19 所示。

从汇指向源的方向，称为偶极轴的
方向。偶极轴的方向不同，则其 Φ 和 Ψ
的表达式不同。式(3-39)、式(3-40)表示
的是沿负 x 方向的偶极。若偶极沿负 y
方向，则有

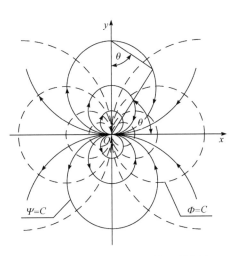

图 3-19　负 x 向偶极子流线和等位线

$$\begin{cases} \Phi = \dfrac{M}{2\pi}\dfrac{y}{x^2 + y^2} \\[2mm] \Psi = -\dfrac{M}{2\pi}\dfrac{x}{x^2 + y^2} \end{cases}$$

3.3.4.4　二维点涡

设有一无限长的直线涡束，像刚体一样以等角速度绕中心轴旋转，其周围的
流体也将绕涡束产生与涡束同向的
环形流动。在与涡束轴线垂直的每
个平面内的流动情况都是一致的，
这种以涡束诱导出的平面流动，称
为涡流。在 Oxy 平面内的涡束和涡
流，如图 3-20 所示。

坐标原点为涡束的轴心，r_0 为
涡束的半径，外围区域为涡流。涡
流流场中的速度在与轴心等距离处
是相等的，当该距离增加时速度将
减小。设涡束的旋涡强度为一常数，
由斯托克斯定理，包围涡束的速度
环量也为常数。利用环量的定义，
可以求出涡流在不同半径的圆周线

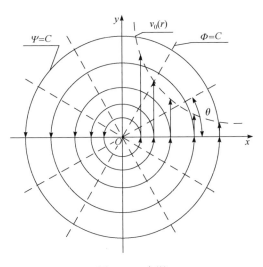

图 3-20　点涡

上的速度，即

$$\Gamma = v_\theta \cdot 2\pi r$$

因此

$$v_\theta = \frac{\Gamma}{2\pi r}$$

可见，在涡流区域速度与半径成反比，在涡束内部速度与半径成正比，$v_\theta = r\omega$。涡流区域也可称为位流旋涡区，涡束内部称为涡核区。

将涡流速度与半径关系式代入伯努利方程，得位流旋涡区的压力分布为

$$p = p_\infty - \frac{1}{2}\rho v_\theta^2 = p_\infty - \frac{\Gamma^2 \rho}{8\pi^2}\frac{1}{r^2}$$

式中：p_∞ 是在 $r \to \infty$ 时的压力，位流旋转区的压力随半径的增加而增加，涡核的半径为

$$r_0 = \sqrt{\frac{\Gamma^2 \rho}{8\pi^2}\frac{1}{p_\infty - p_0}}$$

下面求出涡核内部的压力分布，由于涡核内部是有旋流动，可根据欧拉运动微分方程求流体的压强。欧拉运动微分方程是

$$v_x \frac{\partial v_x}{\partial x} + v_y \frac{\partial v_x}{\partial y} = -\frac{1}{\rho}\frac{\partial p}{\partial x} , \quad v_x \frac{\partial v_y}{\partial x} + v_y \frac{\partial v_y}{\partial y} = -\frac{1}{\rho}\frac{\partial p}{\partial y}$$

而 $v_x = -\omega y$，$v_y = \omega x$，代入上式有

$$\omega^2 x = \frac{1}{\rho}\frac{\partial p}{\partial x} , \quad \omega^2 y = \frac{1}{\rho}\frac{\partial p}{\partial y}$$

分别用 $\mathrm{d}x$ 和 $\mathrm{d}y$ 乘以以上两个式子再相加，有

$$\omega^2 (x\mathrm{d}x + y\mathrm{d}y) = \frac{1}{\rho}\left(\frac{\partial p}{\partial x}\mathrm{d}x + \frac{\partial p}{\partial y}\mathrm{d}y\right)$$

$$\frac{1}{2}\omega^2 \mathrm{d}(x^2 + y^2) = \frac{1}{\rho}\mathrm{d}p$$

积分后

$$p = \frac{1}{2}\rho\omega^2(x^2 + y^2) + C = \frac{1}{2}\rho\omega^2 r^2 + C = \frac{1}{2}\rho v_\theta^2 + C$$

设在涡核表面，$r = r_0$，$p = p_0$，$v_\theta = v_0$，代入上式得积分常数

$$C = p_0 - \frac{1}{2}\rho v_0^2 = p_0 + \frac{1}{2}\rho v_0^2 - \rho v_0^2 = p_\infty - \rho v_0^2$$

则涡核区的压力分布为

$$p = p_\infty + \frac{1}{2}\rho v_\theta^2 - \frac{1}{2}\rho v_0^2$$

或

$$p = p_\infty + \frac{1}{2}\rho \omega^2 r^2 - \frac{1}{2}\rho \omega^2 r_0^2$$

涡核中心的压力

$$p_c = p_\infty - \rho v_0^2$$

涡核边缘的压力

$$p_0 = p_\infty - \frac{1}{2}\rho v_0^2$$

可见涡核内外的压力分布幅度相等，都等于涡核边缘速度所转换成的动压。由于涡核区内部压力低于位流旋涡区，将会有流体从位流旋涡区被抽吸到涡核区。

当涡束的半径趋于无穷小时，涡束称为一条涡线，这样的涡流称为点涡，即点涡是涡核趋近于零的运动。点涡的中心点是一个奇点，因该点的角速度为无穷大。点涡运动除了涡核所在的那一点外，整个平面流场上的流动全是无旋的。流体绕点涡做圆周运动，只有周向速度 v_θ，没有径向速度 v_r。流体微团的周向速度与离点涡的距离成反比。可见点涡是一种与点源的流线及等位线恰好为互换的流动。其流线为同心圆，等位线则是径线，如图 3-20 所示。

由

$$v_r = \frac{\partial \Phi}{\partial r} = 0 , \quad v_\theta = \frac{1}{r}\frac{\partial \Phi}{\partial \theta} = \frac{\Gamma}{2\pi r}$$

$$\mathrm{d}\Phi = \frac{\partial \Phi}{\partial r}\mathrm{d}r + \frac{\partial \Phi}{\partial \theta}\mathrm{d}\theta = \frac{\Gamma}{2\pi}\mathrm{d}\theta$$

积分得位函数为

$$\Phi = \frac{\Gamma}{2\pi}\theta = \frac{\Gamma}{2\pi}\arctan\frac{y}{x} \tag{3-43}$$

由速度位函数可求得流函数

$$\frac{\partial \Psi}{\partial x} = -\frac{\partial \Phi}{\partial y} = -\frac{\Gamma}{2\pi}\frac{x}{x^2 + y^2}$$

$$\frac{\partial \Psi}{\partial y} = \frac{\partial \Phi}{\partial x} = -\frac{\Gamma}{2\pi}\frac{y}{x^2 + y^2}$$

有

$$\mathrm{d}\Psi = \frac{\partial \Psi}{\partial x}\mathrm{d}x + \frac{\partial \Psi}{\partial y}\mathrm{d}y = -\frac{\Gamma}{2\pi}\frac{\mathrm{d}(x^2 + y^2)}{2(x^2 + y^2)} = -\frac{\Gamma}{2\pi}\frac{\mathrm{d}r^2}{2r^2}$$

则流函数为

$$\Psi = -\frac{\Gamma}{2\pi}\ln r \tag{3-44}$$

类似于点源的情况可得位于 (ξ,η) 处点涡的位函数 Φ 和流函数 Ψ 分别为

$$\Phi = \frac{\Gamma}{2\pi}\arctan\frac{y-\eta}{x-\zeta}$$

$$\Psi = -\frac{\Gamma}{4\pi}\ln\left[(x-\zeta)^2 + (y-\eta)^2\right]$$

式中：Γ 为常数，称为点涡强度，逆时针方向转动为正。

将上述四种基本的二维定常不可压位流的位函数、流函数归纳，见表 3-1。应注意：表中点源(汇)、偶极和点涡位于坐标原点。若位于 (ξ,η) 点处，则应将各式中 x 换成 $x-\zeta$，y 换成 $y-\eta$。

表 3-1　四种基本流动

	直匀流	点源(汇)流	点涡流	偶极流
速度分布	$v_x = a$ $v_y = b$	$v_x = \dfrac{Q}{2\pi}\dfrac{x}{x^2+y^2}$ $v_y = \dfrac{Q}{2\pi}\dfrac{y}{x^2+y^2}$	$v_x = -\dfrac{\Gamma}{2\pi}\dfrac{y}{x^2+y^2}$ $v_y = \dfrac{\Gamma}{2\pi}\dfrac{x}{x^2+y^2}$	$v_x = \dfrac{M}{2\pi}\dfrac{y^2-x^2}{(x^2+y^2)^2}$ $v_y = -\dfrac{M}{2\pi}\dfrac{2xy}{(x^2+y^2)^2}$
位函数	$\Phi = ax + by$	$\Phi = \dfrac{Q}{2\pi}\ln r$ $r = \sqrt{x^2+y^2}$	$\Phi = \dfrac{\Gamma}{2\pi}\theta$	$\Phi = \dfrac{M}{2\pi}\dfrac{x}{x^2+y^2}$
流函数	$\Psi = ay - bx$	$\Psi = \dfrac{Q}{2\pi}\theta$	$\Psi = -\dfrac{\Gamma}{2\pi}\ln r$	$\Psi = -\dfrac{M}{2\pi}\dfrac{y}{x^2+y^2}$
等位线的方程及图像	$y = -\dfrac{a}{b}x + c$ 	$r = \mathrm{e}^{\frac{2\pi c}{Q}}$ 	$\theta = \dfrac{2\pi c}{\Gamma}$ 	$\left(x^2 - \dfrac{c}{2}\right)^2 + y^2 = \left(\dfrac{c}{2}\right)^2$
流线方程及图像	$y = \dfrac{b}{a}x + c$ 	$\theta = \dfrac{2\pi c}{Q}$ 	$r = \mathrm{e}^{\frac{2\pi c}{\Gamma}}$ 	$x^2 + \left(y - \dfrac{c}{2}\right)^2 = \left(\dfrac{c}{2}\right)^2$

3.3.5　几种典型的二维定常不可压位流叠加及其气动含义

3.3.5.1　直匀流加点源及其气动含义

在 x 轴平行的直匀流里，在原点处放置一强度为 Q 的点源，会产生如图 3-21 那样的流动。根据叠加原理，叠加后流动的位函数和流函数分别为

$$\begin{cases} \varPhi(x,y) = v_\infty x + \dfrac{Q}{2\pi}\ln\sqrt{x^2+y^2} = v_\infty x + \dfrac{Q}{2\pi}\ln r \\ \varPsi(x,y) = v_\infty y + \dfrac{Q}{2\pi}\arctan\dfrac{y}{x} = v_\infty y + \dfrac{Q}{2\pi}\theta \end{cases} \tag{3-45}$$

流场中各点 x 方向和 y 方向的速度分量分别为

$$\begin{cases} v_x = \dfrac{\partial \varPhi}{\partial x} = v_\infty + \dfrac{Q}{2\pi}\dfrac{x}{x^2+y^2} \\ v_y = \dfrac{\partial \varPhi}{\partial y} = \dfrac{Q}{2\pi}\dfrac{y}{x^2+y^2} \end{cases} \tag{3-46}$$

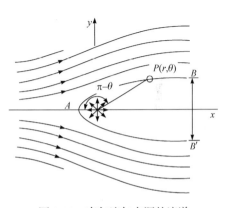

图 3-21　直匀流加点源的流谱

在流场中，有一个具有特殊意义的点，在该点处，流动速度等于零。我们称流动速度为零的点为驻点。

设点 A 处的流动速度为零。经简单运算后即可确定 A 点的坐标

$$\begin{cases} x_A = -\dfrac{Q}{2\pi v_\infty} \\ y_A = 0 \end{cases}$$

由上式可见，驻点位于负 x 轴上，离原点的距离为 $Q/(2\pi v_\infty)$。在驻点处，点源产生的速度恰好和直匀流的速度 v_∞ 相抵消。

流动流谱如图 3-21 所示。由图可见，流谱中有一条经过驻点 A 的流线 BAB'，是一条特殊的流线。它像一道围墙一样，把流场划分为两部分；外面的是直匀流绕此围墙的流动，里面的是源流在此围墙限制之内的流动。不过此物体的形状是一个半无限长体。之所以不封口，是因为在流场里只放了一个强度为 $+Q$ 的源，单位时间内有 Q 那么多流体加入流场，前面既然有了一条流线，流量流不出去，全部流量必然要流向正 x 方向，一直流到无限远处。这个半无限体在 $+x$ 无限远处其宽度(y 向尺寸)趋向一个渐近值 D，它可根据流量守恒计算出来。因为在远右方，$x \to \infty$，按式(3-46)有 $v_x = v_\infty$，$v = 0$，以此速度流过宽度 D，其流量是 $v_\infty D$，这个流量是源 Q 发出的，所以

$$Q = v_\infty D$$

即

$$D = Q / v_\infty$$

流线 BAB' 的形状可以根据 $\Psi(x, y) = C$ 得出。因为驻点 A 坐标为 $x_A = r_A = -\dfrac{Q}{2\pi v_\infty}$，$\theta_A = \pi$，故流线 BAB' 的方程应为

$$\Psi_{BAB'} = v_\infty y_A + \frac{Q}{2\pi} \cdot \theta_A = \frac{Q}{2}$$

而流线上任一点 $P(r, \theta)$ 坐标

$$y_P = r \sin \theta$$

故流线 BAB' 方程又应为

$$\Psi_{BAB'} = v_\infty r \sin \theta + \frac{Q}{2\pi} \cdot \theta$$

则

$$v_\infty r \sin \theta + \frac{Q}{2\pi} \cdot \theta = \frac{Q}{2}$$

即

$$r = \frac{Q}{2\pi v_\infty} \cdot \frac{\pi - \theta}{\sin \theta} \tag{3-47}$$

流场上的压力系数可用伯努利方程求得

$$p = \left(p_\infty + \frac{1}{2} \rho v_\infty^2 \right) - \frac{1}{2} \rho (v_x^2 + v_y^2)$$

其压力系数：

$$\bar{p} = \frac{p - p_\infty}{\frac{1}{2} \rho v_\infty^2} = \frac{\left(p_\infty + \frac{1}{2} \rho v_\infty^2 - \frac{1}{2} \rho v^2 \right) - p_\infty}{\frac{1}{2} \rho v_\infty^2} = 1 - \frac{v^2}{v_\infty^2} = 1 - \frac{v_x^2 + v_y^2}{v_\infty^2}$$

将式(3-46)、式(3-47)代入上式可得半无限体外表面的压力系数

$$\bar{p} = -\frac{\sin 2\theta}{\pi - \theta} - \left(\frac{\sin \theta}{\pi - \theta} \right)^2$$

$\bar{p}$ 沿 x 轴分布曲线见图 3-22。

该曲线说明在驻点 A 处，$\bar{p} = 1$；从驻点后 $\bar{p}$ 迅速下降，在距离 A 点不远处，

$\bar{p}$ 降为零，说明该处速度已达到远方来流速度 v_∞；此后流体继续沿物面加速，走了一段距离以后，流速达到最大值，$\bar{p}$ 达到最小值这一点称为最大速度点或最低压力点；过了最大速度点后，流体开始减速，直到无穷远的右方，流速才减小到和远前方来流一样大，压力系数趋近于零。

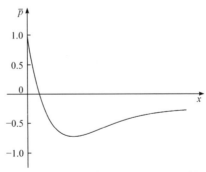

图 3-22　半无限体外表面的压力系数

这个例子说明，在直匀流中放置一个顺气流的半无限长物体，在头部附近产生很大的扰动，形成一个低速高压区，随后流速迅速上升，压力急剧下降。

这一种典型的流场叠加后，其气动含义可以描述大部分钝头物体低速绕流的特点。

3.3.5.2　直匀流加偶极子及其气动含义

在 x 方向的直匀流里叠加一个位于原点的负 x 方向偶极子。这一组流动的位函数、流函数分别为

$$\begin{cases} \Phi(x,y) = v_\infty x + \dfrac{M}{2\pi} \cdot \dfrac{x}{x^2+y^2} \\[3mm] \Psi(x,y) = v_\infty y - \dfrac{M}{2\pi} \cdot \dfrac{y}{x^2+y^2} \end{cases} \tag{3-48}$$

写成极坐标形式，且令 $M/(2\pi v_\infty) = a^2$，得

$$\begin{cases} \Phi = v_\infty \left(r + \dfrac{a^2}{r} \right) \cos\theta \\[3mm] \Psi = v_\infty \left(r - \dfrac{a^2}{r} \right) \sin\theta \end{cases} \tag{3-49}$$

通过微分得流场中的速度分布为

$$\begin{cases} v_x = \dfrac{\partial \Phi}{\partial x} = v_\infty \left(1 - \dfrac{a^2}{r^2} \right) \cos 2\theta \\[3mm] v_y = \dfrac{\partial \Phi}{\partial y} = -v_\infty \dfrac{a^2}{r^2} \sin 2\theta \end{cases} \tag{3-50}$$

或

$$\begin{cases} v_r = \dfrac{\partial \Phi}{\partial r} = v_\infty \left(1 - \dfrac{a^2}{r^2}\right)\cos\theta \\[3mm] v_\theta = \dfrac{\partial \Phi}{r\partial \theta} = -v_\infty \left(1 + \dfrac{a^2}{r^2}\right)\sin\theta \end{cases} \tag{3-51}$$

由式(3-50)求出流场中驻点位置

$$\begin{cases} x_{A'}^{A} = \mp a \\[2mm] y_{A'}^{A} = 0 \end{cases}$$

因此过驻点的流线方程为

$$y = 0 , \quad r = a$$

流谱如图 3-23 所示。从图可见，有一条由 x 轴和 $ABA'B'A$ 构成的流线，将流场分为内、外两部分。其外部流动和直匀流中放一个封闭体 $ABA'B'A$ ($r=a$ 的圆柱)是一样的，这说明直匀流加一个偶极子可得绕圆柱的流动。

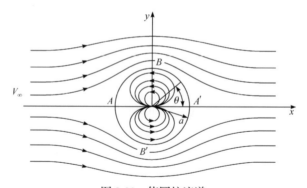

图 3-23　绕圆柱流谱

由伯努利方程和压力系数的定义可求出圆柱表面压力系数分布

$$\bar{p}_{\text{面}} = 1 - \frac{v_r^2 + v_\theta^2}{v_\infty^2} = 1 - 4\sin^2\theta = 2\cos 2\theta - 1$$

圆柱表面压力系数分布曲线如图 3-24，由图可见，理想流体中，圆柱表面压力分布特点是，不论上下还是左右都是对称的，因此，圆柱既不产生垂直于来流的升力，也不产生平行于来流方向的阻力。前者符合实际，而后者与实际矛盾。这就是所谓的达朗贝尔疑题。这个疑题的产生是因为没有考虑流体的粘性，关于粘性流动在第 5 章中讨论。这一种典型的流场叠加，其气动含义可以表征绕圆柱的流动特点。

3.3.5.3　直匀流加偶极子加点涡及其气动含义

3.3.5.2 节中，我们由直匀流和偶极子叠加获得圆柱的无环量流动。现在，如

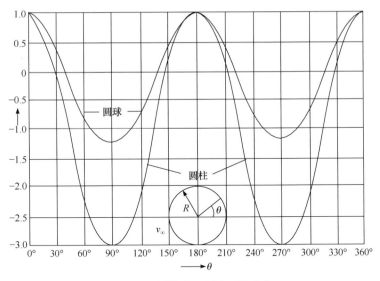

图 3-24　圆柱表面压力系数分布

果再在圆心处叠加一个顺时针强度为 $-\Gamma$ 的点涡。由于点涡造成的流动是绕点涡的圆周运动，所以圆柱这条流线不会被破坏，它代表绕圆柱的有环量流动。x 方向直匀流加位于原点的负 x 方向偶极子加位于原点强度为 $-\Gamma$ 的点涡组合流动流谱如图 3-25 所示。

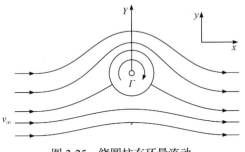

图 3-25　绕圆柱有环量流动

其位函数和流函数分别为

$$
\begin{cases}
\varPhi = v_\infty \left(1 + \dfrac{a^2}{r^2}\right) r\cos\theta - \dfrac{\Gamma}{2\pi}\theta \\[3mm]
\varPsi = v_\infty \left(1 - \dfrac{a^2}{r^2}\right) r\sin\theta + \dfrac{\Gamma}{2\pi}\ln r
\end{cases}
\tag{3-52}
$$

通过微分得流场中的速度分布

$$\begin{cases} v_r = \dfrac{\partial \Phi}{\partial r} = v_\infty \left(1 - \dfrac{a^2}{r^2}\right)\cos\theta \\[3mm] v_\theta = \dfrac{1}{r}\dfrac{\partial \Phi}{\partial \theta} = -v_\infty \left(1 + \dfrac{a^2}{r^2}\right)\sin\theta - \dfrac{\Gamma}{2\pi r} \end{cases} \tag{3-53}$$

在 $r = a$ 的圆柱表面上

$$\begin{cases} v_r|_{r=a} = 0 \\[2mm] v_\theta|_{r=a} = -2v_\infty \sin\theta - \dfrac{\Gamma}{2\pi r} \end{cases}$$

在圆柱表面上驻点位置为

$$r = a \tag{3-54}$$

$$\theta = \arcsin\left(-\dfrac{\Gamma}{4\pi a v_\infty}\right) \tag{3-55}$$

由上两式可知当 $\Gamma = 0$ 时，驻点位置和直匀流叠加偶极子形成的绕圆柱无环量流动相同。当 $-\Gamma$ 的绝对值增大时，驻点位置下移分别位于以 y 轴为对称轴的第三、第四象限内。当 $-\Gamma$ 增大至 $\Gamma = -4\pi v_\infty a$ 时，两驻点在 y 轴上点 $(0，-a)$ 处重合。$-\Gamma$ 继续增大，式(3-55)不再成立。驻点将离开圆柱表面而位于圆柱体之下。图 3-26 给出了几种不同强度点涡时驻点位置的变化情况。

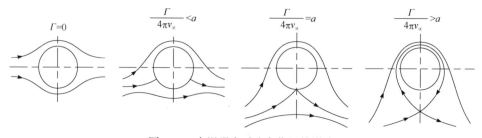

图 3-26　点涡强度对驻点位置的影响

由图 3-26 可见，对于绕圆柱有环量的流动情况，流谱仍然是左右对称的，但上下却不再对称。显而易见这种流动在平行来流方向不产生阻力，却产生垂直于来流方向的升力。

根据伯努利方程可求出圆柱表面的压力系数分布为

$$\bar{p}_{\text{面}} = 1 - \frac{v_r^2 + v_\theta^2}{v_\infty^2} = 1 - \frac{\left(2v_\infty \sin\theta + \dfrac{\Gamma}{2\pi a}\right)^2}{v_\infty^2}$$

如图 3-27 所示，设圆柱体的高度为 1，则圆柱体 $\mathrm{d}s$ 微元段上的压力 $p\mathrm{d}s$ 在 x 和 y 方向上的分量分别为 $-p\mathrm{d}s\cos\theta$ 和 $-p\mathrm{d}s\sin\theta$，则圆柱体在 x 和 y 方向的分力分别为

$$\begin{cases} X = \displaystyle\int_0^{2\pi} -p\mathrm{d}s\cos\theta \\ Y = \displaystyle\int_0^{2\pi} -p\mathrm{d}s\sin\theta \end{cases} \tag{3-56}$$

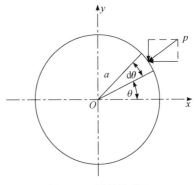

图 3-27　圆柱体受力

将 $p = p_\infty + \overline{p}\cdot\dfrac{1}{2}\rho v_\infty^2$ 代入式(3-56)，又因

$$\int_0^{2\pi} p_\infty \mathrm{d}s\sin\theta = \int_0^{2\pi} p_\infty \sin\theta\cdot a\mathrm{d}\theta = 0$$

故得

$$X = 0 \tag{3-57}$$

$$Y = \int_0^{2\pi} -p\mathrm{d}s\sin\theta = -\int_0^{2\pi}(p - p_\infty)\mathrm{d}s\sin\theta$$

$$= -\int_0^{2\pi} \frac{\rho v_\infty^2}{2}\left(1 - \frac{2v\sin\theta + \dfrac{\varGamma}{2\pi a}}{v_\infty^2}\right)^2 \sin\theta\cdot a\mathrm{d}\theta = \rho v_\infty\varGamma \tag{3-58}$$

式(3-58)表明，作用在垂直于纸面单位高度圆柱体上的升力，其大小等于密度、来流速度和绕圆柱体的环量三者的乘积，指向是把来流方向逆环量方向旋转 90°。即 $Y = \rho v_\infty \times \varGamma$。这个结论称为库塔-茹科夫斯基升力定理。

应当注意的是，上述库塔-茹科夫斯基定理虽然是通过绕圆柱的流动来证明的，但可以将结论推广到任意形状的封闭物体上去，即对有环量的绕任意封闭物体的流动有 $Y = \rho v_\infty \times \varGamma$。

通过上述三个例子可以看出，应用叠加原理求解二维定常不可压位流的步骤为：

(1) 根据物体形状合理配置基本解(源、汇、点涡、偶极子、直匀流)；

(2) 求合成流动的位函数和流函数；

(3) 求驻点位置；

(4) 求过驻点的流线方程，此流线代表对应的一定形状的物面；

(5) 由伯努利方程求物面上的压力分布。

此外，我们还可以看出：

(1) 在直匀流中叠加点源有上下对称顶升直匀流的作用。因此点源可以用来模拟对称厚度物体的作用；

(2) 在直匀流中叠加一定强度的偶极子可得到绕封闭圆柱体的流动，对一定

形状的封闭物体的绕流，可在直匀流中叠加一定数量的点源和点汇，源、汇的总强度应为零；

(3) 在直匀流中叠加偶极子和点涡，就会产生垂直来流方向的升力，因此，点涡有模拟升力的作用。

3.4　二维定常可压位流

3.4.1　二维定常可压位流的基本方程和边界条件

二维定常可压位流的连续方程.

$$\frac{\partial(\rho v_x)}{\partial x} + \frac{\partial(\rho v_y)}{\partial y} = 0$$

即

$$\rho \frac{\partial v_x}{\partial x} + \rho \frac{\partial v_y}{\partial y} + v_x \frac{\partial \rho}{\partial x} + v_y \frac{\partial \rho}{\partial y} = 0 \tag{3-59}$$

若流动是等熵的，则 $\rho = f(p)$

$$\begin{cases} \dfrac{\partial \rho}{\partial x} = \dfrac{\mathrm{d}\rho}{\mathrm{d}p} \cdot \dfrac{\partial p}{\partial x} = \dfrac{1}{a^2} \dfrac{\partial p}{\partial x} \\[3mm] \dfrac{\partial \rho}{\partial y} = \dfrac{\mathrm{d}\rho}{\mathrm{d}p} \cdot \dfrac{\partial p}{\partial y} = \dfrac{1}{a^2} \dfrac{\partial p}{\partial y} \end{cases} \tag{3-60}$$

二维定常可压位流的运动方程为

$$\begin{cases} X - \dfrac{1}{\rho} \dfrac{\partial p}{\partial x} = \dfrac{\mathrm{d}v_x}{\mathrm{d}t} = v_x \dfrac{\partial v_x}{\partial x} + v_y \dfrac{\partial v_x}{\partial y} \\[3mm] Y - \dfrac{1}{\rho} \dfrac{\partial p}{\partial y} = \dfrac{\mathrm{d}v_y}{\mathrm{d}t} = v_x \dfrac{\partial v_y}{\partial x} + v_y \dfrac{\partial v_y}{\partial y} \end{cases}$$

忽略质量力得

$$\begin{cases} -\dfrac{1}{\rho} \dfrac{\partial p}{\partial x} = v_x \dfrac{\partial v_x}{\partial x} + v_y \dfrac{\partial v_x}{\partial y} \\[3mm] -\dfrac{1}{\rho} \dfrac{\partial p}{\partial y} = v_x \dfrac{\partial v_y}{\partial x} + v_y \dfrac{\partial v_y}{\partial y} \end{cases} \tag{3-61}$$

将式(3-60)、式(3-61)代入式(3-59)得

$$\left(1 - \frac{v_x^2}{a^2}\right)\frac{\partial v_x}{\partial x} + \left(1 - \frac{v_y^2}{a^2}\right)\frac{\partial v_y}{\partial y} - \frac{v_x v_y}{a^2}\left(\frac{\partial v_x}{\partial y} + \frac{\partial v_y}{\partial x}\right) = 0 \tag{3-62}$$

若流动无旋，则必存在位函数 Φ ，且

$$\frac{\partial \Phi}{\partial x} = v_x , \quad \frac{\partial \Phi}{\partial y} = v_y$$

代入式(3-62)得

$$\left(1 - \frac{v_x^2}{a^2}\right)\frac{\partial^2 \Phi}{\partial x^2} + \left(1 - \frac{v_y^2}{a^2}\right)\frac{\partial^2 \Phi}{\partial y^2} - 2\frac{v_x v_y}{a^2}\frac{\partial^2 \Phi}{\partial x \partial y} = 0 \qquad (3\text{-}63)$$

方程(3-63)即为二维定常可压位流的基本方程。研究二维定常可压位流，可直接利用此方程，在给定的边界条件下求解该方程。边界条件的提法类似于二维定常不可压位流。该方程不论对亚声速流、跨声速流还是超声速流都是适用的。只要能求解该方程(即求出位函数 Φ)，即可根据位函数算出流场中的速度分布，然后根据伯努利方程、能量方程、状态方程、等熵关系等求出压力 p 、温度 T 、密度 ρ 和马赫数 Ma 等参数在流场中的分布。但是方程(3-63)是一个复杂的二阶非线性的偏微分方程，除了某些特殊的情况外，要求得满足给定边界条件下该方程的精确解是极其困难的。而且由于方程的非线性叠加原理不能应用。因此，在许多情况下我们要设法把方程线性化。这是工程实际中常用的方法，但是我们必须记住线化的过程中作了哪些近似以及这些近似的适用范围。

3.4.2　线化理论

3.4.1 节提出的二维定常可压位流的基本方程是复杂的二阶非线性偏微分方程，为求解方便在工程中要将其线化。由于高速运动的物体一般都很薄，或者是细长体。工作时相对于气流的迎角也很小。例如机翼、机身、压气机叶片都属于这种情况。这时物体运动对周围气流扰动很小，流体物理量的扰动增量相对于来流值是很微小的，即 $\Delta v/v$ 、 $\Delta p/p$ 、 $\Delta \rho/\rho$ 、 $\Delta T/T$ 均远远小于 1，这种扰动称为小扰动。在小扰动情况下，可以把方程(3-63)加以线性化，使得方程容易求解。

3.4.2.1　速度位方程的线化

假设有一均匀平行流(直匀流)，流速 v_∞ 对应的马赫数为 Ma_∞ ，其他物理量的密度、温度、压力、声速分别用 ρ_∞ 、 T_∞ 、 p_∞ 、 a_∞ 表示。如果选用坐标的 x 轴与流速 v_∞ 一致，见图 3-28(a)，则速度场可表示为

$$\left.\begin{array}{l} v_x = v_\infty \\ v_y = 0 \end{array}\right\} \qquad (3\text{-}64)$$

现将一薄二维物体放在此直匀流中，见图 3-28(b)。若物体相对于来流迎角很小，则物体对原始直匀流产生很小的扰动。令 v'_x 、 v'_y 、 φ 分别表示扰动速度分量和扰

动位函数，则

$$\left.\begin{array}{l} v_x = v_\infty + v_x' \\ v_y = v_y' \\ \varPhi = v_\infty x + \varphi \end{array}\right\} \tag{3-65}$$

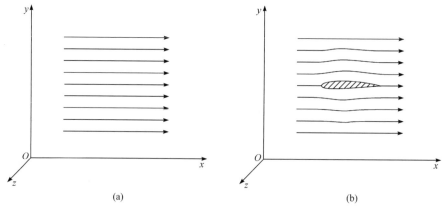

(a)   (b)

图 3-28　直匀流中的薄物体

由能量方程得

$$c_p T + \frac{1}{2}v^2 = c_p T_\infty + \frac{1}{2}v_\infty^2 \tag{3-66}$$

而

$$\left.\begin{array}{l} c_p = \dfrac{k}{k-1}R \\[2mm] a = \sqrt{kRT} \\[2mm] a_\infty = \sqrt{kRT_\infty} \end{array}\right\} \tag{3-67}$$

将式(3-67)代入式(3-66)得

$$a^2 = a_\infty^2 - \frac{k-1}{2}\left(v^2 - v_\infty^2\right) \tag{3-68}$$

将式(3-65)及式(3-68)代入基本方程(3-63)，并略去二阶以上小量得

$$\left(1 - Ma_\infty^2\right)\frac{\partial^2 \varphi}{\partial x^2} + \frac{\partial^2 \varphi}{\partial y^2} = Ma_\infty^2\left(k+1\right)\frac{v_x'}{v_\infty}\frac{\partial^2 \varphi}{\partial x^2} + Ma_\infty^2\left(k-1\right)\frac{v_x'}{v_\infty}\frac{\partial^2 \varphi}{\partial y^2} + Ma_\infty^2\frac{2v_y'}{v_\infty}\frac{\partial^2 \varphi}{\partial x \partial y}$$

$$\tag{3-69}$$

方程(3-69)左侧是线性的，右侧是非线性的。在 Ma_∞ 不太接近于 1 的情况下，方程

右边相对于左边来说是高阶小量，可以略去不计，这样方程(3-69)可进一步简化为

$$\left(1-Ma_\infty^2\right)\frac{\partial^2\varphi}{\partial x^2}+\frac{\partial^2\varphi}{\partial y^2}=0 \tag{3-70}$$

方程(3-70)是理想二维定常可压位流的小扰动位函数线化方程。注意它仅适用于纯亚声速或纯超声速小扰动流动。从方程(3-70)中我们还可以看出纯亚声速时，$Ma_\infty<1$，则位函数方程为

$$\left(1-Ma_\infty^2\right)\frac{\partial^2\varphi}{\partial x^2}+\frac{\partial^2\varphi}{\partial y^2}=0 \tag{3-71}$$

它在数学上为椭圆形偏微分方程。当 $Ma_\infty=0$ 时，即为不可压流动拉普拉斯方程。纯超声速流时，$Ma_\infty>1$，位函数方程为

$$\left(Ma_\infty^2-1\right)\frac{\partial^2\varphi}{\partial x^2}-\frac{\partial^2\varphi}{\partial y^2}=0 \tag{3-72}$$

它是数学上双曲型偏微分方程。

由于椭圆型和双曲型方程的数学特征不同，故方程(3-71)、(3-72)虽同是线化方程，但仍可反映出亚声速流场和超声速流场的本质区别：亚声速流场中扰动遍及全流场，超声速流场中扰动局限在一定的区域内。

当 Ma_∞ 接近于 1 时，方程(3-72)左侧第一项 $\partial^2\varphi/\partial x^2$ 的系数 $\left(1-Ma_\infty^2\right)$ 变得很小，方程右侧第一项可能变得与 $\partial^2\varphi/\partial x^2$ 是同一数量级，因此不能忽略。而方程右边其他项仍为高阶小量，可以忽略不计。所以跨声速流场中，扰动位函数方程为

$$\left(1-Ma_\infty^2\right)\frac{\partial^2\varphi}{\partial x^2}+\frac{\partial^2\varphi}{\partial y^2}=Ma_\infty^2\left(k+1\right)\frac{v_x'}{v_\infty}\frac{\partial^2\varphi}{\partial x^2} \tag{3-73}$$

它仍然是一个非线性方程，当然比原始方程要简单得多，在研究跨声速流场中经常用到。

3.4.2.2 边界条件的线化

可压流的边界条件和不可压流的边界条件一样。

(1) 外边界条件。

无穷远处扰动速度为零

$$\left(\frac{\partial\varphi}{\partial x}\right)_\infty=\left(\frac{\partial\varphi}{\partial y}\right)_\infty=0 \tag{3-74}$$

(2) 内边界条件。

物面上法向速度 v_n 为零

$$\left(\frac{\partial \varphi}{\partial n}\right)_b = 0 \tag{3-75}$$

即流体速度与物面相切。

若物面方程为

$$f(x, y) = 0$$

则边界条件(3-75)可以写成

$$\boldsymbol{v}_b \cdot \nabla f = 0$$

即

$$(v_\infty + v_x')_b \frac{\partial f}{\partial x} + (v_y')_b \frac{\partial f}{\partial y} = 0$$

略去二阶以上小量得

$$v_\infty \frac{\partial f}{\partial x} + (v_y')_b \frac{\partial f}{\partial y} = 0$$

即

$$\frac{(v_y')_b}{v_\infty} = \left(-\frac{\partial f / \partial x}{\partial f / \partial y}\right)_b = \left(\frac{\mathrm{d} y}{\mathrm{d} x}\right)_b \tag{3-76}$$

在小扰动情况下，由于物体很薄，则物面型线的 y 坐标 y_b 远远小于物体长度 l。于是内边界条件可近似认为在 $y = 0$ 线上满足，即

$$(v_y')_b \approx (v_y')_{y=0}$$

则线化的边界条件为：

(1) 外边界

$$\left(\frac{\partial \varphi}{\partial x}\right)_\infty = \left(\frac{\partial \varphi}{\partial y}\right)_\infty = 0 \tag{3-77}$$

(2) 内边界

$$\left(\frac{\partial \varphi}{\partial y}\right)_{y=0} = v_\infty \left(\frac{\mathrm{d} y}{\mathrm{d} x}\right)_b \tag{3-78}$$

3.4.2.3　压力系数的线化

小扰动情况下，流场中任意点处压力 p 和来流压力 p_∞ 之差很小，因为 $\rho = \rho_\infty + \rho'$，$v_x = v_\infty + v_x'$，$v_y = v_y'$，作为一级近似有

$$p - p_\infty = \mathrm{d} p = -\rho \mathrm{d} \left(\frac{v^2}{2}\right) \tag{3-79}$$

方程(3-79)中 ρ 和 $\mathrm{d}\left(\dfrac{v^2}{2}\right)$ 可分别近似表示成

$$\rho = \rho_\infty + \rho'$$

$$\mathrm{d}\left(\frac{v^2}{2}\right) = \frac{1}{2}(v^2 - v_\infty^{\ 2}) = \frac{1}{2}[(v_\infty + v_x')^2 + (v_y')^2 - v_\infty^2] = v_\infty v_x' + \frac{1}{2}[(v_x')^2 + (v_y')^2]$$

代入方程(3-79)，得

$$p - p_\infty = -(\rho_\infty + \rho')\left\{ v_\infty v_x' + \frac{1}{2}\Big[(v_x')^2 + (v_y')^2\Big] \right\}$$

略去二阶以上小量，则 $p - p_\infty = -\rho_\infty v_\infty v_x'$，于是压力系数为

$$\bar{p} = \frac{p - p_\infty}{\frac{1}{2}\rho_\infty v_\infty^2} = -\frac{2v_x'}{v_\infty} = -\frac{2}{v_\infty}\left(\frac{\partial \varphi}{\partial x}\right) \tag{3-80}$$

式(3-80)为线化压力系数的表达式。它表示在小扰动流场中，压力系数与 x 方向扰动速度分量成正比，因此只要扰动速度场确定就很容易求得压力场。

习　题

1. 若流体质点的运动轨迹是直线，是否这种流动必是无旋流动？又若流体质点的运动轨迹是曲线，是否这种流动必是有旋流动？试举例说明。

2. 试证不可压缩流体平面流动的角速度用极坐标表示为

$$\omega_z = \frac{1}{2}\left(\frac{\partial v_\theta}{\partial r} + \frac{v_\theta}{r} - \frac{1}{r}\frac{\partial v_r}{\partial \theta}\right)$$

3. 流场的速度分布为 $v_r = 2r\sin\theta\cos\theta$，$v_\theta = -2r\sin^2\theta$，试判别此流场是否为位流，是否有旋。

4. 判别下列各流场是有旋流动还是无旋流动，若是有旋流动求出旋转角速度。

(1) $v_x = kx$，$v_y = ky$；

(2) $v_x = x + y$，$v_y = y + z$，$v_z = z + x$；

(3) $v_x = yz$，$v_y = zx$，$v_z = xy$；

(4) $v_x = k\sin(xyz)$，$v_y = k\cos(xyz)$，$v_z = kxyz$。

5. 已知有旋流动的速度场为 $v_x = x + y$，$v_y = y + z$，$v_z = x^2 + y^2 + z^2$。求在点 $(2,2,2)$ 处的角速度分量。

6. 已知有旋流动的速度场为 $v_x = 2y + 3z$，$v_y = 2z + 3x$，$v_z = 2x + 3y$。试求旋转角速度、角变形速度和涡线方程。

7. 证明不可压缩流体平面流动 $v_x = 2xy + x$，$v_y = x^2 - y^2 - y$ 是一个有势流动，并求出速度位函数。

8. 设二维流动的速度分布为 $v_x = x^2 - y^2 - 2xy - 3x$，$v_y = y^2 - x^2 - 2xy + 3y$。

(1) 证明流场不可压；

(2) 求速度位函数。

9. 用旋涡理论解释为什么机翼做平移运动时产生绕机翼的速度环量？

10. 在不可压流场中，已知 $v_x = x^2 + y^2 + x + y$，$v_y = y^2 + 2yz$，且已知 $z = 0$ 时 $w = 1$，求速度分量 v_z 的表达式，并判别该流动是否为无旋流动。

11. 求证：用 $\Phi = \dfrac{1}{2}(x^2 - y^2) + 2x - 3y$ 所表示的流场和用 $\Psi = xy + 3x + 2y$ 所表示的流场实际上是相同的。

12. 设一平面不可压缩流动的速度分量为 $v_x = x - 4y$，$v_y = -y - 4x$。

(1) 证明此流动满足连续方程；

(2) 写出该流动的流函数。若流动是位流，写出其位函数。

13. 试确定下列流函数所描述的流场是否无旋：

(1) $\Phi = Kxy$；

(2) $\Phi = x^2 - y^2$；

(3) $\Phi = K \ln xy^2$；

(4) $\Phi = K(1 - 1/r^2)r\sin\varepsilon$。

14. 给定速度场 $v_x = x^2 y + y^2$，$v_y = x^2 - y^2 x$，$v_z = 0$，判别

(1) 是否存在不可压流函数和速度位函数；

(2) 如存在，请给出它们的具体形式；

(3) 写出微团变形速率张量各分量及刚体旋转角速度。

15. 给定速度场 $v_x = 2xy + x$，$v_y = x^2 - y^2 - y$，$v_z = 0$，判别

(1) 是否存在不可压流函数及速度位函数；

(2) 如存在，写出具体形式。

16. 已知不可压平面位流的流函数 $\Phi = xy + 2x - 3y + 10$，求位函数与速度分量。

17. 已知不可压平面流动位函数 $\Psi = xy$，求流函数及流速分量。

18. 试证强度为 Γ、半径为 a 的圆形涡线在圆心处的诱导速度为 $\dfrac{\Gamma}{2a}$。

19. 某平面流场的速度分布为 $\boldsymbol{v} = (2xy + x)\boldsymbol{i} + (-y^2 - y + x^2)\boldsymbol{j}$，求

(1) 是否满足连续性方程；

(2) 判断该流动是否有旋，如无旋，求位函数；

(3) 求流函数。

20. 某平面流场的速度分布为 $\boldsymbol{v} = (x^2 - 2xy - y^2 + 3x)\boldsymbol{i} + (y^2 - x^2 - 2xy - 3y)\boldsymbol{j}$，求

(1) 是否满足连续性方程;

(2) 判断该流动是否有旋, 如无旋, 求位函数;

(3) 流函数。

21. 在不可压缩流体的三维流动中, 已知 $v_x = x^2 + x + y + y^2 + 2$, $v_y = y^2 + 2yz$, 又 $v_z(x,y,0) = 0$, 试用连续性方程推导 v_z 的表达式。

22. 二维不可压流体的流场中流函数为 $\Psi = 3ax^2y - ay^3$; 证明该流场无旋, 并求速度位函数。

23. 二维不可压流体的流场中速度位函数为 $\Phi = x^2 - y^2 + x$, 求流场速度和流函数。

24. 流场中位函数为 $\Phi = xy$, 求流函数与流场速度。

25. 二维不可压流体的流场中流函数为 $\Psi = xy + 2x - 3y + 10$; 求速度位函数与流场速度。

26. 已知理想不可压平面流动的流函数为 $\Psi = 2x^2 + xy - 2y^2$:

(1) 证明流场是无旋的;

(2) 求速度位函数;

(3) 当流体的密度 $\rho = 1.12 \mathrm{kg/m^3}$ 及点(1,–2)处的压强为 4800Pa 时,求点(–2,1)处的压强值。

27. 证明等流线是一条流线。

28. 证明两条流函数值之差就是这两条流线之间的体积流量。

29. 证明流函数与位函数之间为正交的关系。

30. 写出二维定常不可压位流的基本方程及其边界条件。

31. 什么是达朗贝尔疑题? 为什么会出现这种情况?

32. 用库塔-茹科夫斯基升力定理解释"香蕉球"现象。

33. 推导线化二维定常可压位流的边界条件和压力系数。

第 4 章　超声速流动理论基础

随着气流速度的增大，不可压缩流假设引起的误差越来越多，例如在海平面，当 $Ma > 0.3$ 时，密度变化已较为显著，特别是在超声速流动中，必须将空气视为密度变化的可压缩流体来处理。可压缩流与不可压缩流相比，问题要复杂些。在不可压缩流中，较小速度差引起的压强差不大，因为密度变化和温度变化较小，近似将密度和温度视为常数，故表征气流的参数只有速度和压强。然而，在可压缩流中，相当大的速度差所引起的密度差和温度差不可忽略，气流参数有速度、压强、密度和温度。此外，超声速气流同亚声速气流相比较，有一个重要的特点：在加速时通常要产生膨胀波，在减速时一般会出现激波。而稳定的亚声速气流，不论是加速或是减速，都不会出现这些现象。

本章首先分析流体的热力学基础知识，掌握弱扰动在气流中的传播特点，然后重点讨论超声速气流中的膨胀波和激波现象，以及气流参数变化关系式，为后续翼型与机翼的超声速流动特性等内容提供必要的基础知识。

4.1　流体的热力学特性

热力学是研究热能和机械能之间的转换以及各种工作介质有关特性的一门学科。热力学的基础理论是热力学第一定律和第二定律。在研究气体高速流动问题时，热力学的概念和有关定律仍可应用到微团运动上，但此时关心的是流动过程的热力学性质和各流动参数的变化规律。下面介绍气体热力学方面的知识。

4.1.1　热力学第一定律

热力学第一定律是指能量守恒这一普遍定律在热力学中的应用。此定律可表述为：外界传给一个封闭的物质系统(如封闭的气体系统)的热量，等于系统内能的增量和系统对外界所做机械功的总和。对于单位质量气体的微小变化过程，热力学第一定律可表示为

$$dq = du + pdv = du + pd\left(\frac{1}{\rho}\right) \tag{4-1}$$

式中：dq 为外界传给单位质量气体的热量；u 为单位质量气体所具有的内能，du 则表示单位质量气体内能的增量；$v = 1/\rho$ 为单位质量气体所占的容积，称为比容，

pdv 则为单位质量气体所做的功。

引入一个新的状态函数焓，并定义单位质量气体的焓(或称为比焓)为

$$h = u + pv = u + \frac{p}{\rho} \tag{4-2}$$

因为 p/ρ 代表单位质量气体的压力能，故焓表示单位质量气体的内能与压力能的总和。同样，式(4-2)也可表示为增量的形式，即

$$dh = du + pdv + vdp = du + pd\left(\frac{1}{\rho}\right) + \frac{1}{\rho}dp \tag{4-3}$$

由此可得热力学第一定律的另一表达式

$$dh = dq + vdp = dq + \frac{1}{\rho}dp \tag{4-4}$$

第一定律中的 dq 与热力学过程有关。下面简单说明此定律在几种过程中的应用。

(1) 等容过程与定容比热。

等容过程中 $dV = 0$，由式(4-1)可知，外加热量都用来增加气体的内能，即

$$dq = du = c_V dT \tag{4-5}$$

式中：$c_V = (dq/dT)_{V=C}$ 称为定容比热，代表单位质量气体在等容过程中温度每升高 1K 所需的热量，单位为 J/(kg·K)。

由式(4-5)，并取绝对温度 $T = 0$ 时，$u = 0$，可得

$$u = \int_0^T c_V dT = c_V T$$

(2) 等压过程与定压比热。

等压过程中 $dp = 0$，由式(4-4)可知

$$dq = dh = c_p dT \tag{4-6}$$

式中：$c_p = (dq/dT)_{p=C}$ 称为定压比热，代表单位质量气体在等压过程中温度每升高 1K 所需的热量。

取 $T = 0$ 时，$h = 0$，可得

$$h = c_p T \tag{4-7}$$

因此，h 又可视为在等压条件下气体温度从零升到 T 所需的热量。

4.1.2 热力学第二定律

热力学第二定律指明能量转化是有条件、有方向性的。一个方向的变化过程

可以实现，而逆方向的变化过程或者不能实现，或者只能有条件的实现。例如，热可以从高温物体传给低温物体，但不能从低温物体传给高温物体；通过摩擦，机械功可以全部变为热，但热量却不能百分之百地转换为机械功等。

热力学上把热力学过程分为可逆过程和不可逆过程。如果将变化过程一步步地倒回去，介质的一切热力学参数均可回到初始值，且外界情况也都复旧，则这一热力学过程称为可逆过程；否则，就是不可逆过程。上面所说的高温物体向低温物体传热以及机械功通过摩擦生热均是不可逆过程。热力学第二定律的实质正是指自然界孤立系统(即与外界没有质量和能量交换的系统)自发的热力学过程均是不可逆过程。如果把孤立系统的这个热力学性质用一个量来定量地表示，则就可用这个量的变化来定量地表述热力学第二定律。这个量就是熵 S。

熵 S 是这样来定义的：单位质量气体熵的微量增加是 $\mathrm{d}S$，等于可逆过程加入该气体中的微小热量 $\mathrm{d}q$ 与加热绝对温度 T 之比，即

$$\mathrm{d}S = \frac{\mathrm{d}q}{T} \tag{4-8}$$

引入熵后，热力学第二定律可表述为：在封闭系统中

$$\mathrm{d}S \geqslant \frac{\mathrm{d}q}{T} \tag{4-9}$$

如果该系统是孤立的，与外界没有热交换，则上式变为

$$\mathrm{d}S \geqslant 0 \tag{4-10}$$

上面两式中，"="属可逆过程，">"属不可逆过程。

因为自然界自发产生的热力学过程均是不可逆过程，因此，热力学第二定律说明了在孤立的封闭系统(与外界没有热交换)中，自然界实际发生的热力学过程，总是使整个系统的熵值增大。热力学第二定律的这一表达式也叫做孤立系统熵增原理。

热力学中把 $\mathrm{d}S = 0$ 的理想的热力学过程称为等熵过程。等熵过程是一种没有损失的可逆过程，而不可逆过程，必然是熵增过程。

4.1.3　完全气体假设和状态方程

完全气体是热完全气体的简称，它是一种理想化的气体模型，该气体模型不考虑分子间的内聚力和分子本身的体积，仅考虑分子的热运动(包括分子间的碰撞)。

4.1.3.1　状态方程

根据玻意耳-马略特定律和盖-吕萨克定律，完全气体的状态方程为

$$p = \rho RT \tag{4-11}$$

此方程又称克拉珀龙方程。只要气体的温度不太高、压力不太大，R 基本是个常数，称为气体常数，对于空气，通常取

$$R = 287.05\text{N} \cdot \text{m} / (\text{kg} \cdot \text{K})$$

反之，可用式(4-11)表示 p、ρ、T 间关系的气体称为完全气体或热完全气体。空气的性质接近于热完全气体，因此可以把空气当作热完全气体。

4.1.3.2 完全气体 c_V 与 c_p 的关系

由式(4-2)和式(4-7)，得

$$h = u + \frac{p}{\rho} = c_p T \tag{4-12}$$

而 $u = c_V T$，$\dfrac{p}{\rho} = RT$，则

$$c_p T = c_V T + RT = (c_V + R)T \tag{4-13}$$

由此得

$$c_p = c_V + R \tag{4-14}$$

4.1.3.3 完全气体的等熵关系

因为等熵过程 $(\text{d}S = 0)$，$\text{d}q = 0$，由式(4-1)得

$$\text{d}u + p\text{d}\left(\frac{1}{\rho}\right) = 0$$

或

$$c_V \text{d}T + p\text{d}\left(\frac{1}{\rho}\right) = 0 \tag{4-15}$$

将状态方程 $p/\rho = RT$ 微分，得

$$p\text{d}\left(\frac{1}{\rho}\right) + \frac{1}{\rho}\text{d}p = R\text{d}T \tag{4-16}$$

将式(4-15)、式(4-16)代入式(4-14)，得

$$c_p p\text{d}\left(\frac{1}{\rho}\right) + c_V\left(\frac{1}{\rho}\right)\text{d}p = 0 \tag{4-17}$$

对其积分可得完全气体的等熵关系

$$\frac{p}{\rho^k} = \text{const} \tag{4-18}$$

式中：$k = c_p / c_V$ 称为绝热指数。对于温度不高的空气来说，k 为常数，通常取 $k = 1.4$。

4.1.3.4　定压比热 c_p 与绝热指数 k 的关系

由 k 的定义可知，$c_V = c_p / k$，代入式(4-14)，即可得

$$c_p = \frac{k}{k-1} R \tag{4-19}$$

4.2　声速和马赫数

4.2.1　声速

声速是指声音的传播速度，通常用 a 表示。由物理学知，声音的传播过程，是介质中压力、密度等变化形成的扰动波的传播过程。由于它引起的压力、密度等的变化量很小，故这种扰动称为弱扰动(或小扰动)。因此，声速的实质是弱扰动的传播速度。反之，流体中所有弱扰动的传播速度都等于声速。

声速 a 是流体力学中与压缩性有关的重要参数，其计算公式的推导如下：

如图 4-1 所示，在一个等截面的直长圆管中装一活塞，以微小速度 dv 向左运动，紧贴活塞左侧的流体也随之以 dv 向左运动，并产生微小的压力增量 dp。向左运动的流体又推动它左侧的流体以 dv 运动，同时产生压力增量 dp。如此自右向左的运动过程就形成弱扰动的传播过程。

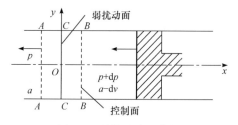

图 4-1　弱扰动波的传播

现假定该弱扰动的波面传到图中的 C-C 位置。C-C 的左侧尚未传到，速度为零，压力为 p，密度为 ρ；C-C 的右侧已为受扰区，速度、压力、密度分别为 dv、$p + dp$ 及 $\rho + d\rho$。对静止观察者来说，这是非定常流场。但对站在 C-C 面上并以波速 a 同步运行的观察者来说这是一个定常流场。此时流体总是以速度 a 向波面运动，其压力、密度分别为 p、ρ，同时流体又始终以 $a - dv$ 的速度离开波面，其压力、密度分别为 $p + dp$ 和 $\rho + d\rho$。在紧邻 C-C 面的左、右两侧，假设分别存在截面 A-A 和 B-B，则质量守恒定理可叙述为：单位时间流入 A-A 面的流体质量等于流出 B-B 面的流体质量。可建立连续方程为

$$\rho aA = (\rho + \mathrm{d}\rho)(a - \mathrm{d}v)A \tag{4-20}$$

同样动量守恒定理可叙述为：单位时间流入 A-A 面的流体动量减去流出 B-B 面的流体动量，等于作用在 A-A 面与 B-B 面的合外力。可建立动量方程为

$$pA - (p + \mathrm{d}p)A = \rho aA[(a - \mathrm{d}v) - a] \tag{4-21}$$

经简化并略去高阶小量，得

$$a\mathrm{d}\rho = \rho \mathrm{d}v \tag{4-22}$$

及

$$a\rho \mathrm{d}v = \mathrm{d}p \tag{4-23}$$

消去 $\mathrm{d}v$，即可得到声速公式

$$a = \sqrt{\frac{\mathrm{d}p}{\mathrm{d}\rho}} \tag{4-24}$$

对声速公式也可按下一种方法进行推导：

如图 4-2 所示，当 $t = 0$ 时，在 O 点出现一个弱扰动，经过 t 秒后，此扰动传播至以 O 为球心，以 at 为半径的球面上。再经过 $\mathrm{d}t$ 秒后，扰动将传播至以 $a(t + \mathrm{d}t)$ 为半径的球面上。设未受扰动时流体参数为 p、ρ、T，且流体的速度 $v = 0$。受扰动后流体的参数为 $p + \mathrm{d}p$、$\rho + \mathrm{d}\rho$、$T + \mathrm{d}T$，并且具有与波速 a 同方向的扰动速度 $\mathrm{d}v$。

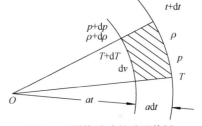

图 4-2　弱扰动波的球形传播

在球面上任取一微元面积 $\mathrm{d}A$，则微元体积 $\mathrm{d}A \cdot a\mathrm{d}t$（图中阴影部分）内的流体运动应符合质量守恒定律，即在 $\mathrm{d}t$ 时间内，该体积中质量的增量，应等于流入此空间内的质量，由此得到

$$\mathrm{d}\rho \mathrm{d}Aa\mathrm{d}t = (\rho + \mathrm{d}\rho)\mathrm{d}A\mathrm{d}v\mathrm{d}t \tag{4-25}$$

同时，微元体积 $\mathrm{d}Aa\mathrm{d}t$ 中流体动量的增量应等于该时间流入此空间的动量和此空间上作用力的冲量之和。因此

$$(\rho + \mathrm{d}\rho)\mathrm{d}Aa\mathrm{d}t\mathrm{d}v = (\rho + \mathrm{d}\rho)\mathrm{d}A\mathrm{d}v\mathrm{d}t\mathrm{d}v + \mathrm{d}p\mathrm{d}A\mathrm{d}t \tag{4-26}$$

将前两式展开，略去高阶小量，同样可得式(4-22)～式(4-24)。

将式(4-24)代入 $\beta = \dfrac{\mathrm{d}\rho}{\rho} \Big/ \mathrm{d}p$，得到

$$\beta = \frac{1}{\rho}\frac{1}{a^2} \tag{4-27}$$

或代入 $E = \dfrac{1}{\beta} = -V\dfrac{\mathrm{d}p}{\mathrm{d}V} = \rho\dfrac{\mathrm{d}p}{\mathrm{d}\rho}$，得到

$$E = \rho a^2 \tag{4-28}$$

由此可见，声速的大小与流体的压缩性有关。声速越大，β 越小，E 越大，即声速越大，流体越难压缩；反之，声速越小，流体越易压缩。

对于不可压缩流体，其理论声速应取无穷大。

对于气体，如果符合等熵条件，则 $p/\rho^k = \text{const}$，而且 $p = \rho RT$。将此两式代入式(4-24)，则声速公式可进一步化为

$$a = \sqrt{k \frac{p}{\rho}} = \sqrt{kRT} \tag{4-29}$$

其中，k 为绝热指数；R 为气体常数，4.1.3 节中已经给出了空气所对应的数值。由此，可得空气中声速为

$$a = 20.05\sqrt{T} \tag{4-30}$$

由此可见，空气中声速的大小直接决定于温度的高低。温度越高，声速越大；温度越低，声速越小。在海平面上，设 $T = 15.2℃$，则 $a = 20.05\sqrt{273+15.2} \approx 340.37\text{m/s}$。

4.2.2 马赫数及其与压缩性的关系

马赫数通常用 Ma 表示，其定义为气流速度与当地声速之比：

$$Ma = \frac{v}{a} \tag{4-31}$$

Ma 是衡量气流压缩程度的一个重要参数。Ma 越大，气流压缩程度越大；Ma 越小，气流压缩程度越小。这是因为 Ma 越大，说明气流速度大，或当地声速小。气流速度大，流场中速度差大，引起的压力变化大；而声速小，气流容易压缩。因此，Ma 可作为衡量气流压缩程度的一个指标。

那么，Ma 为多少时，便需考虑流体的压缩性呢？

由于

$$a^2 = \frac{\mathrm{d}p}{\mathrm{d}\rho} \sim \frac{\rho v^2}{\mathrm{d}\rho} = \frac{v^2}{\mathrm{d}\rho/\rho}$$

所以

$$\frac{d\rho}{\rho} \sim \frac{v^2}{a^2} = Ma^2$$

因此，对于一般气体流动问题，当 $Ma \leqslant 0.3$ 时，$|\mathrm{d}\rho/\rho| \leqslant 9\%$，气体就可当作不可压缩流体；而当 $Ma > 0.3$ 时，则必须考虑气体的压缩性。

4.3　马赫波与膨胀波

马赫波是超声速流动的一个重要的流动特点，也是超声速流动过程中经常出现的一种重要的现象。例如，飞机在空中超声速飞行时，在机翼、压气机、涡轮、喷管等其他有超声速气流流过的地方，几乎都会出现马赫波现象。所以有必要研究马赫波的形成以及马赫波对气流参数的影响。

为了研究马赫波以及气流通过马赫波时各个物理参数的变化规律，先讨论弱扰动在流场中的传播规律然后再讨论马赫波的有关问题。

4.3.1　弱扰动在流场中的传播

为了研究方便，假设流体以一定的速度运动，而扰动源保持静止不动。

4.3.1.1　流速为零($Ma = 0$) 时，弱扰动的传播

流体的运动速度为零，流体是静止的，这种情况下，由于弱扰动是以声速向四面八方传播的，所以弱扰动波是一个以扰动源为中心的球面，投影在平面上就是以扰动源为中心的圆。如图 4-3(a)所示，O 点为扰动源，圆(表示球面)1、

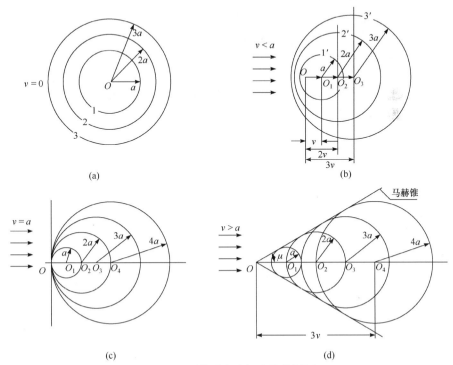

(a)

(b)

(c)

(d)

图 4-3　弱扰动在流场中的传播图

2、3 分别表示从扰动开始 1s、2s 和 3s 时弱扰动波的位置。随着时间的增长，扰动继续向外传播。可见，在静止的流体中，一旦某点受到扰动后，扰动将向整个空间传播，只要经过足够长的时间，空间任意点的压力、密度都受到扰动而发生变化。

4.3.1.2　流速小于声速 $(Ma<1)$ 时，弱扰动的传播

如果流体是运动的，从 O 点发出的弱扰动，一方面要以声速 a 向四面八方传播，另一方面又被以流速 v 顺流带走。弱扰动中心被流体带动的距离与时间成正比地增大。在流体的流速小于声速的情况下，参见图 4-3(b)，O 点为扰动源，第一秒钟，扰动波的中心被流体带动离开扰动源的距离等于流速 v，到达 O_1 点，而在这段时间内，由于弱扰动波以声速 a 向四面八方传播，弱扰动波应到达以 O_1 点为中心以 a 为半径的球面，即图中 1′ 的位置；第二秒钟，弱扰动波的中心到达距扰动源 O 为 $2v$ 的 O_2 点，弱扰动波应到达以 O_2 点为中心、以 $2a$ 为半径的球面，即图中 2′ 的位置。以此类推，随着时间的增长，弱扰动的球形波面一方面不断的扩大，另一方面还要沿顺流的方向下移。

由此可见，在流体的运动速度小于声速的情况下，弱扰动波沿顺流方向以速度 $v+a$ 传播；沿逆流方向则以 $v-a$ 传播。但是只要流体的运动速度还小于声速，弱扰动波仍能沿逆流方向向前传播。也就是说只要流体的运动速度还小于声速，在足够的时间，扰动将向整个空间传播。

4.3.1.3　流速等于声速 $(Ma=1)$ 时，弱扰动的传播

如果流体的运动速度等于声速，从 O 点发出的弱扰动的传播情况如图 4-3(c) 所示。这时扰动波面仍是一面扩大，一面下移。只是由于流速已经和声速正好相等，故在逆流方向的这一边扰动波面彼此始终相切。所以，即使在足够长的时间内，扰动也只能在扰动源 O 点以后的半个空间内传播，而不能逆流向前传播。

4.3.1.4　流速大于声速 $(Ma>1)$ 时，弱扰动的传播

当流体的运动速度大于声速的情况下，弱扰动波的传播情形如图 4-3(d)所示。

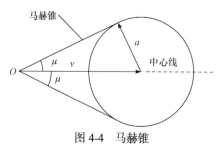

图 4-4　马赫锥

由于流体的运动速度大于声速，即弱扰动波被流体带动向顺流方向移动的速度大于其沿半径方向传播的速度，所以弱扰动波不但不能逆流向前传播，反而被来流带动以 $v-a$ 的速度顺来流的方向移动。这样，弱扰动波的传播就仅仅局限在如图 4-3(d)所示的以扰动源为顶点的圆锥

范围内，圆锥以外的区域不受扰动的影响，称为寂静区。这个圆锥叫做弱扰动锥，或称马赫锥。马赫锥的半顶角 μ，见图 4-4，叫做马赫角。μ 的大小由下式决定：

$$\sin \mu = \frac{a}{v} = \frac{1}{Ma} \tag{4-32}$$

由式(4-32)可见，Ma 越大，μ 越小，表明扰动影响的范围越小。

由上面的分析我们可以看出，当 $Ma < 1$ 时，弱扰动波可以逆流向前传播，足够长的时间扰动的影响波及整个空间；而当 $Ma \geqslant 1$ 时，弱扰动波不能逆流向前传播，扰动的影响被限制在马赫锥内。因此，以亚声速飞行的飞机，虽然还没有到达观察者的正上方，但是观察者就能听见飞机的声音。而以超声速飞行的飞机，只有当飞机飞过观察者的正上方，且观察者位于马赫锥内，才能听见飞机的声音。

弱扰动的边界波称为马赫波。超声速气流在马赫锥以外，参数不发生任何的变化；当气流穿过马赫波时，气流的参数发生微量变化。以上我们所讨论的是三维超声速流动的问题，如果扰动源是二维的，那么所形成的马赫波也是二维的。下面主要讨论二维的马赫波。

4.3.2　马赫波

设有 $Ma > 1$ 的定常、直均匀的超声速气流绕折壁 MON 流动，见图 4-5。气流沿直壁面 MO 流来，在 O 点偏转了一个很微小的角度 $d\delta$ 后沿直壁面 ON 流去。规定 ON 壁面相对于 MO 壁面外折时 $d\delta$ 为正，内折 $d\delta$ 为负。由于壁面在 O 点偏转 $d\delta$ 角，则超声速气流在 O 点受到一个弱扰动，产生一道马赫波 OL，并且马赫波与来流的夹角 $\mu = \arcsin \dfrac{1}{Ma}$，波前气流的参数不变，设为 Ma、p、ρ、T。气流通过马赫波后参数有微小的增量 dMa、dp、$d\rho$、dT。气流通过马赫波时，速度的方向发生变化，气流通道的截面积也相应的发生变化。如图 4-5 所示，假设波前气流的流管截面积为 F，波后气流的流管截面积为 $F+dF$，那么气流通过马赫波流管的截面积的增量

$$dF = F'\sin(\mu + d\delta) - F'\sin\mu$$
$$= F'(\sin\mu\cos d\delta + \cos\mu\sin d\delta - \sin\mu)$$

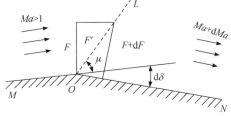

图 4-5　超声速气流沿折壁的流动

式中：F' 表示扰动波面上流体的截面积。因为 $\mathrm{d}\delta$ 很小，所以 $\cos\mathrm{d}\delta\approx1$，$\sin\mathrm{d}\delta\approx\mathrm{d}\delta$，因此

$$\mathrm{d}F = F'\mathrm{d}\delta\cos\mu = F\cot\mu\mathrm{d}\delta = F\sqrt{Ma^2-1}\mathrm{d}\delta \tag{4-33}$$

由式(4-33)可知：如果 $\mathrm{d}\delta>0$，则 $\mathrm{d}F>0$；如果 $\mathrm{d}\delta<0$，则 $\mathrm{d}F<0$。即超声速气流受到外折扰动时，流管截面积变大；受到内折扰动时，流管截面积变小。假设气流沿壁面为无摩擦的理想流动，因此超声速气流通过马赫波 OL 为绝能等熵流动。在等熵绝能的情况下，超声速气流当流管截面积增大时，气流是膨胀的，否则气流是压缩的。这时马赫波分别称为膨胀波和微弱压缩波(也叫压缩马赫波)。

为了分析方便，将马赫波前、波后速度 v、v' 分解为两个分量，一个是平行于马赫波面的 v_t 和 v_t'，另一个是垂直于马赫波面的 v_n 和 v_n'，见图4-6。沿波面取控制体 $AA'BB'$，其中 AA' 和 BB' 平行于马赫波并且无限靠近马赫波。对所取的控制体应用连续方程和动量方程。令 Q_m 表示单位时间通过马赫波单位面积的气体质量，则垂直于波面的连续方程为

$$Q_m = \rho v_n = \rho'v_n' = (\rho+\mathrm{d}\rho)\cdot(v_n+\mathrm{d}v_n) \tag{4-34}$$

式(4-34)展开并略去二阶小量，得

$$\mathrm{d}v_n = -v_n\frac{\mathrm{d}\rho}{\rho} \tag{4-35}$$

由于平行于波面无压力变化，所以切向动量方程为

$$Q_mv_t' = Q_mv_t \tag{4-36}$$

而垂直于波面的动量方程为

$$Q_m(v_n+\mathrm{d}v_n)-Q_mv_n = p-(p+\mathrm{d}p)$$

即

$$Q_m\mathrm{d}v_n = -\mathrm{d}p \tag{4-37}$$

将 $Q_m=\rho v_n$ 及式(4-35)代入上式得

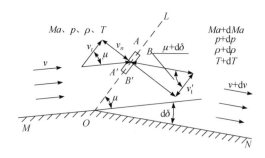

图4-6　超声速气流沿折壁的流动

$$v_n = \sqrt{\frac{\mathrm{d}p}{\mathrm{d}\rho}} = a \tag{4-38}$$

式(4-38)说明马赫波前流体的法向速度等于当地声速。由式(4-36)得 $v_t' = v_t$。由图可见

$$v_t = v\cos\mu$$

$$v_t' = v'\cos(\mu + \mathrm{d}\delta) = (v + \mathrm{d}v)\cos(\mu + \mathrm{d}\delta)$$

由 $v_t' = v_t$ 可知：

$$v\cos\mu = (v + \mathrm{d}v)\cos(\mu + \mathrm{d}\delta)$$
$$= (v + \mathrm{d}v)(\cos\mu\cos\mathrm{d}\delta - \sin\mu\sin\mathrm{d}\delta) \tag{4-39}$$

因为 $\mathrm{d}\delta$ 很小，为无穷小量，所以

$$\cos\mathrm{d}\delta \approx 1，\quad \sin\mathrm{d}\delta \approx \mathrm{d}\delta$$

式(4-39)展开时略去二阶小量可得

$$\frac{\mathrm{d}v}{v} = \tan\mu\,\mathrm{d}\delta = \frac{1}{\sqrt{Ma^2 - 1}}\mathrm{d}\delta \frac{\mathrm{d}v}{v} = \tan\mu\,\mathrm{d}\delta = \frac{1}{\sqrt{Ma^2 - 1}}\mathrm{d}\delta \tag{4-40}$$

根据微分形式的动量方程 $\rho v\mathrm{d}v = -\mathrm{d}p \Rightarrow v\mathrm{d}v = -\dfrac{\mathrm{d}p}{\rho}$，以及声速公式 $a^2 = kRT$ $= k\dfrac{p}{\rho}$ 得

$$v\mathrm{d}v = -\frac{a^2}{k} \cdot \frac{\mathrm{d}p}{p}$$

即

$$\frac{\mathrm{d}p}{p} = -kMa^2\frac{\mathrm{d}v}{v}$$

将式(4-40)代入上式，得

$$\frac{\mathrm{d}p}{p} = -\frac{kMa^2}{\sqrt{Ma^2 - 1}}\mathrm{d}\delta \tag{4-41}$$

利用 $p = \rho RT$、$a^2 = \dfrac{\mathrm{d}p}{\mathrm{d}\rho}$ 得

$$\frac{\mathrm{d}\rho}{\rho} = -\frac{Ma^2}{\sqrt{Ma^2 - 1}}\mathrm{d}\delta \tag{4-42}$$

$$\frac{\mathrm{d}T}{T} = -(k-1) \cdot \frac{Ma^2}{\sqrt{Ma^2 - 1}}\mathrm{d}\delta \tag{4-43}$$

通过马赫波后壁面上的压力系数：

$$\bar{p} = \frac{(p + \mathrm{d}p) - p}{\frac{1}{2}\rho v^2} = \frac{\mathrm{d}p}{\frac{1}{2}\frac{p}{RT}Ma^2 a^2} = -\frac{2\mathrm{d}\delta}{\sqrt{Ma^2 - 1}} \tag{4-44}$$

式(4-40)～式(4-44)即为气流通过马赫波时气流参数的相互关系式。应当注意上述的公式对膨胀波时 $\mathrm{d}\delta$ 为正，而对压缩马赫波时 $\mathrm{d}\delta$ 为负。

4.3.3 膨胀波

4.3.3.1 膨胀波的形成

超声速气流因通道扩张(如流过外折壁面)，或从高压区流向低压区，气流要加速、降压，出现膨胀波。其中超声速气流流过一微小外折角折壁的情况已在 4.3.2 节中讨论。以下主要讨论超声速气流流过多个小外折角折壁、外折曲壁、大外折角折壁以及从高压区流向低压区产生膨胀波的情况。

(1) 超声速气流流过多个小外折角折壁。

如图 4-7 所示，超声速气流在 O_1 点处外折了一个微小的角度 $\mathrm{d}\delta_1$ 之后，在 O_2、O_3、$\cdots$、O_m 等一系列点处继续外折一个微小的角度 $\mathrm{d}\delta_2$、$\mathrm{d}\delta_3$、$\cdots$、$\mathrm{d}\delta_m$，则在壁面的每一个转折点处，都将产生一道膨胀波 O_1L_1、O_2L_2、$\cdots$、O_mL_m，各道膨胀波与波前气流方向的夹角分别为 μ_1、μ_2、$\cdots$、μ_m，且

$$\mu_1 = \arcsin\frac{1}{Ma_1}, \quad \mu_2 = \arcsin\frac{1}{Ma_2}, \quad \cdots, \quad \mu_m = \arcsin\frac{1}{Ma_m}$$

因为气流每经过一道膨胀波，Ma 都有所增加，即

$$Ma_1 < Ma_2 < Ma_3 < \cdots < Ma_m$$

故

$$\mu_1 > \mu_2 > \mu_3 > \cdots > \mu_m$$

由图 4-7 看出，每经过一道膨胀波，气流均向外转折一个角度，再加上马赫角 μ 又是依次逐渐减小的。因此，后面的膨胀波对于水平方向的倾角都比前面的倾角小，即这些膨胀波既不相互平行，又不会彼此相交，而是呈发散形的。

(2) 超声速气流流过外折曲壁。

超声速气流绕外折曲壁流动情形如图 4-8 所示，根据极限的概念，光滑曲壁可以看成由无数段微小折壁组成，因此这种情况和(1)中讨论的超声速气流绕多个小外折角折壁问题在本质上是一致的，只不过这时，曲壁上每一点都相当于一个转折点。每一点都要产生一道膨胀波，图 4-8 中仅示意地画出了其中几道。气流每通过一道膨胀波，参数值都发生一个微小的变化，方向转折一个微小的角度。

气流通过无限多道膨胀波所组成的膨胀波区后，参数发生一个有限值的变化。

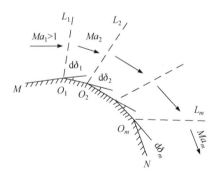
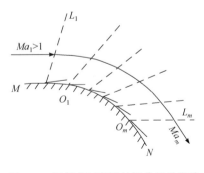

图 4-7 超声速气流流过多个 dδ 外折壁的流动　图 4-8 超声速气流绕外折曲壁的流动

(3) 超声速气流流过大外折角折壁。

如果使外凸曲壁的 O_m 点无限靠近 O_1 点，在极限情况下，O_m 和 O_1 重合，曲壁便成为一个转折角较大的外凸角(图 4-9)，这时由曲壁发出的一系列膨胀波就变成从转折处 O_1 发出的扇形膨胀波束。它实际上是由无数道膨胀波组成的，图 4-9 中也仅示意地画出其中的几道。超声速气流经过这些膨胀波时，流动方向就逐渐转折，最后沿着 O_1B 壁面流动。气流每经过一道膨胀波，参数只发生微小的变化，因而气流经过膨胀波束时，气流参数是连续变化的(速度增大，压力、温度和密度都相应地减小)。显然，在不考虑气体粘性和与外界的热交换时，气流经过膨胀波束的流动过程为等熵绝能的膨胀过程。

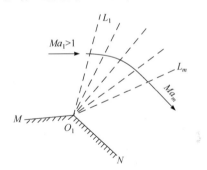

图 4-9 超声速气流流过较大转折角的情形

4.3.3.2 膨胀波前后气流参数间的关系

气流通过一道膨胀波后，波前、波后气流参数关系已在 4.3.2 节中讨论，见式 (4-40)~式(4-44)。本节主要讨论气流通过膨胀波束后气流参数的变化。

如前所述，超声速气流经过膨胀波束的过程为等熵绝能的膨胀过程，在膨胀波前后，气流的总参数(p^*、T^*、ρ^*、…)不变，静参数(p、T、ρ、…)只是 Ma 的函数，而 Ma 又与气流的转折角有关。因此，应该首先导出气流的转折角 δ 与 Ma 之间的关系，然后利用同一截面的总参数和静参数的比值与气流 Ma 之间的关系式来确定膨胀波后的其他气流参数。

将式(4-40)写为

$$\mathrm{d}\delta = \sqrt{Ma^2 - 1}\frac{\mathrm{d}v}{v} \tag{4-45}$$

对式(4-45)进行积分，气流由原始的 Ma_1 加速到 Ma_2，气流转折角由 0 变到 δ，即

$$\int_0^\delta \mathrm{d}\delta = \int_{Ma_1}^{Ma_2} \sqrt{Ma^2 - 1}\frac{\mathrm{d}v}{v} = \int_{Ma_1}^{Ma_2} \frac{\sqrt{Ma^2 - 1}}{1 + \dfrac{k-1}{2}Ma}\frac{\mathrm{d}Ma}{Ma}$$

令 $t^2 = Ma^2 - 1$，积分上式得

$$\delta = \left[\sqrt{\frac{k+1}{k-1}}\arctan\sqrt{\frac{k-1}{k+1}}t - \arctan t \right]_{t_1}^{t_2}$$

或

$$\delta = \left[\sqrt{\frac{k+1}{k-1}}\arctan\sqrt{\frac{k-1}{k+1}(Ma_2^2 - 1)} - \arctan\sqrt{Ma_2^2 - 1} \right]$$
$$- \left[\sqrt{\frac{k+1}{k-1}}\arctan\sqrt{\frac{k-1}{k+1}(Ma_1^2 - 1)} - \arctan\sqrt{Ma_1^2 - 1} \right] \tag{4-46}$$

这样，只要知道波前气流马赫数 Ma_1 和气流转折角 δ，就可根据式(4-46)计算出波后马赫数 Ma_2。然后根据等熵流的计算公式：

$$\frac{T^*}{T_2} = 1 + \frac{k-1}{2}Ma_2^2 \tag{4-47}$$

$$\frac{p^*}{p_2} = \left(1 + \frac{k-1}{2}Ma_2^2\right)^{\frac{\gamma}{\gamma-1}} \tag{4-48}$$

$$\frac{\rho^*}{\rho_2} = \left(1 + \frac{k-1}{2}Ma_2^2\right)^{\frac{1}{\gamma-1}} \tag{4-49}$$

计算出波后的温度 T_2、压力 p_2 和密度 ρ_2。

当 $Ma_1=1$ 时，式(4-46)可写为

$$\delta = \left[\sqrt{\frac{k+1}{k-1}}\arctan\sqrt{\frac{k-1}{k+1}(Ma_2^2 - 1)} - \arctan\sqrt{Ma_2^2 - 1} \right] \tag{4-50}$$

为了方便计算，通常将式(4-32)、式(4-47)、式(4-48)、式(4-49)、式(4-50)一起制成表格，见附录 3。

由附录 3，可根据转折角 δ 直接查得从 $Ma_1 = 1$ 开始膨胀加速的膨胀波后的气流参数。而对于从 $Ma > 1$ 开始膨胀加速的气流，查表可分为两步进行：第一步，

假想的气流是由 $Ma_1 = 1$ 的气流膨胀而得，则根据马赫数可查出假想的气流转折角 δ_1；第二步，根据实际气流转折角和假想的气流转折角之和 $(\delta + \delta_1)$，查出从 $Ma_1 = 1$ 开始膨胀后的气流参数。

从附录可以看出，气流的转折角越大，膨胀波后的气流马赫数就越大，压力越低。当转折角达到 130.5° 时，膨胀波后的气流马赫数为无穷大，气流的压力、温度为零，气流不可能再进一步膨胀加速，这个转折角叫气流的最大转折角 δ_{max}。若 $\delta > \delta_{max}$，气流也只能膨胀转折 δ_{max}，不能再膨胀了。事实上这种膨胀到真空状态是不可能真正达到的，因为静温降到绝对零度以前气体已经被液化。在实际飞行中，经常见到飞机机身上出现圆锥形状的白云，通常这种云称为音爆云(图 4-10)；其形成的原理即机翼表面的超声速气流绕外凸壁面流动产生膨胀波，膨胀波后的静参数压力、温度、密度降低，马赫数增加，当气流转过一定角度，温度下降到一定程度，空气中的水汽会凝结成水滴或者冰晶，而云实际上是由水滴、冰晶聚集形成围绕在飞机周围的混合物。

图 4-10 飞机飞行中产生音爆云

4.4 激 波

在一定条件下，可压缩流体在流动中会发生状态的突跃变化，即在流场中会存在压力、温度、密度和流速等参数的突跃、显著变化的现象。

当静止气体中产生一个突发的强烈扰动(如爆炸)，扰动产生的压力波将会以比声速大得多的速度向四周传播，通过扰动压力波的波面，气体的压力、温度、密度等参数都有一个突跃的变化。另外，以超声速运动的物体，在前进过程中对气流有一个强烈的压缩扰动。此时，在运动物体头部附近，也会形成一个扰动压力波面，气流流过该压力波面时，压力、温度、密度同样会有一个突跃的变化。

在可压缩流体中，由于受到强烈的压缩扰动而产生的气流参数发生突跃变化的压力波面称为激波。通俗地说，流场中气流参数发生突跃变化处就是激波所在位置。

在无粘性又不导热的理想可压缩流体中，激波是数学上的间断面，它的厚度等于零。在实际可压缩流体中，必须考虑粘性和热传导对激波的影响。由于粘性的存在，在激波处必然会形成一个极薄的过渡区。在该过渡区内，气流各参数仍将发生连续变化，激波实际上是有一定厚度的。气体分子运动论证明：激波的厚度与气体分子平均自由程(10^{-5}mm 数量级)相当。从宏观上看，10^{-5}mm 数量级是一个极小量。所以一般在处理激波问题时，还是把激波看成是一个压力、温度、密度等参数不连续的数学上的间断面，如图 4-11 所示。

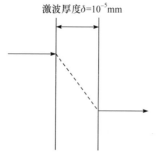

图 4-11　正激波前后速度突跃变化

气流通过激波时，会受到剧烈压缩；又由于气流通过激波的时间极短，所产生的热量来不及外传，所以气流通过激波的过程可视为不可逆的绝热压缩过程，该过程将伴随熵的增加和可用能的损耗。

激波现象在动力设备中经常会遇到，当超声速气流流过动叶片时，在动叶片前缘可能产生激波；缩放喷管在非设计工况下工作时，扩大段的超声速气流中也会产生激波；在锅炉炉膛内，强烈突发的燃烧过程使火焰周围形成压力突然升高的气团，这也是激波，为了防止炉膛内发生爆炸，应设置防爆门以确保安全，所以有必要对激波的概念以及气流通过激波时参数的变化关系进行研究。

按气流流动方向与激波波面的关系可把激波分为正激波和斜激波。激波波面与气流方向垂直的激波称为正激波；激波波面与气流方向不垂直的激波称为斜激波。本节将讨论正激波的形成机理以及气流通过正激波时激波前、后气流参数之间的关系。

4.4.1　正激波的形成与传播

已讨论过弱扰动波在流场中的传播情况，现在用一个装置来说明正激波形成的过程，假设有一个活塞，在充满静止气体的等直径长管中，以微小速度运动，此时所产生的微弱扰动将以声速在气体中传播。

如图 4-12、图 4-13 所示，假设活塞从静止突然向右做加速运动，在很短时间内，达到较大的速度 v，然后维持速度 v 做匀速运动。可以用 n 次时间间隔相等的微小加速来近似代替活塞的一次突然加速。在活塞做第一次微小加速时，速度由零变为 $\mathrm{d}v$。这相当于对气体做了一次微弱扰动，紧靠活塞的气体压力增加了 $\mathrm{d}p$，这一微弱扰动的压力增量以声速 a_1 向右传播；接着而来的活塞第二次微小加速，使它的速度又增加了 dv，运动速度达到 2dv。在第一次微弱扰动的基础上又产生了一个新的扰动压力增量 dp(总强度相对于静止气体为 2dp)，它以 a_2+dv 的速度向右传播。以此类推，一直到第 n 次微小扰动时，活塞的速度将达 ndv=v，而扰动所产生的压力增量将达到 ndp，扰动压力波向右传播的速度将为 $a_n + (n-1)$dv。因为后面的微弱扰动都是在前面微弱扰动的基础上进行的，所以后来微弱扰动的传播速度应大于前面微弱扰动的传播速度，即 $a_n > a_{n-1} > \cdots > a_2 > a_1$。这样后来的微弱扰动压力波经过一段时间必然会赶上初始的微弱扰动压力波而产生压力波的叠加，叠加起来的扰动压力波最终会形成一个垂直管轴的压力波面，在波面处气体的参数发生了突跃的变化，这就是正激波。

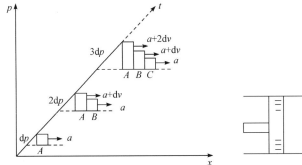

　　图 4-12　正激波在等直径长管中的形成　　　图 4-13　活塞在等直径管内运动

　　下面来求正激波向前传播的速度。如图 4-13 所示，活塞向右急剧加速到速度 v，然后维持 v 等速运动，在管内就会产生正激波。设在 dt 时间内激波从 2-2 截面移到了 1-1 截面，其位移为 dx，则激波的运动速度 v_w=dx/dt。在这段时间内，2-1 区域内气体的压力和密度由 p_1、ρ_1 增加到 p_2、ρ_2。取 2-1 区域为研究对象，由质量守恒定律

$$(\rho_1 - \rho_2)A\mathrm{d}x = \rho_2 vA\mathrm{d}t$$

式中：A 为圆管横截面积，于是

$$\frac{\mathrm{d}x}{\mathrm{d}t} = \frac{\rho_2}{\rho_2 - \rho_1}v \tag{4-51}$$

忽略管壁与气流间的摩擦，由动量定理，可得

$$(p_2 - p_1)A = \frac{\rho_1 A\mathrm{d}x}{\mathrm{d}t}(v - 0)$$

化简得

$$\frac{\mathrm{d}x}{\mathrm{d}t} = \frac{p_2 - p_1}{\rho_1 v} \tag{4-52}$$

联立式(4-51)和式(4-52)，可解得正激波传播速度

$$v_w = \frac{\mathrm{d}x}{\mathrm{d}t} = \sqrt{\frac{\rho_2(p_2 - p_1)}{\rho_1(\rho_2 - \rho_1)}} \tag{4-53}$$

很显然，这个速度大于管内静止气体中的声速，所以说正激波是以超声速传播的。

联立式(4-51)和式(4-52)还可以解得气流宏观运动的速度为

$$v = \sqrt{\frac{(p_2 - p_1)(\rho_2 - \rho_1)}{\rho_1\rho_1}} \tag{4-54}$$

由式(4-53)和式(4-54)可知，当扰动很微弱，压力和密度的增量都极其微小时，$p_2 \approx p_1$，$\rho_2 \approx \rho_1$。这样 $v_w = \sqrt{(\mathrm{d}p / \mathrm{d}\rho)_s} = a$，而 $v \to 0$，实际上就变成微弱扰动的压力波在介质中传播了。

由式(4-53)和式(4-54)可知，激波传播的速度和波后气流的速度不仅取决于压力突跃变化，还取决于密度的突跃变化。但实际上，激波传播的速度和波后气流的速度只取决于压力的突跃变化，因为密度的突跃变化也取决于压力的突跃变化。可以证明：

$$\frac{\rho_2}{\rho_1} = \frac{1 + \dfrac{k+1}{k-1}\dfrac{p_2}{p_1}}{\dfrac{k+1}{k-1} + \dfrac{p_2}{p_1}} \tag{4-55}$$

该式称为兰金-于戈尼奥(Rankine-Hugoniot)关系式，它表示气流经过正激波后密度的突跃变化与压力的突跃变化存在一一对应的函数关系。

最后要指出的是，若图 4-13 中的活塞向左运动，对管内气体产生一个膨胀扰动，则分解后扰动产生的微弱膨胀压力波在传播过程中是不可能叠加在一起形成激波的。

4.4.2　正激波前、后气流参数的关系

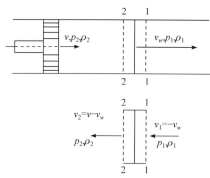

图 4-14　正激波前、后气流参数关系

如图 4-14 所示，设有一正激波已在某处形成，它以速度 v_w 从左向右推进。为分析方便，把坐标取在激波面上，从而把运动的正激波转化为相对静止的正激波来讨论。

设正激波前的气流参数为 p_1、ρ_1、T_1、v_1、Ma_1，正激波后的气流参数为 p_2、ρ_2、T_2、v_2、Ma_2。$v_1 = |-v_w|$，$v_2 = |v - v_w|$，v_1 和 v_2 的方向如图 4-14 所示。观测者从

正激波波面上看，气流以 v_1 的速度迎面而来，流经激波后以 v_2 的速度离去。这就把问题转换为气流稳定通过静止正激波的问题。

取包含正激波在内的 1-2 区域作为控制体，设气体为完全气体。气流通过正激波时与壁面无摩擦损失、与外界无热量交换，将一维可压缩流体的基本方程应用于该控制体，可以得到正激波前、后气流的参数关系。

连续方程

$$\rho_1 v_1 = \rho_2 v_2 \qquad (4\text{-}56)$$

动量方程

$$p_2 - p_1 = \rho_1 v_1^2 - \rho_2 v_2^2 \qquad (4\text{-}57)$$

能量方程

$$\frac{k}{k-1}\frac{p_1}{\rho_1} + \frac{v_1^2}{2} = \frac{k}{k-1}\frac{p_2}{\rho_2} + \frac{v_2^2}{2} = c_p T_0 = \frac{k+1}{2(k-1)}a_{\mathrm{cr}}^2 \qquad (4\text{-}58)$$

状态方程

$$\frac{p}{\rho} = RT \qquad (4\text{-}59)$$

原则上，若已知激波前的 p_1、ρ_1、T_1、v_1 四个参数，应用式(4-56)～式(4-59)，就可以解出正激波后的四个未知参数 p_2、ρ_2、T_2、v_2。为计算方便，以下推导出激波前、后各同名参数之比与激波前的马赫数 Ma_1 之间的函数关系。

将动量方程(4-57)化为

$$p_1 + \rho_1 v_1^2 = p_2 + \rho_2 v_2^2 \qquad (4\text{-}60)$$

将式(4-60)两边分别除以连续方程(4-56)两边得

$$\frac{p_1}{\rho_1} + v_1^2 = \left(\frac{p_2}{\rho_2} + v_2^2\right)\frac{v_1}{v_2} \qquad (4\text{-}61)$$

由能量方程(4-58)可得

$$\frac{p_1}{\rho_1} = \frac{k-1}{2k}\left(\frac{k+1}{k-1}a_{\mathrm{cr}}^2 - v_1^2\right) \qquad (4\text{-}62)$$

$$\frac{p_2}{\rho_2} = \frac{k-1}{2k}\left(\frac{k+1}{k-1}a_{\mathrm{cr}}^2 - v_2^2\right) \qquad (4\text{-}63)$$

将式(4-62)、式(4-63)代入式(4-61)，简化后则得

$$(v_2 - v_1)a_{\mathrm{cr}}^2 = (v_2 - v_1)v_1 v_2$$

因为激波前、后气流速度不相等，即 $(v_2 - v_1) \neq 0$，所以

$$a_{cr}^2 = v_1 v_2 \tag{4-64}$$

即

$$\lambda_1 \lambda_2 = 1 \tag{4-65}$$

已知 $v_1 = |-v_w|$ 为超声速气流，$\lambda_1 = v_1/a_{cr} > 1$；按照式(4-65)，必有 $\lambda_2 < 1$。由此可得一个重要结论：超声速气流通过正激波后一定变成亚声速气流，且激波前的马赫数 Ma_1 越大，激波后的马赫数 Ma_2 就越小。式(4-65)称为正激波的普朗特速度方程。由普朗特速度方程出发，可以得到正激波前、后同名参数之比与马赫数 Ma_1 的关系。

(1) 激波前、后气流速度之比与激波前气流马赫数 Ma_1 的关系。

将式(4-64)除以 v_1^2，再将 λ 与 Ma 的关系式代入，即得

$$\frac{v_2}{v_1} = \frac{a_{cr}^2}{v_1^2} = \frac{1}{\lambda_1^2} = \frac{2+(k-1)Ma_1^2}{(k+1)Ma_1^2} = \frac{2}{(k+1)Ma_1^2} + \frac{k-1}{k+1} \tag{4-66}$$

(2) 激波前、后气流的密度之比与激波前气流马赫数 Ma_1 的关系。

由连续方程(4-56)和式(4-66)，得

$$\frac{\rho_2}{\rho_1} = \frac{v_1}{v_2} = \frac{(k+1)Ma_1^2}{2+(k-1)Ma_1^2} \tag{4-67}$$

(3) 激波前、后气流的压力之比与激波前气流马赫数 Ma_1 的关系。

将动量方程(4-57)化为

$$p_2 - p_1 = \rho_1 v_1^2 \left(1 - \frac{v_2}{v_1} \right)$$

两边同除以 p_1，得

$$\frac{p_2}{p_1} - 1 = \frac{\rho_1 v_1^2}{p_1} \left(1 - \frac{v_2}{v_1} \right)$$

可化为

$$\frac{p_2}{p_1} - 1 = kMa_1^2 \left(1 - \frac{v_2}{v_1} \right) \tag{4-68}$$

将式(4-67)代入式(4-68)，化简即得

$$\frac{p_2}{p_1} = \frac{2k}{k+1} Ma_1^2 - \frac{k-1}{k+1} \tag{4-69}$$

通常用 p_2/p_1 来衡量激波强度，p_2/p_1 越大，激波强度越大。

(4) 激波前、后气流的温度之比与激波前气流马赫数 Ma_1 的关系。

由式(4-67)和式(4-69)得

$$\frac{T_2}{T_1} = \frac{p_2}{p_1}\frac{\rho_1}{\rho_2} = 1 + \frac{2(k-1)}{(k+1)^2}\frac{kMa_1^2 + 1}{Ma_1^2}(Ma_1^2 - 1) \tag{4-70}$$

(5) 激波前、后气流马赫数之比与激波前气流马赫数 Ma_1 的关系。

因为 $a = \sqrt{kRT}$，所以 $a_1^2/a_2^2 = T_1/T_2$，即激波前、后气流中的温度比等于其声速平方之比。由式(4-66)和式(4-70)得

$$\frac{Ma_2^2}{Ma_1^2} = \frac{v_2^2}{v_1^2}\cdot\frac{a_1^2}{a_2^2} = \frac{1}{Ma_1^2}\frac{2 + (k-1)Ma_1^2}{2kMa_1^2 - (k-1)} \tag{4-71}$$

(6) 激波前、后气流的滞止压力之比与激波前气流马赫数 Ma_1 的关系。

气流通过正激波受到突跃压缩，这是一个不可逆过程，一定会伴随可用能的损失以及熵的增加。下面讨论滞止压力在激波前后的比值与激波前气流马赫数 Ma_1 的关系。

$$\frac{p_2^*}{p_1^*} = \frac{p_2^*}{p_2}\frac{p_2}{p_1}\frac{p_1}{p_1^*} \tag{4-72}$$

而

$$\frac{p_2^*}{p_2} = \left(1 + \frac{k-1}{2}Ma_2^2\right)^{\frac{k}{k-1}} \tag{4-73}$$

$$\frac{p_1}{p_1^*} = \left(1 + \frac{k-1}{2}Ma_1^2\right)^{\frac{-k}{k-1}} \tag{4-74}$$

把式(4-73)、式(4-74)和式(4-69)代入式(4-72)，化简可得

$$\frac{p_2^*}{p_1^*} = \left(\frac{\frac{k+1}{2}Ma_1^2}{1 + \frac{k-1}{2}Ma_1^2}\right)^{\frac{k}{k-1}}\left(\frac{2k}{k+1}Ma_1^2 - \frac{k-1}{k+1}\right)^{\frac{1}{k-1}} \tag{4-75}$$

(7) 激波前、后熵的变化与激波前气流马赫数 Ma_1 的关系。

由 $\mathrm{d}S = c_p\,\mathrm{d}T/T - R\,\mathrm{d}p/p$ 和 $c_p = kR/(k-1)$，积分可得

$$S_2 - S_1 = R\ln\left(\frac{T_2}{T_1}\right)^{\frac{k}{k-1}} - R\ln\left(\frac{p_2}{p_1}\right) = R\ln\left[\left(\frac{T_2}{T_1}\right)^{\frac{k}{k-1}}\left(\frac{p_1}{p_2}\right)\right] \tag{4-76}$$

激波前、后的滞止参数可由等熵过程方程式表示为

$$\frac{p_2^*}{p_2} = \left(\frac{T_{02}}{T_2}\right)^{\frac{k}{k-1}}$$

和

$$\frac{p_1^*}{p_1} = \left(\frac{T_{01}}{T_1}\right)^{\frac{k}{k-1}}$$

代入式(4-76)，得

$$\frac{S_2 - S_1}{R} = \ln\left[\left(\frac{T_2^*}{T_1^*}\right)^{\frac{k}{k-1}} \frac{p_1^*}{p_2^*}\right] \tag{4-77}$$

因为气流通过正激波是绝热过程，所以 $T_2^* = T_1^*$，这样式(4-77)最后变成

$$\frac{S_2 - S_1}{R} = \ln\frac{p_1^*}{p_2^*} = \ln\left[\left(\frac{\frac{k+1}{2}Ma_1^2}{1+\frac{k-1}{2}Ma_1^2}\right)^{\frac{-k}{k-1}} \left(\frac{2k}{k+1}Ma_1^2 - \frac{k-1}{k+1}\right)^{\frac{1}{k-1}}\right] \tag{4-78}$$

从式(4-63)和式(4-66)可以看出，当 $Ma_1 > 1$ 时，$p_2^*/p_1^* < 1$，$S_2 - S_1 > 0$。这说明超声速气流通过正激波时，由于受到突跃压缩的不可逆性的影响，气流的熵增加，这意味着气流机械能的下降，即气流做功能力的下降。

式(4-54)～式(4-66)是正激波前、后气流各同名参数的比值与激波前马赫数 Ma_1 的关系式，利用这些公式可以对气流通过正激波后气流参数的变化进行计算。

4.4.3 激波阻力

设有一物体在理想流体中做超声速运动，在物体前方产生了激波，如图 4-15 所示。取与物体一起运动的坐标系来观察问题，设控制面如图 4-15 中虚线所示。其中 AC 和 BD 为离物体上下两侧相当远的两条流线。由于离物体很远，受物体的扰动很小，因而可视为两条与来流平行的直线。AB 和 CD 是物体前后方相当远处垂直于来流方向的两个截面。由于所取控制面离物体很远，可认为作用在控制面上气体压力都等于物体前方的压力 p_1，这部分力的合力为零。而气流通过激波必有总压损失，即 CD 控制面上气流总压必低于 AB 控制面上气流总压，而两控制面上静压相等，故 CD 控制面上流速 v_2 必小于 AB 控制面上流速 v_1。令 X_{sw} 代表物体作用于气体上沿来流方向的力，对所取控制体应用动量方程

$$X_{sw} = \rho_2 v_2^2 A_2 - \rho_1 v_1^2 A_1 = Q_m(v_2 - v_1) < 0$$

式中：Q_m 为流线 AC 和 BD 之间的质量流量，力 X_{sw} 的方向与来流方向相反。

根据牛顿第三运动定律，气流必然给物体一个大小相等方向相反的力，对物体

来说这是一个阻力，这个阻力是由于存在激波而引起的，故称为波阻。物体做超声速运动时都会存在波阻。波阻的大小决定于激波的强度，激波越强，波阻越大。

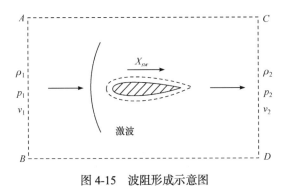

图 4-15 波阻形成示意图

习 题

1. 试推导声音传播速度计算公式。

2. 飞机在标准大气中飞行，飞行高度为 10000m，飞行当地马赫数为 0.8，求飞机对于地面的飞行速度。

3. 飞机在 20000m 高空中以 2400km/h 的速度飞行，求气流相对于飞机的马赫数。

4. 叙述弱扰动波在流场中的传播规律，分析马赫波的物理成因。

5. 分析气流通过马赫波参数的变化情况。

6. 分析激波及其激波阻力产生的物理成因，叙述激波对气流参数的影响。

第 5 章　粘性流动的理论基础

前面几章讨论流体运动问题时，通常都不考虑流体粘性的影响，采用理想流体假设进行分析。这种分析方法，对粘性系数较小的流体或在速度梯度不大的区域内都是适用的。但是除上述两种情况外，粘性应力对流体运动产生的影响较大，不能忽略。研究此类粘性流体问题时，必须考虑流体粘性的影响，否则会导致很大的误差。粘性流体力学问题比理想流体力学问题复杂得多，目前只有某些特殊问题可以完全用理论推导的方法求得解析解，而大量的实际问题主要靠数值计算和试验方法来解决。本章从粘性流体的基本流动特性出发，通过雷诺实验自然地引出流态划分的雷诺数方法，讲解雷诺数的物理意义；然后重点讨论附面层相关流动特点，包括层流附面层与湍流附面层的区别，附面层转捩、附面层分离等；以管道、平板、曲面流动为例来分析粘性对流动的影响，介绍附面层位移厚度、摩擦阻力的计算方法。最后根据附面层的流动特点，基于前面几章建立的流体力学微分方程，推导了描述附面层流动的微分方程，根据湍流流动特点，推导了湍流流动的控制方程。

5.1　层流与湍流

5.1.1　雷诺实验

在很久以前人们就观察到，在不同的条件下，流体运动具有不同的状态，但是直到 1876～1883 年间，英国的物理学家雷诺(O.Reynolds，1842～1912 年)经过多次实验，于 1883 年发表了流体力学史上的经典论文《决定水流为直线或曲线运动的条件以及在平行水槽中阻力定律的探讨》，将流体流态分为层流和湍流，同时提出了雷诺数的概念。从那以后，人们对这一问题才有了全面正确的理解。现在简单介绍这个实验的情况。

如图 5-1 所示，A 为供水管，B 为水箱。为保持箱内水位稳定，在水箱内装有稳流板 J，让多余的水从泄水管 C 流出。水箱 B 中的水流入玻璃管 G，再经阀门 H 流入量水箱中，以便计量。E 为小水箱，内盛红色液体，开启小阀门 D 后，红色流体沿细管 F 流入玻璃管 G 中，与清水一同流走。

实验时，先微微打开阀门 H，让清水以很低的流速流动，同时开启阀门 D，使红色液体也流入其中，与清水一起流动。此时可见红色流体形成一条明显的红线

$S\text{-}S$，与周围清水并不掺混，如图 5-1(b)所示。这种流动状态称为流体的层流流动。

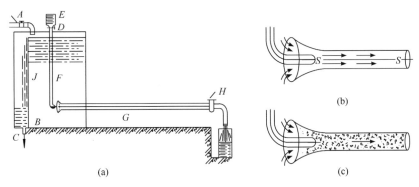

图 5-1　雷诺实验

　　如继续微开阀门，玻璃管中流速逐渐加大，在一定时间内，流速未达到一定数值以前，仍然可以看到流体运动保持层流状态。

　　但如继续开大阀门，当管内流速增大到一定值时，便可看到，红色流线 $S\text{-}S$ 开始波动，继而个别地方发生断裂，最后形成与周围清水相互混杂、穿插的紊乱流动，如图 5-1(c)所示。这种流动状态称为流体的紊流流动，也称为湍流流动。

　　由此可以得到初步结论：当流速较低时，流体层做彼此平行且不混杂的层流运动；当流速增高到一定数值时，流体运动便成为相互混杂、穿插的紊乱流动，流速继续增高，紊乱程度变得愈加强烈。由层流状态改变为湍流状态时的速度称为上临界流速，用 v'_{cr} 表示。

　　上述实验还可按相反顺序进行，即先将阀门 H 开得很大，使流体高速在管 G 中流动，而后慢慢将阀门关小，使流体流动速度逐渐降低，这样可以观察到如下现象：在高速时流体做湍流流动；当流体速度降低到一定值时，流体便做彼此不相混杂的层流流动，但开始时，这种流态不太稳定。如果流速再降低，层流状态便趋向稳定。由湍流状态改变为层流状态时的流速称为下临界流速，用 v_{cr} 表示。实验证明：v_{cr} 远小于 v'_{cr}。

　　上述两种实验情况，可概括如下：

　　当 $v > v'_{cr}$ 时，流体做湍流流动；

　　当 $v < v_{cr}$ 时，流体做层流流动；

　　当 $v_{cr} < v < v'_{cr}$ 时，流态不稳，可能保持原有的层流或湍流流动，称之为过渡区。

5.1.2　雷诺数和临界雷诺数

5.1.2.1　雷诺数

选取不同直径的玻璃管以及使用不同的流体，进行大量的实验后发现：流体

的动力粘性系数 μ、密度 ρ、流速 v 和圆管直径 d 等因素都对流态有很大的影响。减小流体的粘性，增大流体密度、流速，或是增大圆管的直径，都使层流运动的稳定性降低，导致层流变为湍流。实验还发现：管内湍流的出现，不是单纯由某个因素决定的，而是由它们的组合数决定的，这个组合数叫做雷诺数，用 Re 来表示，它定义为

$$Re = \frac{\rho v l}{\mu} = \frac{v \cdot l}{\nu} \tag{5-1}$$

式中：l 为流动的特征尺寸，对于圆管流动一般取为管径 d，对于平板流动则一般取为平板长度。

于是，将对应于上临界流速 v'_{cr} 的雷诺数叫做上临界雷诺数，对应于下临界流速 v_{cr} 的雷诺数叫做下临界雷诺数。

无数实验证明，不管流速多少，管内径多大，也不管流体的运动粘度如何，只要雷诺数相等，它们的流动状态就相似。所以雷诺数成为判别流体流动状态的准则。

5.1.2.2　临界雷诺数

管内流动由层流开始变为湍流的雷诺数称为临界雷诺数。

临界雷诺数是判断流态的一个标准。经过雷诺实验及其许多学者的精密实验结果表明，对于非常光滑、均匀一致的直圆管，下临界雷诺数 Re_{cr} 约为 2320。下临界雷诺数还与流体受到的扰动有关，如果流体进入管道前，人为地给予扰动，则可能提前出现湍流，下临界雷诺数就低；如果管道进口处有很好的过渡，水箱中流体又几乎完全静止，则下临界雷诺数就很高，有时甚至可达 10^5 以上。上临界雷诺数一般不易测得其精确值，一般取为 13800。由于上临界雷诺数在工程上一般没有实用意义，故一般都取下临界雷诺数作为判别流动状态的准则。即对于圆管流动，当 $Re < 2320$ 时，流动状态为层流，当 $Re > 2320$ 时，流动状态为湍流。但在实际工程中很难做到像实验室那样，外界干扰很容易使流体形成湍流运动，所以工业上一般取圆管的临界雷诺为 2000，即 $Re \leqslant 2000$ 时，流动为层流，$Re > 2000$ 时，流动为湍流。

对于非圆形截面管道中的流体流动，一般取 $Re_{cr} = 500$；对于明渠中的流体流动，一般取 $Re_{cr} = 300$；对于球形物体的绕流流动，一般取 $Re_{cr} = 1$。

例 5-1　运动粘性系数 $\nu = 1 \times 10^{-6}\,\mathrm{m^2/s}$ 的水在内径 $d = 100\mathrm{mm}$ 的管道中流动，流速 $v = 1\mathrm{m/s}$，问流动呈何种状态？若管道中的流体为运动粘性系数 $\nu = 31 \times 10^{-6}\,\mathrm{m^2/s}$ 的油，要使流动呈层流状态，问流速不能超过多少？

解　水的雷诺数

$$Re = \frac{vd}{v} = \frac{1 \times 0.1}{1 \times 10^{-6}} = 10^5 > 2000$$

则水在管道中的流动呈湍流状态。

根据油在管道中流动的雷诺数公式

$$Re = \frac{vd}{v} = \frac{v \times 0.1}{31 \times 10^{-6}} < 2000$$

得

$$v = \frac{Re \times 31 \times 10^{-6}}{0.1} < \frac{2000 \times 31 \times 10^{-6}}{0.1} = 0.62 \, \text{m/s}$$

因此只有当油的流速不超过 0.62 m/s 时才会呈现层流流动。

5.1.2.3　雷诺数的物理含义

对式(5-1)可进行如下的恒等变形

$$Re = \frac{\rho vl}{\mu} = \frac{\rho v^2 l^2}{\mu vl} = \frac{\rho l^3 (l/t^2)}{\mu l^2 (v/l)} = \left[\frac{ma}{\mu S(\mathrm{d}v/\mathrm{d}l)} \right] = \frac{\text{惯性力}}{\text{粘性力}}$$

由此可见，雷诺数是一个无量纲量，表征了在流体运动过程中，流体微团的惯性力与其所受粘性力哪个起主导作用。当 Re 小于临界雷诺数时，表示流体惯性力相对较小，粘性作用较强，此时由于粘性力的作用使流体运动比较规则而成为层流；当 Re 大于临界雷诺数时，表示流体微团的惯性作用大而粘性作用小，流体易于冲破粘性力的束缚作用而使流动成为不规则的脉动湍流。

通过对雷诺数的物理意义分析，有助于认识层流变湍流的物理本质。流体运动中凡是与粘性有关的现象，都要用到雷诺数的概念。

5.1.3　湍流变量的描述方法

5.1.3.1　时均法

由雷诺实验可以看出：层流时流体流动是分层的，即上下相邻的流体层之间只是分子间的动量交换，没有径向的脉冲速度；而在湍流时，流体不仅具有轴向速度，而且具有径向脉冲速度，某流体运动的情况如图 5-2 所示。事实上，湍流是一种极其复杂的流动状态，往往伴随着非线性、非定常特性。

对于湍流流动，某一固定点的运动参数如 p、v、…等随时间是剧烈变化的，实质上是一种非定常流动，用以前的分析方法研究这种流动是很困难的。

虽然这样，但是仔细观察我们就会发现，这种运动仍然存在着一定的规律性。当我们在一定时间间隔 T 内，观察流经 C 处的流体质点运动情况时，可以看到，第一瞬时流经该处的速度 v，其方向虽随时间变化，但是对流动起决定作用的则是 v

在 x 轴向的投影 v_x。虽然由于脉动，v_x 的大小也随时间表现出剧烈的无规则变化，但是如果时间 T 足够长，则可测出一个它对时间 T 的算术平均值 $\bar{v}_x$，即

$$\bar{v}_x = \lim_{T \to \infty} \frac{1}{T} \int_{t_0}^{t_0+T} v_x(t)\mathrm{d}t \tag{5-2}$$

如图 5-3 所示。

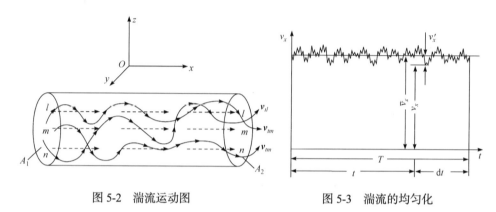

图 5-2　湍流运动图　　　　　　　　图 5-3　湍流的均匀化

可以看出，在这个时间间隔 T 内，v_x 的值是围绕着 $\bar{v}_x$ 脉动的。$\bar{v}_x$ 称为时间平均速度，简称时均速度。

流场中各点的瞬时速度与时均速度之关系可表示为

$$v_x = \bar{v}_x + v_x'$$

式中：v_x' 为脉动速度，它的大小和方向随时间不断变化。

式(5-2)所给湍流量的平均方法叫做时均法，时间平均法可以对湍流中的各种物理量施行。在湍流流动中，流体压力的脉动值与时均值的关系为

$$p = \bar{p} + p'$$

式中：p 为流场中某点的瞬时压力，$\bar{p}$ 为时均压力，p' 为脉动压力。

湍流之所以产生这种脉动现象，其原因是湍流中有混乱的小旋涡，这些旋涡做旋转运动，它时而使该点速度增大，时而又使该点速度减小，形成脉动。

从雷诺实验看出，湍流是一种宏观现象。如带颜色的水和周围的水掺混在一起，最后完全变成带颜色水的流动。这种现象是由于流体微团的相互掺混造成的，与分子的热运动无关。因为在层流中也有分子的热运动，而带颜色的水与周围的水却毫不掺混，可见湍流掺混是由于流体微团的脉动，而不是由于分子的热运动。

湍流中各相邻层的流体，不仅与层流一样有分子的动量交换，而且由于流体微团的径向脉动运动，存在着流体微团间的动量交换。

　　湍流中，任意固定点上的速度、压力等流体参数随时间迅速地变化。因此，湍流流动是非定常流动。为研究简便，工程上通常不去研究流体参数脉动量的变化，而只研究速度、压力等流体参数的时均值变化。这种简化方法叫时均化。采用了时均化的概念后，就可把非定常湍流作为定常湍流处理。今后为简便起见，不再用时间符号表示，但应注意所代表的是时均值而不是瞬时值。

5.1.3.2　湍流度

　　用时均化的方法来处理湍流，只是一种简化了的流动模型，它在一般情况下是适用的。但是湍流中的脉动现象毕竟是客观存在的，它对于湍流中的燃烧、传热以及流动阻力等都有重要的影响。为了描述气流的脉动情况，通常采用湍流度的概念。

　　所谓湍流度就是指流体的脉动速度与流体的时均速度之比，用符号 ε 表示，可写为

$$\varepsilon = \frac{1}{\bar{v}}\sqrt{\frac{1}{n}\sum_{i=1}^{n}v_i'^2}$$

式中：$\bar{v}$ 为脉动速度的均方根值，它反映了流体脉动动能的大小。因此湍流度代表了湍流中脉动能量相对值的大小，ε 越大，表示流动的湍流程度越强，即脉动越厉害。

　　对于二维流动，$\varepsilon = \frac{1}{\bar{v}}\cdot\sqrt{\dfrac{v_x'^2 + v_y'^2}{2}}$；对于三维流动，$\varepsilon = \frac{1}{\bar{v}}\cdot\sqrt{\dfrac{v_x'^2 + v_y'^2 + v_z'^2}{3}}$。

　　实验结果表明，当 Re 很大时（$Re > 10^5$ 以上），在一定结构的管道内(指进口边缘形状)，湍流度与流体速度的大小无关。也就是说，脉动速度的均方根值与时均速度之间有一定的比例关系。这说明当 Re 很大时，流体微团的脉动动能与流体的平均动能之间的能量分配保持着一定的比例。这样用湍流度概念来描述湍流中的脉动现象及处理数据时比用脉动速度更方便些。

5.1.4　光滑与粗糙的概念

　　流体在圆管内和平板上做湍流流动，并非在整个有效截面上都是湍流。在圆管的内壁上和平板表面处，由于壁面的限制和附着力作用，流体微团的混杂运动受到限制，因而靠近壁面处仍有一层极薄的流体保持层流，一般称为近壁层流或层流次层。实验证明，流体速度愈大，流体微团的混杂能力愈强，则近壁层流的厚度就愈薄；而流体粘性愈大，则束缚流体微团运动、混杂的能力就愈强，近壁层流的厚度就愈厚。也就是说，近壁层流的厚度是随雷诺数的变化而变化的。圆管中近壁层流厚度 δ 可用下列经验公式计算：

$$\delta = \frac{30d}{Re\sqrt{\lambda}} \tag{5-3}$$

式中：d 为圆管内径，Re 表示雷诺数，λ 为湍流时的沿程阻力系数。当流体为水时，$\lambda = 64/Re$；当流体为油时，$\lambda = 75/Re$；当流体是在橡胶管内流动时，$\lambda = 80/Re$。

　　近壁层流的厚度虽然很薄，但对流体运动时的能量损失有着重要的影响。这种影响与壁面的粗糙程度有关。通常把壁面的粗糙凸出部分的平均高度 Δ 称作绝对粗糙度，而绝对粗糙度与管径 d 的比值 Δ/d 就称作相对粗糙度 $\overline{\Delta}$。表 5-1 列出了一些常用管道管壁的绝对粗糙度。

表 5-1　管道管壁的绝对粗糙度

管壁状况	绝对粗糙度	管壁状况	绝对粗糙度
冷拔铜管及黄铜管	0.0015～0.01	钢板制成的管道	0.33
冷拔铝管及铝合金管	0.0015～0.06	旧的生锈钢管	0.60
冷拔及热轧钢管	0.04～0.17	污秽的金属管	0.75～0.90
新铸铁管	0.25～0.42	干净的玻璃管	0.0015～0.01
普通镀锌钢管	0.39	橡胶软管	0.01～0.03
精致镀锌钢管	0.25	极粗糙的、内部涂橡胶的软管	0.20～0.30
涂沥青钢管	0.12～0.21	涂有珐琅质的排水管	0.25～6.0

　　如果近壁层流厚度 δ 大于壁面的绝对粗糙度 Δ，则近壁层流完全淹没了壁面的凸出部分，如图 5-4(a)所示。这时近壁层流以外的湍流区完全不受壁面粗糙度的影响，流体就好像在完全光滑的壁面上流动一样。如流动介质为气体，此种情况称为气动光滑；如流动介质为液体，则称为水力光滑。

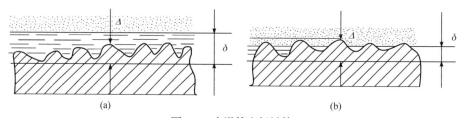

图 5-4　光滑管和粗糙管

　　如果近壁层流厚度 δ 小于壁面的绝对粗糙度，则粗糙凸出部分就会暴露在湍流区中，如图 5-4(b)所示。这时流体流过凸出部分，引起旋涡，加剧了湍流流动，这种情况称为粗糙。如介质为气体，称为气动粗糙；如介质为液体，称为水力粗糙。

　　如果是液体在管道中流动，上述两种情况可分别称为水力光滑管和水力粗糙管，简称为光滑管和粗糙管。

由于近壁层流厚度随雷诺数改变，壁面本身的粗糙度并不能完全决定流体做湍流流动时是属于光滑还是粗糙，而必须根据近壁层流的厚度和粗糙度两方面来决定。即同一管道在某一雷诺数下是光滑管，而在另一雷诺数下则可能是粗糙管。

实验结果表明，当 $Re > 10^5$ 时，管道表面的光洁度和管道直径的大小对管轴线处的湍流度影响不大，如一般情况下光滑管内湍流度 $\varepsilon = 4\%$ 左右。但当管道中放入扰流器以后，湍流度会大大增加。

5.2 附 面 层

第 3 章详细讨论了理想流体的绕流问题，它与实际流体的绕流差别很大。图 5-5 分别给出了理想流体和实际流体绕二维机翼流动的流谱。当流体流过物体壁面时，由于壁面和粘性的影响，在紧靠壁面处就出现了沿物面法线方向速度逐渐增大的薄层。我们把速度从零增大到 99%主流速度的这一薄层，称作附面层或边界层。如图 5-5 所示。

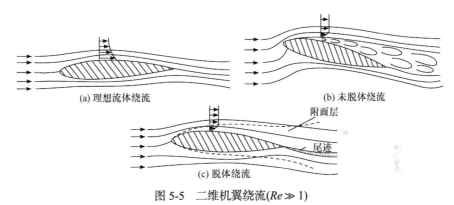

(a) 理想流体绕流

(b) 未脱体绕流

附面层

尾迹

(c) 脱体绕流

图 5-5 二维机翼绕流($Re \gg 1$)

5.2.1 附面层流动特性

(1) 附面层厚度随气流流过物体距离的增大而增大。

由物面沿法向到附面层边界的距离，称为附面层厚度 δ。附面层的厚度是随着流体流经物面的距离而逐渐增大的。这是因为：流体沿物面流动时，紧贴附面层的一层流体要不断受到附面层内流体粘性的影响，逐渐减速变为附面层内的流体，所以流体沿物面流过的路程越长，附面层也就越厚。对一般飞机而言，离机翼前缘 1～2m 处的附面层厚度约为数毫米到数十毫米。

(2) 附面层内压力沿物面法线方向是不变的，且等于法向的主流压力。

实验证明，流体流过物体时，在物面附近只有与物面平行的流动，没有沿法向的流动，见图 5-6，因此物面上 P 点的压力与附面层边界上 Q 点的压力必须相

等，且都等于法向的主流压力，即

$$\frac{\Delta p}{\Delta y} = 0 \tag{5-4}$$

为什么附面层内流速沿物面法线方向是变化的，而压力却是相等的呢？这是因为具有粘性的流体各层间相互摩擦，使一部分动能转化为热能，流体温度升高，所以压力不会由上至下地逐渐增大。

根据附面层产生的原理和特点，可以把流过物体表面的流体分成三个区，见图 5-7。

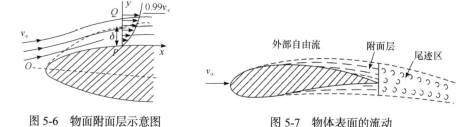

图 5-6　物面附面层示意图　　　　图 5-7　物体表面的流动

(1) 附面层。

这是紧贴物体表面的一层，在该层内有显著的粘性作用。

(2) 尾迹区。

它是由附面层出来的流体所形成的，里面充满了旋涡。该区内流体速度比外部流体速度小。

(3) 外部自由流。

该区域内流体粘性影响很小，可以忽略，流体可作为理想流体来处理。

5.2.2　层流附面层和湍流附面层

附面层内的流动也有层流和湍流之分，但两者之间有明显不同之处：一是湍流附面层厚度大于层流附面层厚度；二是湍流附面层底层的速度梯度比层流附面层底层的速度梯度大，如图 5-8 所示，即

$$\left(\frac{\mathrm{d}v}{\mathrm{d}y}\right)_{t,y=0} > \left(\frac{\mathrm{d}v}{\mathrm{d}y}\right)_{l,y=0}$$

其原因在于：湍流附面层各层间的流体微团沿法向脉动速度较大，故各流层间动量交换剧烈。这一方面使得湍流附面层底层流体微团对上层流体影响范围广，导致附面层增厚。另一方面又使湍流附面层内各流层速度差较层流附面层小，即湍流附面层内速度分布较为饱满，接近底层的流速较层流附面层大，因而湍流附面层底层的速度梯度较层流附面层要大。

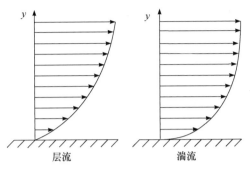

图 5-8　层流与湍流附面层速度的区别

5.2.3　附面层的转捩现象

均匀流体流过平板时，流动情况如图 5-9 所示。在 *OT* 段为层流附面层，*TS* 段为湍流附面层。层流附面层和湍流附面层之间有一过渡区，由于此过渡区很小，通常把它看成一个过渡点 *T*，叫做转捩点。下面分别说明层流附面层为什么会转捩成湍流附面层，以及转捩点 *T* 的位置与哪些因素有关。

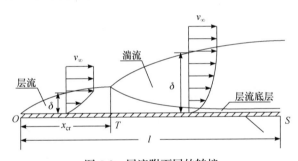

图 5-9　层流附面层的转捩

5.2.3.1　附面层转捩原因

附面层由层流转捩为湍流的内因是层流本身的不稳定性，外因则是物面的扰动作用。

层流本身为什么具有不稳定性呢？如图 5-10 所示，取 *a*、*b*、*c* 流线，如果流线 *b* 受到扰动而变形，则 1-2 之间的 *ab* 流管切面变细，流速增大，压力降低；而 *bc* 流管切面变粗，流速减小，压力升高。流线 *b* 在两侧压力差作用下，不但不能自动恢复到原来位置，而且要加剧变形，同时流线 *a*、*b* 在两侧压力差作用下也要发生变形。可见层流附面层是不稳定的。

物面是怎样对流体进行扰动的呢？经过精心加工的物面，在放大镜下可以看出，物面总是凹凸不平的，如图 5-11 所示。

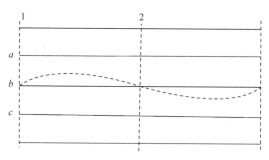

图 5-10　层流的不稳定性

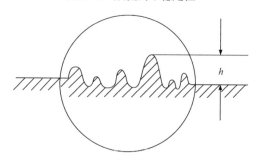

图 5-11　物面的粗糙情况

　　凹凸不平的壁面对附面层内流体有两个作用:一方面它对附面层底层流体有扰动作用,使该层流体出现上下脉动,并通过流体的不稳定性,逐步将扰动传播给相邻的上层流体,使上层流体随之出现上下脉动,随着流体流过物面的路程增长,附面层上层流体不断受到扰动,流体上下脉动也将越来越剧烈,当脉动增大到一定程度时,层流附面层就转捩为湍流附面层;另一方面物面除对流体有扰动作用外,尚对附面层底层流体有限制作用,使该层流体上下脉动不能过大,即使在附面层已转捩为湍流附面层时,该层流动仍然是层流的,将其称为层流底层或粘性底层,层流底层的厚度约为整个附面层厚度的 1%,之外为过渡层和湍流核心区。

5.2.3.2　影响转捩点位置的因素

　　若转捩点的位置为 x_T ,参看图 5-9,对应于该点的雷诺数叫做转捩(或临界)雷诺数 Re_T ,表示为

$$Re_T = \frac{\rho v_\infty x_T}{\mu}$$

当 $Re < Re_T$ 时,附面层为层流;当 $Re > Re_T$ 时,附面层转捩为湍流。

　　由此,可得

$$x_T = \frac{\mu Re_T}{\rho v_\infty} \tag{5-5}$$

因而转捩点的位置就取决于动力粘性系数 μ、密度 ρ、来流速度 v_∞ 及临界雷诺数 Re_T 等因素。

(1) 动力粘性系数 μ。

若 μ 大，说明流体对流动变形的粘性阻滞作用增强，增大了层流的稳定性，因而使转捩点后移；反之，若 μ 小，则使转捩点前移。

(2) 流体速度 v_∞ 与流体密度 ρ。

v_∞ 和 ρ 愈大，则流线变形时所产生的压力差愈大，附面层也就愈容易转捩，因而转捩点前移；反之，v_∞ 和 ρ 减小，则使转捩点后移。

(3) 临界雷诺数 Re_T。

Re_T 大，则转捩点后移；反之，Re_T 小时，则转捩点前移。而 Re_T 的大小又和流体的原始紊乱程度、物面的粗糙度以及逆压梯度的大小有关。

① 流体原始紊乱程度。

流体原始紊乱程度大，则说明流体中脉动剧烈，将促使附面层提前转捩，使 Re_T 减小。

② 物面的粗糙度。

物面愈粗糙，对附面层的扰动也就愈大，也会使附面层提前转捩，因而使 Re_T 减小。

③ 逆压梯度。

当流体流经平板时，好像流过等切面的流管，如图 5-12 所示。根据连续方程和伯努利方程，主流沿平板 x 方向的压力不会发生变化，附面层中沿平板 x 方向的压力也不会变化，压力梯度 $\mathrm{d}p/\mathrm{d}x = 0$。如果流体流过一个曲面，如图 5-13 所示，在凸顶点 S 前半部流管截面积愈来愈小，则压力沿 x 方向也将愈来愈小，即

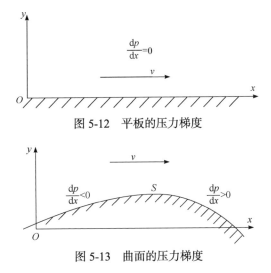

图 5-12　平板的压力梯度

图 5-13　曲面的压力梯度

$\mathrm{d}p/\mathrm{d}x < 0$。凸顶点 S 是流管最窄处，也是最小压力点。过了 S 点以后流管面积逐渐扩大，压力沿 x 方向也愈来愈大，因而 $\mathrm{d}p/\mathrm{d}x > 0$。$\mathrm{d}p/\mathrm{d}x < 0$ 表明流体是由高压区流向低压区，故称其为顺压梯度，而 $\mathrm{d}p/\mathrm{d}x > 0$ 表明流体是由低压流向高压区，故称其为逆压梯度。

在逆压梯度作用下，流体顶着越来越高的压力前进，相当于流体受到扰动，因而加速了附面层转捩，使 Re_T 减小。

平板附面层中的流动同样存在着转捩问题。平板附面层的转捩雷诺数约为

$$Re_T = \left(\frac{v_\infty x}{\nu}\right)_T = 3.5\times10^5 \sim 3.5\times10^6$$

如果来流湍流度甚小，平板 Re_T 有时可达到 4×10^6。

5.2.4　附面层的分离现象

所谓附面层分离是指附面层内流体发生倒流而脱离物体表面，并形成大量旋涡的现象，如图 5-14 所示。附面层分离的内因是流体的粘性，外因则是沿曲面流动而出现的逆压梯度。

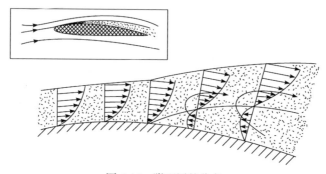

图 5-14　附面层的分离

例如流体绕圆柱体的流动，如图 5-15 所示，在圆柱体 CA 弧部分，$\mathrm{d}p/\mathrm{d}x < 0$，为顺压梯度；而在 AB 弧部分，$\mathrm{d}p/\mathrm{d}x > 0$，则为逆压梯度。

在顺压梯度段，附面层的粘性作用，虽要使流体减速，但顺压的作用却使附面层内流体加速，总的来说，附面层内流体还是加速流动的。

在逆压梯度段，附面层的粘性和逆压双重作用都使流体减速，因此附面层底层速度迅速减小，以致在点 S 达到 $(\mathrm{d}v/\mathrm{d}x)_{y=0} = 0$。在 S 点以后，附面层底层的流体在逆压的继续作用下向前倒流，倒流而上的流体与顺流而下的流体在 S 点相遇，使附面层拱起而脱离物面，并被主流卷走，形成大量旋涡，于是形成了流体附面层分离。通常称附面层流体开始离体的 S 点为分离点。

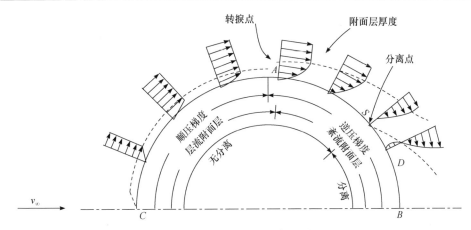

图 5-15　圆柱表面的附面层

　　分离点的位置主要取决于附面层的逆压梯度 $\mathrm{d}p/\mathrm{d}x$ 和附面层的类型。$\mathrm{d}p/\mathrm{d}x$ 增大，会使附面层提前分离，即分离点 S 前移，反之会使 S 点后移。湍流和层流相比，湍流附面层下部流体的速度较大，流体比较不容易分离，因而分离点 S 后移。

　　无论是机翼的表面或是发动机的进气道、压缩机叶片通道以及其他扩压通道内均可能发生附面层的分离，这个分离对于飞机会影响飞机的升力系数；对发动机则影响部件的气动性能，严重时甚至引起发动机故障。

　　为了防止附面层分离，人们采取了一些措施，例如：在扩压器中，既有粘性作用，又有逆压梯度作用，气流容易分离，一般是使扩压器的扩张角 θ 不超过 $6°\sim8°$，用以限制逆压梯度。还有在机翼上或超声速进气道中，采用附面层控制装置(即采用吹除或吸附附面层的方法)来增大附面层气流的动能，使附面层分离现象延缓以至避免分离。

5.3　附面层对流动的影响

　　为进一步研究粘性流体力学问题，必须了解附面层对流体流动的影响。本节将分别讨论附面层对通道尺寸的影响，以及流体作用于物体的摩擦阻力和压差阻力等问题。

5.3.1　通道尺寸

　　在流过管道的流量一定的条件下，考虑粘性和不考虑粘性对流体的影响时，其所需要的截面积是不同的。这是因为考虑粘性影响，通道截面上存在附面层，而附面层内速度低于中心流速度，因此如果按理想流体计算流量，必须把通道尺寸加以修正。

如图 5-16 所示,假设壁面上附面层的厚度为 δ ,在附面层内流过 $\delta \times 1$ (垂直于图面尺寸为 1)这个截面的理想流量(即不考虑粘性影响时的流量)应该是

$$\int_0^\delta \rho v_\infty \mathrm{d}y = \rho v_\infty \delta$$

式中: v_∞ 、 ρ 分别是附面层外气流的位流速度和密度。

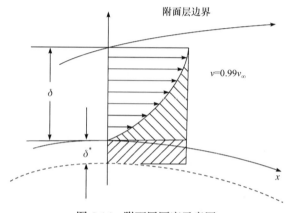

图 5-16 附面层厚度示意图

附面层内的流速 v 沿 y 方向是有变化的,故经过 $\delta \times 1$ 这个截面的实际流量是

$$\int_0^\delta \rho v \mathrm{d}y$$

这样,理想流量和实际流量之差等于

$$\rho \int_0^\delta (v_\infty - v) \mathrm{d}y$$

由此可见,由于附面层内流速减小,要想流过预计的流量,必须把壁面下移。

如果把壁面下移 δ^* 距离,而通过截面 $\delta^* \times 1$ 的流量(按理想无粘流的速度计算,在图 5-16 中用小长方形阴影面积表示其容积流量大小)刚好弥补了上述附面层内理想流量和实际流量之差(在图 5-16 中用小三角形阴影面积表示其容积流量大小),则小三角形和小长方形两块阴影面积相等,即

$$\delta^* \rho v_\infty = \rho \int_0^\delta (v_\infty - v) \mathrm{d}y$$

$$\delta^* = \int_0^\delta \left(1 - \frac{v}{v_\infty}\right) \mathrm{d}y \tag{5-6}$$

由于附面层外 $v/v_\infty \approx 1$,所以 $\int_\delta^\infty (1 - v/v_\infty) \mathrm{d}y \approx 0$,因此上式又可写为

$$\delta^* = \int_0^\infty \left(1 - \frac{v}{v_\infty}\right) \mathrm{d}y \tag{5-7}$$

δ^* 叫做附面层的位移厚度。工程上若给定了管内流体参数的分布，如速度与流量，需要设计管形时，则可先用无粘流理论，求出管壁形状，然后计算附面层厚度，并用式(5-6)求出壁面各点的位移厚度 δ^*，把管壁各点都相应地外移一个 δ^*，就得到实际所需的管形；若给定了管形和几何尺寸，需要确定管道内的流体参数，则可先按照给定管形，用无粘理论计算流体参数，然后计算附面层厚度，求出壁面上各点的位移厚度 δ^*，将壁面内移一个 δ^*，得出实际有效的通道截面。在这种情况下，若管道半径为 R，由图 5-17 看出，实际有效的通道截面积 A_{eff} 为

$$A_{\mathrm{eff}} = \pi(R - \delta^*)^2$$

只有按照 A_{eff} 的大小，再用无粘流理论计算流体流量参数才符合实际情况。所以，要计算有效通道截面积，必须首先确定附面层的位移厚度。

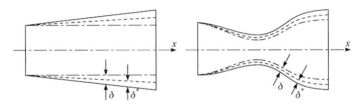

图 5-17　位移厚度使流体通道截面积减小的示意图

如果知道了附面层内的速度分布规律，位移厚度可由式(5-3)计算。例如，已知在湍流附面层内，速度分布规律为

$$\frac{v}{v_\infty} = \left(\frac{y}{\delta}\right)^{\frac{1}{7}}$$

代入式(5-6)，可得

$$\delta^* = \int_0^\delta \left(1 - \frac{v}{v_\infty}\right)\mathrm{d}y = \int_0^\delta \left[1 - \left(\frac{y}{\delta}\right)^{\frac{1}{7}}\right]\mathrm{d}y = \int_0^\delta \mathrm{d}y - \int_0^\delta \left(\frac{y}{\delta}\right)^{\frac{1}{7}}\mathrm{d}y$$

$$= \delta - \delta\int_0^\delta \left(\frac{y}{\delta}\right)^{\frac{1}{7}}\mathrm{d}\frac{y}{\delta} = \delta - \frac{7}{8}\delta = \frac{1}{8}\delta$$

上式说明位移厚度是与附面层厚度成正比的。

对于层流附面层，可由式(5-3)算出附面层厚度，从而可求出附面层位移厚度。

在计算中，有时为了方便，可不必具体计算 δ^*，而是按照无粘流参数算出通道尺寸后，根据经验数据适当予以放大。如超声速进气道中，附面层的存在会使

喉部有效面积减小，而且飞行 Ma 越高的飞行器，喉部附面层所占喉部面积的比例也越大。为了考虑这一影响，对于 Ma 小于 2 的进气道，常要将按理想流计算得到的喉部面积放大 2%。

5.3.2　摩擦阻力

当粘性流体绕流物体时，物体总要受到压力和切向应力的作用。在沿物体横截面的流动平面中，这些力的合力可分解为两个分力：与来流方向一致的作用力 F_D 和与来流方向垂直的升力 F_L。由于 F_D 与物体运动方向相反，起着阻碍物体运动的作用，称为阻力。阻力是由流体绕物体流动所引起的切向应力和压力差造成的，故阻力又可分为摩擦阻力和压差阻力两种。

摩擦阻力是由粘性流体对物体表面作用的切向应力产生的，所以摩擦阻力是指作用在物体表面的切向应力在来流方向上的投影之和

$$F_D = \iint\limits_{A} (\tau_{yx})_b \sin\alpha \mathrm{d}A$$

式中：A 为流体流过的物面面积，$(\tau_{yx})_b$ 为作用在物面上的切应力，α 为物面法线方向与来流方向的夹角。

飞机在飞行时，气流流经机翼、尾翼等舵面时，由于粘性引起的摩擦阻力对飞机性能有直接影响。而飞机机翼、尾翼等舵面摩擦阻力的大小，通常是在估算平板摩擦阻力的基础上，加以适当的修正而计算的。本节以低速平板流动为基础，研究平板摩擦阻力的产生、估算方法及维护质量对摩擦阻力的影响。

5.3.2.1　平板摩擦阻力的产生及计算

如图 5-18 所示，流体流过平板时，附面层内紧贴平板表面的流体，就像粘着平板表面一样，其速度恒等于零，此层流体记为 A 层流体。

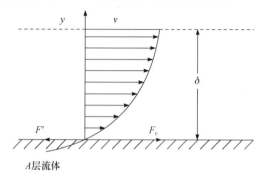

图 5-18　摩擦阻力的产生

作用于 A 层流体上的力有：上层邻近流体的粘性力 F_v；平板表面的作用力

F'。由于 A 层流体不动，所以 $F_v = F'$。根据牛顿第三定律可知，A 层流体对平板必有反作用力，这个反作用力就是作用于平板的摩擦阻力 F_f，而且有

$$F_f = F' = F_v$$

摩擦阻力的表达式推导如下：

设平板宽度为 1，长度为 l，微元面积为 $\mathrm{d}x \cdot 1$，则微元面积上的力 $\mathrm{d}F_f$ 可写成

$$\mathrm{d}F_f = \mathrm{d}F_v = \tau_0 \mathrm{d}x \cdot 1 = \mu \left(\frac{\mathrm{d}v}{\mathrm{d}y} \right)_{y=0} \mathrm{d}x$$

整个平板单面的摩擦阻力 F_f 为

$$F_f = \int_0^l \mathrm{d}F_f = \int_0^l \tau_0 \mathrm{d}x = \mu \int_0^l \left(\frac{\mathrm{d}v}{\mathrm{d}y} \right)_{y=0} \mathrm{d}x \tag{5-8}$$

式(5-8)即为宽度为 1 的平板的摩擦阻力表达式。由表达式可以看出，要计算平板摩擦阻力的大小，关键在于确定被积函数 $(\mathrm{d}v/\mathrm{d}y)_{y=0}$，而 $(\mathrm{d}v/\mathrm{d}y)_{y=0}$ 与附面层的类型有关。因此下面分别研究层流、湍流、混合附面层摩擦阻力的具体表达式。

5.3.2.2　层流附面层的平板摩擦阻力

如果平板表面全部是层流附面层，为计算其摩擦阻力，首先应了解层流层的速度分布和厚度分布规律，从而求得层流附面层底层的速度梯度。

理论和实验证明：层流附面层内的速度分布接近于抛物线分布，可写为

$$v = 2v_\infty \left(\frac{y}{\delta} - \frac{y^2}{2\delta^2} \right)$$

式中：y 为层流附面层内某一点的纵坐标；v 表示层流附面层内某一点的速度；v_∞ 表示附面层边界处的速度(对于平板即是来流速度)；δ 表示附面层厚度。

将 v 对 y 求导，则可得层流附面层的速度梯度为

$$\frac{\mathrm{d}v}{\mathrm{d}y} = 2v_\infty \left(\frac{1}{\delta} - \frac{y}{\delta^2} \right)$$

令 $y = 0$，可求得层流附面层底层的速度梯度为

$$\left(\frac{\mathrm{d}v}{\mathrm{d}y} \right)_{y=0} = \frac{2v_\infty}{\delta} \tag{5-9}$$

由理论分析得层流附面层厚度 δ 的分布规律为

$$\delta = 5.83 \sqrt{\frac{\mu x}{\rho v_\infty}}$$

将上式代入式(5-9)，可得

$$\left(\frac{\mathrm{d}v}{\mathrm{d}y}\right)_{y=0} = 0.343\sqrt{\frac{\rho v_\infty^3}{\mu x}}$$

所以层流附面层的摩擦应力 τ_0 为

$$\tau_0 = \mu\left(\frac{\mathrm{d}v}{\mathrm{d}y}\right)_{y=0} = 0.343\sqrt{\frac{\mu\rho v_\infty^3}{x}}$$

上式表示摩擦应力 τ_0 在平板前部最大，并随 x 的增大而减小。

把 τ_0 的数值代入式(5-8)即可求得平板单面的摩擦阻力

$$
\begin{aligned}
F_f &= \int_0^l \tau_0 \mathrm{d}x = 0.343\int_0^l \sqrt{\frac{\mu\rho v_\infty^3}{x}}\mathrm{d}x \\
&= 0.343\sqrt{\mu\rho v_\infty^3}\int_0^l x^{-\frac{1}{2}}\mathrm{d}x \\
&= 0.343\sqrt{\mu\rho v_\infty^3}\left(2x^{\frac{1}{2}}\right)\bigg|_0^l \\
&= 0.686\sqrt{\mu\rho v_\infty^3 l} \\
&= 0.686 v_\infty^{\frac{3}{2}}\sqrt{\mu\rho l}
\end{aligned}
$$

通常，将平板摩擦阻力写为摩擦阻力系数的表达式，即

$$F_f = C_{l.f}\frac{1}{2}\rho v_\infty^2 S = C_{l.f}\frac{1}{2}\rho v_\infty^2 \times l \times 1$$

所以平板单面的摩擦阻力系数为

$$
\begin{aligned}
C_{l.f} &= \frac{F_f}{\frac{1}{2}\rho v_\infty^2 l \times 1} = \frac{0.686 v_\infty^{\frac{3}{2}}\sqrt{\mu\rho l}}{\frac{1}{2}\rho v_\infty^2 l} \\
&= 1.372\sqrt{\frac{\mu}{\rho v_\infty l}} \\
&= 1.372\sqrt{\frac{1}{Re}}
\end{aligned}
$$

而平板单面摩擦阻力系数的实验结果为

$$C_{l.f} = 1.33\sqrt{\frac{1}{Re}} \tag{5-10}$$

由此可见，理论分析与实验结果基本相符。

如果计算平板双面的摩擦阻力系数，只需将上述的 C_f 乘以 2 即可。

5.3.2.3　湍流附面层的平板摩擦阻力

湍流附面层的平板摩擦阻力计算的思路与层流附面层的平板摩擦阻力计算相似，但是由于湍流附面层中流动情况比较复杂，有些公式是借助于实验或经验得到的。

湍流附面层内的速度分布是借用圆管中的湍流流动的速度分布规律来表示的，即

$$v = v_\infty \left(\frac{y}{\delta} \right)^{\frac{1}{7}} \tag{5-11}$$

实验证明，对于光滑平板，这个规律在雷诺数小于 10^7 时是符合实际情况的。

应该说明，式(5-11)并不描述湍流附面层中层流底层的速度分布情况，因而不能直接把它用于粘性力的计算公式来求光滑平板的摩擦应力。

由理论分析可得平板湍流附面层厚度分布规律为

$$\delta = 0.37 \left(\frac{\mu}{\rho v_\infty x} \right)^{\frac{1}{5}} x \tag{5-12}$$

此时摩擦应力为

$$\tau_0 = 0.0578 \frac{\rho v_\infty^2}{2} \left(\frac{\mu}{\rho v_\infty x} \right)^{\frac{1}{5}}$$

与层流类似，平板一个表面所受的摩擦阻力是

$$F_{t.f} = \int_0^l \tau_0 \mathrm{d}x = \frac{\rho v_\infty^2}{2} \int_0^l 0.0578 \left(\frac{\mu}{\rho v_\infty x} \right)^{\frac{1}{5}} \mathrm{d}x$$

$$= \frac{\rho v_\infty^2}{2} \times l \times 0.0578 \times \frac{5}{4} \left(\frac{\mu}{\rho v_\infty l} \right)^{\frac{1}{5}}$$

故湍流附面层的单面平板摩擦阻力系数为

$$C_{t.f} = \frac{F_{t.f}}{\frac{1}{2} \rho v_\infty^2 l} = 0.072 (Re)^{-\frac{1}{5}} \tag{5-13}$$

由实验测量所得 $C_{t.f}$ 的系数值是 0.074。可见上述计算结果是比较精确的。

需要指出的是，在 $Re \geqslant 10^7$ 后，应改用下列公式

$$C_{t.f} = \frac{0.455}{(\lg Re)^{2.58}} \tag{5-14}$$

层流附面层及湍流附面层的平板单面摩擦阻力系数与 Re 的关系可见图 5-19，可以看出，同一 Re 下，$C_{t.f}$ 比 $C_{l.f}$ 要大得多。

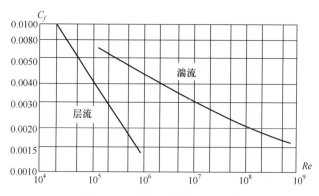

图 5-19　平板的摩擦阻力系数

例 5-2　飞机以 150 m/s 的速度在 10000m 的高空飞行，假定将机翼看成沿飞行方向长 2m、宽 1.5m 的一块平板，机翼表面全部为湍流光滑壁附面层。试求机翼尾缘处的附面层厚度，离机翼表面 1cm 高度处的速度，以及机翼的摩擦阻力。

解　10000m 处，空气的密度及运动粘性系数分别为

$$\rho = 0.41283 \text{kg/m}^3 \, , \quad \nu = 3.5219 \times 10^{-5} \text{m}^2/\text{s}$$

所以，尾缘处的雷诺数为

$$Re_L = \frac{v_\infty L}{\nu} = \frac{150 \times 2}{3.5219 \times 10^{-5}} \approx 8.52 \times 10^6$$

尾缘处附面层厚度为

$$\delta = 0.37 L (Re_L)^{-\frac{1}{5}} = \frac{0.37 \times 2}{(8.52 \times 10^6)^{1/5}} = \frac{0.74}{24.33} \approx 3.04 (\text{cm})$$

尾缘处 1cm 高度处的速度为

$$v = v_\infty \left(\frac{y}{\delta}\right)^{1/7} = 150 \times \left(\frac{1}{3.04}\right)^{1/7} = 150 \times 0.8531 \approx 127.97 (\text{m/s})$$

机翼摩擦阻力系数

$$C_f = \frac{0.072}{(Re_L)^{1/5}} = \frac{0.072}{(8.52 \times 10^6)^{1/5}} = \frac{0.072}{24.33} \approx 0.00296$$

所以，机翼摩擦阻力为

$$F_f = 2C_f \frac{1}{2}\rho v_\infty^2 bL = 2 \times 0.00296 \times \frac{1}{2} \times 0.41283 \times 150^2 \times 2 \times 1.5 \approx 82.48(\text{N})$$

5.3.2.4　混合附面层的平板摩擦阻力系数

在实际流动中，通常平板上的附面层前部为层流附面层，后部为湍流附面层，在层流附面层与湍流附面层之间有一个过渡区。为了计算方便，在大雷诺数下可将层流附面层与湍流附面层的过渡看成是在某一截面上突然发生转捩的。计算这种混合附面层的平板摩擦阻力可用下列方法进行，其计算结果和实验结果相当吻合。

设平板宽度为 1，长度为 l，流体的 ρ、v_∞、μ 以及转捩点位置 x_T 均为已知，如图 5-20 所示。此平板的摩擦阻力可视为前段 OT 的层流摩擦阻力与后段 TS 的湍流摩擦阻力之和。层流段摩擦阻力计算方法已如前述，如何计算这种湍流的摩擦阻力呢？因为这时平板上的附面层并非全部是湍流，不能直接引用前面计算湍流附面层的平板摩擦阻力方法。为此，采用如下两个假设：

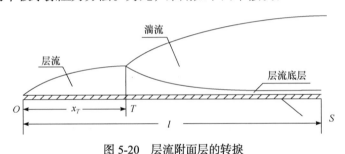

图 5-20　层流附面层的转捩

(1) 在 T 点由层流附面层突然转捩为湍流附面层；

(2) 在计算湍流附面层的厚度变化、层内速度和切向应力的分布时都认为是从前缘点 O 开始的。

于是，只要用整个平板(长为 l)的湍流摩擦阻力减去 T 点以前这一段平板(长度为 x_T)的湍流摩擦阻力，就可以求出平板后段的湍流摩擦阻力，所以混合附面层的平板摩擦阻力可写为

$$F_f = (F_{OT})_l + (F_{OS})_t - (F_{OT})_t$$

用系数表达，可写为

$$F_f = (C_{fOT})_l \times \frac{1}{2}\rho v_\infty^2 \times x_T \times 1 + (C_{fOS})_t \times \frac{1}{2}\rho v_\infty^2 \times l \times 1 - (C_{fOT})_t \times \frac{1}{2}\rho v_\infty^2 \times x_T \times 1$$

其摩擦阻力系数为

$$C_f = \frac{F_f}{\frac{1}{2}\rho v_\infty^2 l \times 1} = (C_{fOT})_l \frac{x_T}{l} + (C_{fOS})_t - (C_{fOT})_t \frac{x_T}{l} \tag{5-15}$$

这样，在平板雷诺数 Re、临界雷诺数 Re_T 已知后，就可按照 $Re<10^7$ 或 $Re \geqslant 10^7$ 的不同情况分别计算具有混合附面层的平板摩擦阻力系数。

例 5-3 设 $Re=10^8$，$x_T/l = 0.1$，求 C_f。

解 首先确定转捩点前后的雷诺数，然后分别计算转捩点前后的摩擦阻力系数。因为

$$Re_T = Re \times \frac{x_T}{l} = 10^8 \times 0.1 = 10^7$$

所以转捩点前按 $Re<10^7$ 计算，转捩点后按 $Re \geqslant 10^7$ 计算。

$$(C_{fOT})_l = \frac{1.33}{\sqrt{Re_T}} = \frac{1.33}{\sqrt{10^7}} = \frac{1.33}{3162} \approx 0.00042$$

$$(C_{fOS})_t = \frac{0.455}{(\lg Re)^{2.58}} = \frac{0.455}{(\lg 10^8)^{2.58}} = \frac{0.455}{213.78} \approx 0.00213$$

$$(C_{fOT})_t = \frac{0.455}{(\lg 10^7)^{2.58}} = \frac{0.455}{151.48} \approx 0.00300$$

代入式(5-15)得

$$C_f = 0.00042 \times 0.1 + 0.00213 - 0.00300 \times 0.1 \approx 0.00187$$

例 5-4 一平板宽 $b=2\text{m}$，长 $l=5\text{m}$，在空气中运动的速度为 $2.42\,\text{m/s}$，若空气密度为 $\rho = 1.226\text{kg/m}^3$，运动粘性系数 $\nu = 1.45 \times 10^{-5}\,\text{m}^2/\text{s}$。试分别计算沿宽度方向和沿长度方向运动时的摩擦阻力(取 $Re_T = 5 \times 10^5$)。

解 根据临界雷诺数可以得到转捩点的位置为

$$x_T = \frac{Re_{\text{cr}}\nu}{v_\infty} = \frac{5 \times 10^5 \times 1.45 \times 10^{-5}}{2.42} \approx 3\text{(m)}$$

可见，沿宽度方向运动时为层流附面层，沿长度方向运动时为混合附面层。

(1) 沿宽度方向：

$$Re = \frac{v_\infty b}{\nu} = \frac{2.42 \times 2}{1.45 \times 10^{-5}} \approx 3.34 \times 10^5$$

$$C_f = \frac{1.33}{\sqrt{Re}} = \frac{1.33}{\sqrt{3.34 \times 10^5}} \approx 0.0023$$

沿宽度方向平板的摩擦阻力为

$$F_f = 2 \cdot C_f \frac{1}{2} \rho v_\infty^2 bl = 2 \times 0.0023 \times \frac{1}{2} \times 1.226 \times 2.42^2 \times 2 \times 5 \approx 0.165(\text{N})$$

(2) 沿长度方向：

$$x_T / l = 3/5 = 0.6$$

$$Re = \frac{v_\infty l}{\nu} = \frac{2.42 \times 5}{1.45 \times 10^{-5}} \approx 8.35 \times 10^5$$

$$(C_{fOT})_l = \frac{1.33}{\sqrt{Re_T}} = \frac{1.33}{\sqrt{5 \times 10^5}} \approx 0.0019$$

$$(C_{fOS})_t = \frac{0.072}{(Re)^{1/5}} = \frac{0.072}{(8.35 \times 10^5)^{1/5}} \approx 0.0047$$

$$(C_{fOT})_t = \frac{0.072}{(Re_T)^{1/5}} = \frac{0.072}{(5 \times 10^5)^{1/5}} \approx 0.0052$$

$$C_f = 0.0019 \times \frac{3}{5} + 0.0047 - 0.0052 \times \frac{3}{5} = 0.00272$$

沿长度方向平板的摩擦阻力为

$$F_f = 2 \cdot C_f \frac{1}{2} \rho v_\infty^2 bl$$

$$= 2 \times 0.00272 \times \frac{1}{2} \times 1.226 \times 2.42^2 \times 2 \times 5 \approx 0.1953(\text{N})$$

5.3.2.5 维护质量对摩擦阻力的影响

近代飞机蒙皮的绝对粗糙度 Δ 约为 0.0025mm，如板长为 l，则相对粗糙度为 Δ/l。如果维护质量好，则平板处于气动光滑区域，湍流的摩擦阻力系数仍为

$$C_{t.f} = 0.072 \left(\frac{\mu}{\rho v_\infty l} \right)^{\frac{1}{5}} \quad (Re < 10^7)$$

或

$$C_{t.f} = \frac{0.455}{(\lg Re)^{2.58}} \quad (Re \geqslant 10^7)$$

如果平板处于气动粗糙区，则摩擦阻力系数 C_f 随着相对粗糙度 Δ/l 的增加会逐渐增大。当 Δ/l 增大到粗糙颗粒完全暴露在湍流附面层中，便会形成与 Re 无关的摩擦阻力。此时，C_f 与 Re 无关，而仅与 Δ/l 有关，此时平板叫做气动力全粗糙，其摩擦阻力系数 C_f 可用下面经验公式来计算

$$C_{r.t.f} = \left(1.89 + 1.62 \lg \frac{\Delta}{l}\right)^{-2.5} \tag{5-16}$$

式中：Δ/l 称为粗糙度系数。

5.3.3　压差阻力

当理想流体流过圆柱体时，圆柱体表面上的压力分布是与 x 轴和 y 轴对称的，见图 5-21，因此圆柱体在 x 轴方向的合力为零。

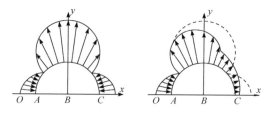

图 5-21　压差阻力的产生

当粘性流体流过圆柱体时，在圆柱体后面将产生附面层分离。在分离区内，流体质点迅速转动，在内摩擦力作用下，流体机械能迅速转变成热能，压力显著降低，使整个分离区压力几乎接近于分离点的压力，破坏了圆柱体前后压力的对称分布，使圆柱体在 x 轴方向的合力不为零。其合力方向与来流方向一致，成为阻碍物体的阻力，称为压差阻力。由于压差阻力与物体形状密切相关，故压差阻力又称作物形阻力。显然，压差阻力是物面压力对物体的合力在来流方向的分量，故可表示为

$$F_p = \iint\limits_A (p)_b \cos\alpha \mathrm{d}A$$

式中：A 为流体流过的物面面积，$(p)_b$ 为物面压力，α 为物面法线方向与来流方向的夹角。

压差阻力的大小一般由实验得出。实验结果表明，附面层的分离区越大，压差阻力也越大；反之，压差阻力越小。要减小压差阻力，就要减小流体分离区，使附面层分离点后移。对层流附面层而言，分离点往往发生在物体最大截面点附近，从而在物面后形成较宽的尾涡区，形成很大的压差阻力。而湍流附面层由于流体微团的相互掺混，发生强烈的动量交换，可使分离点后移，尾涡区变窄。所以，减小物面的逆压梯度或使物面产生湍流附面层，均可减小压差阻力。通常为减小物面的逆压梯度，将飞机的机身、机翼、挂弹架等都做成流线型。

5.4　二维不可压条件下平面附面层微分方程

对于第 2 章讨论的粘性流体动力学方程,由于它是非线性的二阶偏微分方程,尤其是在湍流情况下,方程组还存在不封闭的问题,因此在一般情况下很难求得它的解析解,只有在极少数情况下才能求得其特解(据有人统计 N-S 方程至今只有 80 多个特解)。但在 $Re \gg 1$ 的高雷诺数流动中,由于流体的惯性力远远大于作用在流体上的粘性力,与惯性力相比,粘性力可以忽略不计,于是粘性流体流动问题便可当作理想流体来处理,通过位流理论便可求得流场的速度分布与压力分布,使问题求解方法大为简化,但附面层内速度梯度大,粘性力与惯性力相比成为同一数量级,使得由理想流体理论所得到的速度场在附面层内与实际情况相差甚远,也就是说,理想流体方程对附面层内流动是不适用的。因此有必要将附面层内的流动问题与主流区的流动问题区分开来进行考虑。

根据附面层厚度与壁面长度相比是一小量这一特点,可对附面层内的 N-S 方程进行简化,达到方便求解的目的。这种在附面层内外采用不同方程与理论求解粘性流体流动问题的方法,正是普朗特附面层理论为粘性流体力学所带来的划时代进步。

近年来,随着计算机技术的提高,计算机内存及计算速度已不再是人们在计算中所必须考虑的首要问题。通过在全场上对 N-S 方程的数值求解,便可一次性得到全场上的速度、压力以及其他所关心的物理量的分布,但利用普朗特附面层理论求解粘性流体流动问题的方法仍具有重要的理论意义。

本节以二维不可压流动问题为例,建立二维不可压平面附面层微分方程。

5.4.1　二维不可压流动的 N-S 方程

以平面前缘为原点,取 x 轴沿平面指向下游,y 轴与壁面垂直。忽略质量力,则由式(2-52)及式(2-72)表示的二维不可压流的 N-S 方程为

$$\left.\begin{array}{l} \dfrac{\partial v_x}{\partial x} + \dfrac{\partial v_y}{\partial y} = 0 \\[3mm] \dfrac{\partial v_x}{\partial t} + v_x \dfrac{\partial v_x}{\partial x} + v_y \dfrac{\partial v_x}{\partial y} = -\dfrac{1}{\rho}\dfrac{\partial p}{\partial x} + \nu\left(\dfrac{\partial^2 v_x}{\partial x^2} + \dfrac{\partial^2 v_x}{\partial y^2}\right) \\[3mm] \dfrac{\partial v_y}{\partial t} + v_x \dfrac{\partial v_y}{\partial x} + v_y \dfrac{\partial v_y}{\partial y} = -\dfrac{1}{\rho}\dfrac{\partial p}{\partial y} + \nu\left(\dfrac{\partial^2 v_y}{\partial x^2} + \dfrac{\partial^2 v_y}{\partial y^2}\right) \end{array}\right\} \tag{5-17}$$

5.4.2　坐标与方程的特征变换

在附面层中，分别取特征变换

$$x^* = \frac{x}{L}, \quad y^* = \frac{y}{L/\sqrt{Re}}, \quad t^* = \frac{t}{L/v_\infty}$$

$$v_x^* = \frac{v_x}{v_\infty}, \quad v_y^* = \frac{v_y}{v_\infty/\sqrt{Re}}, \quad p^* = \frac{p}{\rho v_\infty^2}$$

式中：L 为壁面长度，v_∞ 为来流速度，$Re = \dfrac{v_\infty L}{\nu}$。

将上述变换代入方程组(5-17)，整理后得

$$\left.\begin{aligned}
&\frac{\partial v_x^*}{\partial x^*} + \frac{\partial v_y^*}{\partial y^*} = 0 \\[2mm]
&\frac{\partial v_x^*}{\partial t^*} + v_x^*\frac{\partial v_x^*}{\partial x^*} + v_y^*\frac{\partial v_x^*}{\partial y^*} = -\frac{\partial p^*}{\partial x^*} + \frac{1}{Re}\frac{\partial^2 v_x^*}{\partial x^{*2}} + \frac{\partial^2 v_x^*}{\partial y^{*2}} \\[2mm]
&\frac{1}{Re}\left(\frac{\partial v_y^*}{\partial t^*} + v_x^*\frac{\partial v_y^*}{\partial x^*} + v_y^*\frac{\partial v_y^*}{\partial y^*}\right) = -\frac{\partial p^*}{\partial y^*} + \frac{1}{Re^2}\frac{\partial^2 v_y^*}{\partial x^{*2}} + \frac{1}{Re}\frac{\partial^2 v_y^*}{\partial y^{*2}}
\end{aligned}\right\} \tag{5-18}$$

5.4.3　二维平面附面层的 N-S 方程

显然，对于附面层内而言，仍然有 $Re \gg 1$，因此，$1/Re \ll 1$，$1/Re^2 \ll 1$。忽略掉方程组(5-18)中带有系数 $1/Re$、$1/Re^2$ 的项，即可得到沿平面的不可压缩流体平面层流附面层的基本方程

$$\left.\begin{aligned}
&\frac{\partial v_x^*}{\partial x^*} + \frac{\partial v_y^*}{\partial y^*} = 0 \\[2mm]
&\frac{\partial v_x^*}{\partial t^*} + v_x^*\frac{\partial v_x^*}{\partial x^*} + v_y^*\frac{\partial v_x^*}{\partial y^*} = -\frac{\partial p^*}{\partial x^*} + \frac{\partial^2 v_x^*}{\partial y^{*2}} \\[2mm]
&\frac{\partial p^*}{\partial y^*} = 0
\end{aligned}\right\} \tag{5-19}$$

还原为量纲形式，即

$$\left.\begin{aligned}
&\frac{\partial v_x}{\partial x} + \frac{\partial v_y}{\partial y} = 0 \\[2mm]
&\frac{\partial v_x}{\partial t} + v_x\frac{\partial v_x}{\partial x} + v_y\frac{\partial v_x}{\partial y} = -\frac{1}{\rho}\frac{\partial p}{\partial x} + \nu\frac{\partial^2 v_x}{\partial y^2} \\[2mm]
&\frac{\partial p}{\partial y} = 0
\end{aligned}\right\} \tag{5-20}$$

上述对附面层动量方程的推导是由普朗特(Prandtl)于 1904 年首先提出的，故亦称其为普朗特附面层微分方程。

在定常流动中，由 $\partial p/\partial y = 0$ 可知压力 p 只是 x 的函数，故附面层方程又可写成

$$\left.\begin{array}{l} \dfrac{\partial v_x}{\partial x} + \dfrac{\partial v_y}{\partial y} = 0 \\[3mm] \dfrac{\partial v_x}{\partial t} + v_x\dfrac{\partial v_x}{\partial x} + v_y\dfrac{\partial v_x}{\partial y} = -\dfrac{1}{\rho}\dfrac{\mathrm{d}p}{\mathrm{d}x} + \nu\dfrac{\partial^2 v_x}{\partial y^2} \end{array}\right\} \tag{5-21}$$

5.4.4　定常层流附面层问题的求解

假设这里讨论的是定常平面层流附面层，利用第 4 章介绍的位流理论与上述二维平面附面层方程，并结合具体的边界条件，便可实现对流动问题的理论分析与数值求解。

5.4.4.1　主流区位流场求解

这时略去附面层与尾迹，首先求解理想流体对物体的绕流问题，即通过对位函数方程

$$\frac{\partial^2 \Phi}{\partial x^2} + \frac{\partial^2 \Phi}{\partial y^2} = 0$$

及边界条件

$$v_{x\infty} = \frac{\partial \Phi}{\partial x} = v_\infty , \quad v_{y\infty} = \frac{\partial \Phi}{\partial y} = 0$$

的求解，便可知主流区的速度分布。

假设物体表面的速度分布为 $u(x)$，即有

$$y = \delta , \quad v = v_\delta = v(x)$$

则沿附面层外边界，伯努利方程

$$p + \frac{1}{2}\rho v_\delta^2 = \text{const}$$

成立，由此可得

$$\frac{\mathrm{d}p}{\mathrm{d}x} = -\rho v_\delta \frac{\mathrm{d}v_\delta}{\mathrm{d}x}$$

这样，附面层内的压力分布通过位流解得到了，即 $\mathrm{d}p/\mathrm{d}x$ 是一个已知函数。

5.4.4.2　求解附面层的粘性流动

由于 $\mathrm{d}p/\mathrm{d}x$ 是已知函数，故方程(5-21)中只有两个未知函数 v_x 和 v_y。只要引入

边界条件

$$y = 0: \quad v_x = 0, \; v_y = 0 \atop y = \infty: \quad v_x = v_\delta \right\}$$

(5-22)

便可在附面层内对粘性流动问题进行求解。

5.5　湍流流动的控制方程

对于流体流动问题，当 Re 较小时，即当流态为层流时，无论流动边界多么复杂，总可以通过对 N-S 方程的数值计算得到流场的参数分布，但当 Re 大于某一 Re_{cr} 时，流态将会由层流变化为湍流，这时如继续通过一般的 N-S 方程进行计算，所得到的流场分布将不能反映真实的流动情形。因此，要进行湍流流动的数值计算还必须引入有关湍流描述的其他方程。本节介绍不可压缩流体湍流流动的基本方程及其相关概念。为方便起见，本节对流动方程采用指标表示法，并遵循爱因斯坦求和约定。

5.5.1　湍流时均法的计算法则

由于湍流中某一点处各种物理量的随机性质，直接求解瞬时的运动状态是不可能的。对湍流的各种物理量采用类似于式(5-2)的时间平均是解决湍流流动问题的重要途径。因此，在湍流场中对所有物理量采用时均法。

设 f、g 为两个物理量，s 表示任一独立自变量，则瞬时值、时均值及脉动值之间具有如下计算法则：

$$\begin{aligned} &\bar{\bar{f}} = \bar{f}, \quad \bar{f}' = 0 \\ &\overline{f+g} = \bar{f} + \bar{g}, \quad \overline{\int f \mathrm{d}s} = \int \bar{f} \mathrm{d}s \\ &\overline{\bar{f} \cdot g} = \bar{f} \cdot \bar{g}, \quad \overline{f \cdot g} = \bar{f} \cdot \bar{g} + \overline{f'g'} \\ &\overline{\frac{\partial f}{\partial s}} = \frac{\partial \bar{f}}{\partial s}, \quad \overline{af} = a\bar{f} \end{aligned}\right\}$$

(5-23)

式中：a 为常数。

5.5.2　湍流的连续方程

不可压缩流体连续方程为

$$\frac{\partial v_i}{\partial x_i} = 0$$

(5-24)

v_i 表示 x_i 方向流速瞬时值。以 $v_i = \bar{v}_i + v_i'$ 代入式(5-24)，并进行时间平均，得

$$\overline{\frac{\partial v_i}{\partial x_i}} = \overline{\frac{\partial (\overline{v}_i + v_i')}{\partial x_i}} = \frac{\partial \overline{v}_i}{\partial x_i} = 0 \tag{5-25}$$

两式相减得

$$\frac{\partial v_i'}{\partial x_i} = 0 \tag{5-26}$$

式(5-24)和式(5-26)分别为时均流动和脉动流动的连续方程。

5.5.3　湍流运动的雷诺方程

对于不可压缩流动，瞬时流动的运动方程为

$$\rho \frac{\partial v_i}{\partial t} + \rho v_j \frac{\partial v_i}{\partial x_j} = \rho F_i - \frac{\partial p}{\partial x_i} + \mu \frac{\partial^2 v_i}{\partial x_j \partial x_j} \tag{5-27}$$

式中：F_i 为质量力。

将 $v_i = \overline{v}_i + v_i'$、$p = \overline{p} + p'$ 代入式(5-27)，得

$$\rho \frac{\partial \overline{v}_i + v_i'}{\partial t} + \rho (\overline{v}_j + v_j') \frac{\partial (\overline{v}_i + v_i')}{\partial x_j} = \rho F_i - \frac{\partial (\overline{p} + p')}{\partial x_i} + \mu \frac{\partial^2 (\overline{v}_i + v_i')}{\partial x_j \partial x_j}$$

对此方程取时间平均，得

$$\rho \frac{\partial \overline{v}_i}{\partial t} + \rho \overline{v}_j \frac{\partial \overline{v}_i}{\partial x_j} + \rho \overline{v_j' \frac{\partial v_i'}{\partial x_j}} = \rho \overline{F}_i - \frac{\partial \overline{p}}{\partial x_i} + \mu \frac{\partial^2 \overline{v}_i}{\partial x_j \partial x_j}$$

在左侧第三项中

$$\overline{v_j' \frac{\partial v_i'}{\partial x_j}} = \frac{\partial}{\partial x_j} (\overline{v_i' v_j'}) - \overline{v_i' \frac{\partial v_j'}{\partial x_j}}$$

由脉动连续方程可知 $\dfrac{\partial v_j'}{\partial x_j} = 0$，所以

$$\overline{v_j' \frac{\partial v_i'}{\partial x_j}} = \frac{\partial}{\partial x_j} (\overline{v_i' v_j'})$$

于是得到

$$\rho \frac{\partial \overline{v}_i}{\partial t} + \rho \overline{v}_j \frac{\partial \overline{v}_i}{\partial x_j} = \rho \overline{F}_i - \frac{\partial \overline{p}}{\partial x_i} + \frac{\partial}{\partial x_j} \left(\mu \frac{\partial \overline{v}_i}{\partial x_j} - \rho \overline{v_i' v_j'} \right) \tag{5-28}$$

这就是湍流时均的运动方程。由于是雷诺首先导出的，因而被称作雷诺方程(Reynolds Equation)。

5.5.4　雷诺方程与运动方程的比较

比较雷诺方程(5-27)与运动方程(5-28)，可以看出在时均各项外增加了脉动流速的三个相关项，如当 $i=1$ 时增加了 $-\dfrac{\partial}{\partial x_1}\rho\overline{v_1'v_1'}$、$-\dfrac{\partial}{\partial x_2}\rho\overline{v_1'v_2'}$、$-\dfrac{\partial}{\partial x_3}\rho\overline{v_1'v_3'}$，称为雷诺应力(Reynolds stress)，共有九项。由推导过程可知雷诺应力产生于运动方程中的非线性迁移项，或称对流项。也可以说雷诺应力起源于流场空间上的不均匀性。将雷诺应力表示为对称张量，即

$$\tau_{ij}' = \begin{pmatrix} -\rho\overline{v_1'v_1'} & -\rho\overline{v_1'v_2'} & -\rho\overline{v_1'v_3'} \\ -\rho\overline{v_2'v_1'} & -\rho\overline{v_2'v_2'} & -\rho\overline{v_2'v_3'} \\ -\rho\overline{v_3'v_1'} & -\rho\overline{v_3'v_2'} & -\rho\overline{v_3'v_3'} \end{pmatrix}$$

雷诺应力代表了湍流脉动对时均流动的影响。

对湍流的时均流动而言，连续方程和雷诺方程共 4 个方程，但未知变量除 $\bar{v_i}$、$\bar{p}$ 外又增加了 6 个雷诺应力项，所以共 10 个未知量，这就造成了湍流方程的不封闭性。因此，求解湍流方程的前提便是对湍流方程的封闭性，这就需要引入湍流模型。

5.5.5　湍流模型简介

应用雷诺方程与连续方程求解湍流问题时，由于雷诺方程中增加 6 个未知的雷诺应力项，便形成了湍流基本方程的不封闭性问题。根据湍流的运动规律，寻求使方程封闭可解的附加条件和关系式，并且在这些关系式中不能再引入新的未知量。所谓湍流模型，就是指把湍流的脉动值附加项与时均值联系起来的一些特定关系式。随着电子计算机的迅速发展，湍流模型的研究已成为近年来湍流研究中发展最快的一个分支，成为解决工程实际问题的一种有效手段。

最初的湍流模型理论是 1877 年 Boussinesq 提出的用涡流粘度(eddy viscosity)将雷诺应力与时均流速场联系起来的设想。后来又发展了一系列以普朗特混合长度理论(Prandtl mixing length theory)为代表的半经验公式，并得到了广泛的应用。这些湍流模型都只是应用湍流的时均方程,并未引进任何有关脉动量的微分方程,因而被称为零方程模型。随着湍流模型研究的发展又出现了一方程模型，即除时均的雷诺方程和连续方程外增加了一个关于脉动动能 $k=\overline{v_i'v_i'}/2$ 的微分方程，该方程又称为 k 方程。进一步，如果再增加一个有关脉动量的方程，则称为二方程模型。如增加的是关于能量耗散率的微分方程(ε-方程)，则称这样的二方程模型为 k-ε 模型。近年来，还发展了一些其他的湍流模型，如 k-ω 模型、Spalart-Allmaras 模型等。在进行流场计算时，须根据流动特点选择适当的湍流模型。

习　题

1. 有一输送 40℃空气直径为 400mm 的圆形风道，若保持管中流动为层流状态，最大流速应为多少？如果管道中输送的空气量为 400m³/h，试求管中流动的状态。

2. 试确定在直径 $d = 300$mm 的流动状态：

(1) 15℃的水以 1.07m/s 的速度流动；

(2) 15℃的重油以同样的速度流动，重油的运动粘性系数为 2.03×10^{-4} m²/s。

3. 水流经过一渐缩圆管，若已知进、出口直径比 $d_1/d_2 = 1.5$，求该两截面雷诺数之比。

4. 有一矩形风道，截面面积为 300×250mm²，试求在此风道中输送 20℃的空气，保持层流流态的最大流量。

5. 有一表面式凝汽器，已知冷却水温度为 10℃，总流量为 2.5m³/s，沿 2550 根并联铜管流动用以冷却从汽轮机排出的、做完功的蒸汽。为了增强热交换，应保持冷却水在铜管内做稳定的湍流流动，设 $Re_{cr} = 40000$，试求铜管的最大内径为多少？

6. 温度为 5℃的水在直径为 100mm 的管路中，以 1.5m/s 的速度匀速流动。管壁的绝对粗糙度 $\Delta = 0.3$mm，问流动是水力光滑还是水力粗糙？

7. 长度为 1000m，直径为 150mm 的管路用来输送原油。当油的温度为 38℃，运动粘性系数为 0.3cm²/s 时，如果维持流量为 30L/s，则油泵克服阻力所需功率为 7.35kW；若温度降为-1℃，运动粘性系数为 3cm²/s 时，问维持原流量泵所需功率为多少？假定原油密度恒为 0.883kg/m³。

8. 平板层流附面层内速度分布为 $\dfrac{v}{v_\infty} = 2\dfrac{y}{\delta} - \left(\dfrac{y}{\delta}\right)^2$，试求附面层厚度 δ、摩擦阻力系数 C_f 与雷诺数的关系式。

9. 温度为 25℃的空气，以 30m/s 的速度纵向绕流一块极薄的平板，压力为大气压力，计算离平板前缘 200mm 处附面层的厚度为多少？

10. 一块长 6m、宽 2m 的平板平行静止地安放在速度为 60m/s 的 40℃空气流中，在平板附面层内从层流转变为湍流的临界雷诺数 $Re_x = 10^6$，试计算平板的摩擦阻力。

11. 空气温度为 40℃，沿着长 6m、宽 2m 的光滑平板以 60m/s 的速度流动，设平板附面层由层流转变为湍流的条件为 $Re_x = 10^6$，求平板两侧所受的总摩擦力。

12. 一平行放置于流速为 60m/s 的空气流中的薄平板，长 1.5m，宽 3m，空气

绝对压强为 $10^5\,\mathrm{N/m^2}$，温度为 25℃，求平板末端的附面层厚度及平板两侧所受的总阻力：

(1) 设为层流附面层；

(2) 设为湍流附面层。

13. 薄平板长 30m，宽 2.5m，水平地在静水中拖曳，速度为 5m/s，求所需拖曳力。

14. 薄平板长 3m，宽 0.3m，其上流过 21m/s 风速的空气(运动粘性系数 $\nu = 15\times10^{-6}\,\mathrm{m^2/s}$)，附面层由层流转变为湍流的条件为 $Re_x = 5\times10^5$，求沿长度方向和沿宽度方向流动的阻力比值。

15. 一流线型火车，高和宽均为 3m，长 120m，以 145km/h 的速度行驶，顶面和两侧面可看作是光滑平面，求这三个面上所受的总摩擦阻力和克服此阻力所需的功率，空气温度为 20℃。

16. 如图 5-22 所示，某一置于运动流体中的圆柱体，半径为 r，母线可视为无穷长，若实验测得附面层分离点接近于 A、B 两点，而尾迹压强等于分离点处按位流计算的压强值，求作用于单位长度圆柱体上的压差阻力。

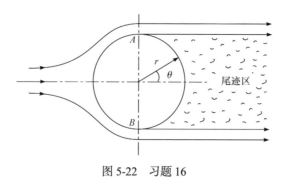

图 5-22　习题 16

17. 试求一辆汽车以 60km/h 速度行驶时，克服空气阻力所做的功率 P。已知汽车垂直于运动方向的投影面积 $A = 2\mathrm{m^2}$，阻力系数 $C_D = 0.3$，假设静止空气的温度为 0℃。

第6章 翼型的低速气动特性

前面章节主要介绍了流体力学基础知识、位流理论、超声速流动的基础理论以及粘性流动的基础，本章开始进入空气动力学气动特性的研究。具体内容安排：我们将从低速到高速、从二维翼型到三维机翼、从飞机局部部件到飞机整体气动特性的顺序来介绍不同的空气动力学特性，本章首先从翼型的低速气动特性内容开始学习。

一般机翼都有对称面，平行于机翼对称面截得的翼剖面形状，通常称为翼型，如图6-1所示。翼剖面的形状主要有平凸形、双凸形、对称形、圆弧形、菱形等，如图6-2所示。

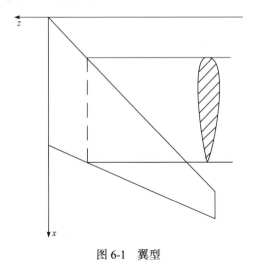

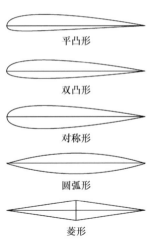

平凸形

双凸形

对称形

圆弧形

菱形

图6-1 翼型　　　　　　　　　　图6-2 现代飞机的翼型

翼型看似外形简单，却蕴含着层流、湍流、转捩、激波、分离和旋涡等复杂的空气动力学现象以及对气动力特性产生决定性影响的复杂流动机理。翼型的选择和设计是飞机设计中必须要进行的一项工作，从某种程度上来说，甚至是飞机设计的核心工作。这是因为翼型影响着飞机巡航速度、起飞和着陆性能、失速速度、操纵性能(特别是接近失速时)和所有飞行阶段的空气动力效率。翼型不仅是机翼气动外形设计的基本元素，也是影响飞机气动力与综合性能的核心因素之一。可以说，翼型是飞机气动力的"基因"和"灵魂"。正因如此，翼型成为发展航空飞行器的重要基础技术，先进翼型数据也被视作飞机设计的重要技术机密和飞机制造商保持商业竞争优势的重要筹码。下面我们首先来看一下翼型的基础知识。

6.1　翼型的主要参数

6.1.1　翼型的几何参数

翼型的几何形状特点可以用一些数据来表示,这些数据称为翼型的几何参数。翼型的主要几何参数有下列 11 个, 见图 6-3。

(1) 弦长 b。

翼型最前点 A 与翼型最后点 B 的连线,称为翼弦。它的长度叫弦长,用 b 表示。

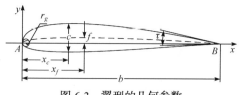

图 6-3　翼型的几何参数

(2) 厚度(最大厚度)c。

翼型厚度是指上下翼面在垂直于翼弦方向的距离,其中最大距离称最大厚度,用符号 c 表示。

(3) 相对厚度。

翼型的相对厚度是指 $\overline{c}$ 翼型最大厚度 c 与弦长 b 的比值,用符号 $\overline{c} = c/b$ 表示。

(4) 最大厚度位置 x_c。

翼型最大厚度到前缘 A 的弦向距离称为最大厚度位置,记作 x_c。

(5) 最大厚度相对位置 $\overline{x}_c$。

最大厚度相对位置是指最大位置 x_c 与弦长 b 的比值,用符号 $\overline{x}_c = x_c/b$ 表示。

(6) 弯度(指最大弯度)f。

翼型厚度中点的连线叫中弧线,它与翼弦之间的最大距离叫做翼型的最大弯度,简称弯度,用符号 f 表示。

(7) 相对弯度 $\overline{f}$。

最大弯度 f 与弦长 b 的比值称为相对弯度,用符号 $\overline{f} = f/b$ 表示。

(8) 最大弯度位置 x_f。

最大弯度到前缘 A 的弦向距离称为最大弯度位置,用符号 x_f 表示。

(9) 最大弯度相对位置 $\overline{x}_f$。

最大弯度位置 x_f 与弦长 b 的比值称为最大弯度相对位置,用符号 $\overline{x}_f$ 表示。

(10) 前缘半径 r_g。

翼型在前缘点附近的外形多是圆弧形,圆弧的半径称为翼型前缘半径,用符

号 r_g 表示。为了确定圆心的位置，可以在前缘点作中弧线的切线，在该切线上距离前缘点 r_g 的点，即为前缘圆弧的圆心位置。

(11) 后缘角 τ。

翼型上下表面周线在后缘处切线的夹角叫后缘角，记作 τ。

6.1.2 翼型迎角和空气动力系数

6.1.2.1 翼型迎角

在翼型平面上，来流 v_∞ 与翼弦间的夹角定义为翼型的几何夹角，简称迎角，用 α 表示，见图 6-4。相对翼弦来说，来流上偏，α 为正；来流下偏，α 为负。

气流绕翼型的流动是二维流动。翼型上的空气动力应视为无限翼展机翼在 z 方向截取的单位展长翼段上的空气动力。翼型上每一点都要受到空气动力的作用，他们产生一个合力 R，将 R 分解为垂直于 v_∞ 方向上的升力 Y 和平行于 v_∞ 方向上的阻力 X，合力 R 对前缘点取力矩可得纵向力矩 M_z，规定 M_z 使翼型抬头为正，低头为负，见图 6-5。

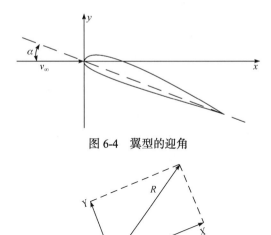

图 6-4　翼型的迎角

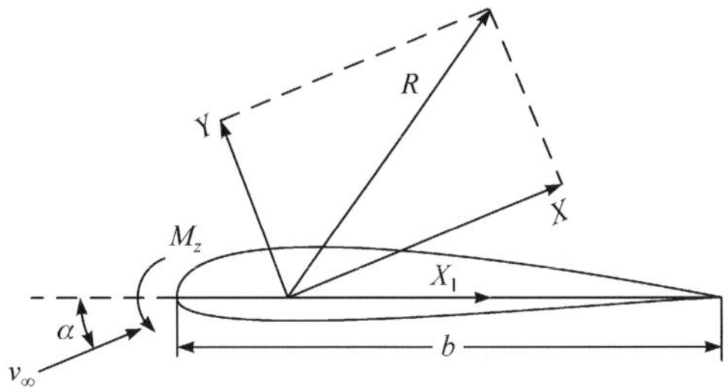

图 6-5　翼型的迎角及气动力

6.1.2.2 翼型的空气动力系数

在描述飞机空气动力特性时，经常使用无量纲的空气动力系数，翼型的无量纲的空气动力系数定义如下：

升力系数

$$C_y = \frac{Y}{\frac{1}{2}\rho v_\infty^2 b \cdot 1} \tag{6-1a}$$

阻力系数

$$C_x = \frac{X}{\frac{1}{2}\rho v_\infty^2 b \cdot 1} \tag{6-1b}$$

俯仰力矩系数

$$m_z = \frac{M_z}{\frac{1}{2}\rho v_\infty^2 b^2 \cdot 1} \tag{6-1c}$$

6.2 库塔-茹科夫斯基后缘条件

6.2.1 理想不可压流绕翼型流动

根据第 3 章中介绍的库塔-茹科夫斯基升力定理可知，在定常理想、不可压流中，直匀流流过任意截面形状翼型的升力为

$$Y = \rho v_\infty \times \Gamma \tag{6-2}$$

所以对给定 ρ 和 v_∞ 值，只要确定了给定迎角和几何外形翼型的环量值，根据升力定理即可求出作用在翼型上的升力。

理想不可压流绕圆柱的流动，对圆柱可以取不同的环量 Γ 值，对应的驻点位置也有多个。对于绕尖后缘的翼型来说，在理想流基础上也可以存在多个环量值。以图 6-6 为例，三种流动虽然均满足翼型表面是流线的边界条件，但后驻点却分别位于上翼面、下翼面、尖后缘上，但(a)、(b)两种情况，将出现绕尖后缘的流动，理论上尖后缘处将出现无穷大的速度和无穷大的负压，这在物理上是不可能的。只有(c)情况，上、下翼面气流平滑地流过后缘，后缘速度为有限值。根据试验流态观察，当迎角不太大时绕翼型的流动只有(c)是实际存在的。这就是库塔-茹科夫

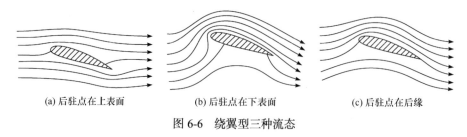

(a) 后驻点在上表面　　　　(b) 后驻点在下表面　　　　(c) 后驻点在后缘

图 6-6　绕翼型三种流态

斯基的后缘条件。由此,根据库塔-茹科夫斯基条件,气流以一定迎角流过翼型时必然存在环量。

6.2.2　环量的产生和后缘条件的关系

根据旋涡守恒定理,在理想不可压流中忽略切向力时,绕相同质点组成的封闭周线上的速度环量 Γ 不随时间变化,即 $\mathrm{d}\Gamma/\mathrm{d}t = 0$。翼型都是以静止开始加速运动到定常状态时,根据旋涡守恒定理,翼型引起流体运动的速度环量应和静止流体一样处处为零,而由库塔-茹科夫斯基后缘条件确定的速度环量是一个不为零的值,这是否违背了旋涡守恒定理理论呢? 绕翼型环量产生的物理原因以及与后缘条件的关系是什么呢?

为说明这两个问题,首先在翼型流场中作一个将翼型包围在内的相当大的封闭流体周线 CDEF,翼型静止时,此流体周线上的速度环量 $\Gamma = 0$,如图 6-7(a)所示。当翼型刚开始起动的瞬间,观察者站在翼型上看,因贴近翼型表面的粘性附面层还来不及生成(粘性起作用需要一段时间),绕翼型的环量为零,此时后驻点不在后缘处而在翼面上,例如在翼面 B 点处,见图 6-7(b)。某一时间间隔后,翼面上粘性附面层已生成,下翼面气流绕过后缘沿上翼面前流,由于在后缘处流速很大,压力很低,后缘与后驻点之间的翼面上存在很大的逆压梯度,使附面层发生分离,产生一个逆时针的旋涡+Γ,称为起动涡。它绕着流体向下游运动,封闭流体周线 CDEF 在连续运动中越来越扩大,但始终包围翼型和起动涡。根据旋涡

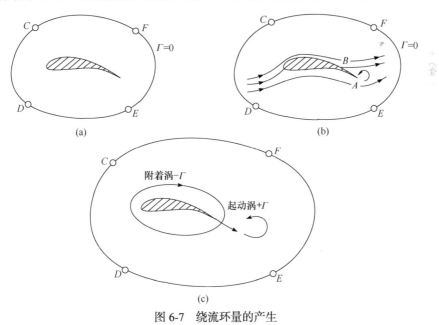

图 6-7　绕流环量的产生

守恒定理，此流体周线上的环量始终等于零，因此绕流翼型上相应地要产生一个顺时针的环量 $-\Gamma$。由于 $-\Gamma$ 的作用，翼型上表面的速度增加，后驻点向后缘推移，但只要后驻点还在上翼面上，上述过程继续发生，不断有逆时针的起动涡拖向下游，因而绕翼型的顺时针环量不断增大，驻点不断后移，直到后驻点 B 移至后缘为止。这时上、下翼面的气流恰好在后缘处平滑地汇合，如图 6-7(c) 所示。以后翼型匀速前进，起动涡被遗留在远后方、绕翼型的环量为一定值。

根据以上分析可得到如下重要物理概念：

第一，流体的粘性和翼型的尖后缘是产生起动涡的物理原因，一旦起动涡已经形成，又忽略粘性，绕翼型的速度环量总是与起动涡大小相等，方向相反；

第二，对形状一定的翼型来说，只要给定运动速度和迎角，就有一个强度由库塔-茹科夫斯基后缘条件完全确定的环量与之相对应；

第三，如果速度和迎角变化了，上下翼面流动汇合处就要从后缘移向上翼面或下翼面，则重复上述起动过程，直到新的环量值可保证气流在翼型后缘处平滑汇合为止。

代表绕翼型环量的旋涡，因始终附着在翼型上，故称为附着涡，以区别于外流场中随气流一起运动的旋涡。根据升力定理，直匀流中一个具有适当强度的附着涡，就升力效应来说完全相当于直匀流中一个有环量的翼型。

6.3　低速薄翼型理论

理想不可压流体流过一个翼型，如果来流迎角以及翼型的厚度和弯度很小，流场是小扰动位流场，那么翼面上的边界条件以及压力系数可以线化，厚度、弯度和迎角的影响可以分开考虑。翼型的这种位流解法在空气动力学上称为薄翼型理论。

6.3.1　流动的线化分解

采用如图 6-8 所示的体轴坐标系 xOy，原点 O 取在翼型前缘，x 轴沿翼弦向后为正，y 轴向上。

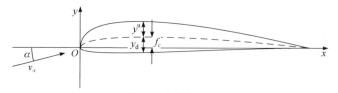

图 6-8　实际薄翼型

6.3.1.1　翼面边界条件的线化表示式

令翼面上扰动速度分量分别为 v'_x、v'_y，则小迎角 α 下翼面上速度分量分别为

$$v_x = v_\infty \cos\alpha + v_x' \approx v_\infty + v_x'$$

$$v_y = v_\infty \sin\alpha + v_y' \approx v_\infty\alpha + v_y'$$

由翼面边界条件有

$$\frac{\mathrm{d}y}{\mathrm{d}x} = \frac{v_y}{v_x} = \frac{v_\infty\alpha + v_y'}{v_\infty + v_x'}$$

或

$$v_y' = v_\infty \frac{\mathrm{d}y}{\mathrm{d}x} + v_x' \frac{\mathrm{d}y}{\mathrm{d}x} - v_\infty\alpha \tag{6-3}$$

对于薄翼型，$\bar{c}$ 和 $\bar{f}$ 很小，翼面坐标 y 和翼面斜率 $\mathrm{d}y/\mathrm{d}x$ 可认为是一阶小量。小迎角 α 亦为一阶小量。小扰动下 v_x' 和 v_y' 与 v_∞ 相比也是一阶小量，在保留一阶小量的条件下，式(6-3)可简化为

$$v_y' = v_\infty \frac{\mathrm{d}y}{\mathrm{d}x} - v_\infty\alpha \tag{6-4}$$

因为 $y_\mathrm{d}^\mathrm{u} = y_f \pm y_c$ (角标 u、d 分别表示上、下翼面)，故式(6-4)又可写成

$$v_{y\mathrm{d}}'^\mathrm{u} = v_\infty \frac{\mathrm{d}y_f}{\mathrm{d}x} \pm v_x' \frac{\mathrm{d}y_c}{\mathrm{d}x} - v_\infty\alpha \tag{6-5}$$

式(6-5)表示 v_y' 在小扰动下可表示为弯度、厚度和迎角三部分贡献的线性和。

6.3.1.2 扰动速度位函数 φ 的线性表示式

用 $\varPhi$ 表示绕翼型位流的位函数，则 $\varPhi$ 满足线性的二维拉普拉斯方程，叠加原理成立，即 $\varPhi$ 可视为直匀流速度位函数 φ_∞ 与翼型存在的扰动速度位函数 φ 之和，即

$$\varPhi = \varphi_\infty + \varphi$$

显然 φ 也满足拉普拉斯方程

$$\frac{\partial^2 \varphi}{\partial x^2} + \frac{\partial^2 \varphi}{\partial y^2} = 0$$

根据 φ 的线性性质，可以将扰动速度位函数 φ 表示为弯度、厚度以及迎角这三部分贡献之和，即

$$\varphi = \varphi_f + \varphi_c + \varphi_\alpha \tag{6-6}$$

6.3.1.3 压力系数 $\bar{p}$ 的线化表达式

根据伯努利方程，流场中一点的压力系数 $\bar{p}$ 可写成

$$\bar{p} = 1 - \frac{v^2}{v_\infty^2} = 1 - \frac{(v_\infty + v_x')^2 + (v_\infty\alpha + v_y')^2}{v_\infty^2}$$

在小扰动假设下，只保留一阶小量，则

$$\bar{p} = -2\frac{v_x'}{v_\infty} \tag{6-7}$$

根据式(6-6)

$$v_x' = \frac{\mathrm{d}\varphi}{\mathrm{d}x} = \frac{\mathrm{d}\varphi_f}{\mathrm{d}x} + \frac{\mathrm{d}\varphi_c}{\mathrm{d}x} + \frac{\mathrm{d}\varphi_\alpha}{\mathrm{d}x} = v_{xf}' + v_{xc}' + v_{x\alpha}'$$

将上式代入式(6-7)，得

$$\bar{p} = \frac{-2v_{xf}'}{v_\infty} + \frac{-2v_{xc}'}{v_\infty} + \frac{-2v_{x\alpha}'}{v_\infty} = \bar{p}_f + \bar{p}_c + \bar{p}_\alpha \tag{6-8}$$

6.3.1.4 薄翼型小 α 下位流的分解

由于扰动速度位函数，物面边界条件和物面压力系数均可表示为弯度、厚度和迎角作用的线性代数和，故绕薄翼型小 α 下的位流可分解成三个简单的位流，分别求解后再叠加就可得到整个位流解，见图6-9。

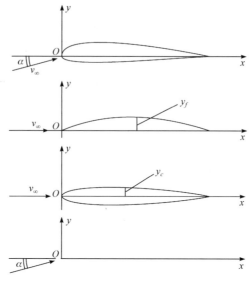

图 6-9　薄翼的叠加原理

这三个简单的位流分别是 $\alpha = 0$ 的弯度问题(中弧线弯板 $\alpha = 0$ 的绕流)；$\alpha = 0$ 的厚度问题(厚度分布为 $y_c(x)$ 对称翼型 $\alpha = 0$ 的绕流)；$\alpha \neq 0$ 的迎角问题(平板 $\alpha \neq 0$ 的绕流)，使求解简化。

厚度问题因流动上下对称，上下表面无压差，不产生升力和力矩；而弯度问题和迎角问题上下流动不对称，均有升力和力矩贡献。因此在求翼型升力和力矩问题时，可以忽略翼型的厚度作用，只考虑翼型的弯度部分即可。

此外，弯度和迎角作用可合在一起处理，称为迎角-弯度模型。将有迎角的中弧线弯板的升力和力矩特性代表薄翼型小迎角下的升力和力矩特性，这种理论通常就称为薄翼型理论。

6.3.2　迎角-弯度气动模型

迎角-弯度模型实际上就是来流 v_∞ 以迎角 α 绕中弧线弯板的流动问题。根据理想流体绕流模型，弯板上气流速度方向处处与弯板相切，并且上、下表面气流在翼型后缘汇合，满足库塔-茹科夫斯基后缘条件。

显然，在源、汇、偶极子、旋涡等基本流动中，旋涡能符合这两个条件。这样中弧线弯板可以用沿中弧线分布一系列变强度的二维旋涡来代替，对于薄翼，$\bar{f} \ll 1$，这些二维旋涡可以认为是沿翼弦分布的。这就是迎角-弯度模型的气动模型，见图 6-10。流场中速度分布由直匀流加涡面诱导速度场组成。

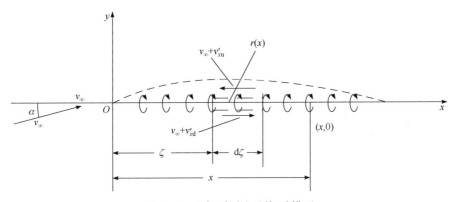

图 6-10　迎角-弯度问题气动模型

6.3.2.1　确定旋涡密度 $\gamma(\zeta)$ 的积分方程

参见图 6-10，设沿翼弦连续分布的旋涡密度为 $\gamma(\zeta)$，则 $\mathrm{d}\zeta$ 微段上旋涡强度为 $\gamma(\zeta)\mathrm{d}\zeta$。根据斯托克斯定理，它应等于沿 $\mathrm{d}\zeta$ 微段翼弦上、下表面周线的环量（如图 6-10 中虚线所示），即

$$\gamma(\zeta)\mathrm{d}\zeta = (v_\infty + v'_{xu})\mathrm{d}\zeta - (v_\infty + v'_{xd})\mathrm{d}\zeta$$

故

$$\gamma(\zeta) = v'_{xu} - v'_{xd}$$

这里 v'_{xu}、v'_{xd} 分别表示在 ζ 点上、下表面由旋涡所产生的沿弦向(x 向)的扰动速

度，并可认为 $v'_{xu} = -v'_{xd}$，则

$$\gamma(\zeta) = 2v'_{xu} = -2v'_{xd}$$

所以

$$v'_{xu} = \gamma(\zeta)/2 , \quad v'_{xd} = -\gamma(\zeta)/2 \tag{6-9}$$

根据式(6-7)，得

$$\overline{p}_u = -\frac{\gamma(\zeta)}{v_\infty} , \quad \overline{p}_d = \frac{\gamma(\zeta)}{v_\infty} \tag{6-10}$$

由式(6-9)、式(6-10)可见，只要确定了旋涡密度 $\gamma(\zeta)$，也就可以求得翼弦上下扰动速度分布，从而求得压力系数 $\overline{p}$ 的分布。这样就可以得到薄翼型的气动特性。

旋涡密度 $\gamma(\zeta)$ 可由物面边界条件来确定。

根据式(6-5)物面条件，并令 $\dfrac{dy_c}{dx} = 0$，则

$$v'_y = v_\infty \left(\frac{dy}{dx} - \alpha \right)$$

式中：v'_y 为旋涡在弯板上引起的 y 方向扰动速度分量。因薄翼弯度很小，此边界条件可近似在 x 轴上满足，即

$$(v'_y)_{y=0}(x) = v_\infty \left(\frac{dy}{dx} - \alpha \right) \tag{6-11}$$

式中：$(v'_y)_{y=0}(x)$ 是 $(x, 0)$ 处 y 方向的诱导速度

$$(v'_y)_{y=0}(x) = \int_0^b \frac{\gamma(\zeta)d\zeta}{2\pi(\zeta - x)}$$

将上式代入式(6-11)得

$$\frac{dy}{dx} = \alpha + \frac{1}{2\pi v_\infty} \int_0^b \frac{\gamma(\zeta)d\zeta}{\zeta - x} \tag{6-12}$$

式(6-12)即为确定旋涡密度 $\gamma(\zeta)$ 的积分方程。

6.3.2.2　$\gamma(\zeta)$ 积分方程的解

参见图 6-11，作变量置换

$$\begin{cases} \zeta = \dfrac{b}{2}(1 - \cos\theta) \\ x = \dfrac{b}{2}(1 - \cos\theta_1) \end{cases} \tag{6-13}$$

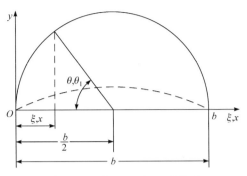

图 6-11 ξ 与 θ, x 与 θ_1 的关系

将式(6-13)代入式(6-12)可得

$$\frac{\mathrm{d}y}{\mathrm{d}x} = \alpha + \frac{1}{2\pi v_\infty} \int_0^b \frac{\gamma(\theta)\sin\theta}{\cos\theta - \cos\theta_1} \mathrm{d}\theta \tag{6-14}$$

将 $\gamma(\theta)$ 表示为一个三角级数

$$\gamma(\theta) = 2v_\infty \left[A_0 \cot\frac{\theta}{2} + \sum_{n=1}^\infty A_n \sin(n\theta) \right] \tag{6-15}$$

式中：$A_0, A_1, A_2, \cdots, A_n$ 为待定系数。第一项设为 $\cot(\theta/2)$ 是为了表达弯板前缘处理论上将出现无穷大的速度（$x=0$，$\theta=0$，$\cot(\theta/2)\to\infty$），在弯板后缘处 $x=b$，$\theta=\pi$，级数各项均为零，满足库塔-茹科夫斯基后缘条件。

将式(6-15)代入式(6-14)，得

$$\frac{1}{\pi} \int_0^\pi \left\{ \frac{A_0(1+\cos\theta)}{\cos\theta - \cos\theta_1} + \frac{\frac{1}{2}\sum_{n=1}^\infty A_n[\cos(n-1)\theta - \cos(n+1)\theta]}{\cos\theta - \cos\theta_1} \right\} \mathrm{d}\theta = \frac{\mathrm{d}y_f}{\mathrm{d}x} - \alpha \tag{6-16}$$

利用如下积分公式

$$\int_0^\pi \frac{1+\cos n\theta}{\cos\theta - \cos\theta_1} \mathrm{d}\theta = \pi \frac{\sin n\theta_1}{\sin\theta_1}$$

将式(6-16)各项逐一积分出来，得

$$\alpha - A_0 + \sum_{n=1}^\infty A_n \cos n\theta_1 \mathrm{d}\theta_1 = \frac{\mathrm{d}y_f}{\mathrm{d}x} \tag{6-17}$$

将上式两边均乘以 $\mathrm{d}\theta_1$，并对 θ_1 由 0 到 π 积分得

$$\int_0^\pi (\alpha - A_0)\mathrm{d}\theta_1 + \int_0^\pi \sum_{n=1}^\infty A_n \cos n\theta_1 \mathrm{d}\theta_1 = \int_0^\pi \frac{\mathrm{d}y_f}{\mathrm{d}x} \mathrm{d}\theta_1 \tag{6-18}$$

即有

$$A_0 = \alpha - \frac{1}{\pi}\int_0^\pi \frac{\mathrm{d}y_f}{\mathrm{d}x}\mathrm{d}\theta_1 \tag{6-19}$$

将式(6-17)两边逐次乘以 $\cos n\theta_1 \mathrm{d}\theta_1(n=1\sim\infty)$，并对 θ_1，由 0 到 π 积分得

$$\int_0^\pi (\alpha - A_0)\cos n\theta_1 \mathrm{d}\theta_1 + \int_0^\pi \sum_{n=1}^\infty A_n \cos^2 n\theta_1 \mathrm{d}\theta_1 = \int_0^\pi \frac{\mathrm{d}y_f}{\mathrm{d}x}\cos n\theta_1 \mathrm{d}\theta_1$$

由上式即得

$$A_n = \frac{2}{\pi}\int_0^\pi \frac{\mathrm{d}y_f}{\mathrm{d}x}\cos(n\theta_1)\mathrm{d}\theta_1 \tag{6-20}$$

将弯板的 $\mathrm{d}y_f/\mathrm{d}x$ 代入式(6-19)、式(6-20)，即得 $A_0,A_1,A_2,\cdots,A_n$，再将这些参数代入式(6-15)，即得旋涡密度的分布。

6.3.3　低速薄翼型的气动特性分析

有了旋涡密度分布，就不难确定薄翼型的低速气动特性。

6.3.3.1　升力分布

由斯托克斯定理可知，绕翼型的环量应等于沿翼弦分布的涡强之和

$$\Gamma = \int_0^b \gamma(\zeta)\mathrm{d}\zeta = \frac{b}{2}\int_0^\pi \gamma(\theta)\sin\theta\mathrm{d}\theta$$
$$= v_\infty b\int_0^\pi [A_0(1+\cos\theta)+\sum_{n=1}^\infty A_n \sin(n\theta)\cdot\sin\theta]\mathrm{d}\theta$$
$$= v_\infty b\pi\left(A_0 + \frac{A_1}{2}\right)$$

从而升力

$$Y = \rho v_\infty \Gamma = \rho\pi v_\infty^2 b\left(A_0 + \frac{A_1}{2}\right) \tag{6-21}$$

翼型升力系数

$$C_y = \frac{Y}{\frac{1}{2}\rho v_\infty^2 b} = 2\pi\left(A_0 + \frac{A_1}{2}\right) \tag{6-22}$$

将 A_0、A_1 的表达式代入式(6-22)得

$$C_y = 2\pi(\alpha - \alpha_0) \tag{6-23}$$

式中

$$\alpha_0 = -\frac{1}{\pi}\int_0^\pi \frac{\mathrm{d}y_f}{\mathrm{d}x}(\cos\theta - 1)\mathrm{d}\theta \tag{6-24}$$

由式(6-23)可见，当 $\alpha = \alpha_0$ 时，$C_y = 0$，所以 α_0 称为翼型的零升力迎角。从式(6-24)可知它与翼型的中弧线形状有关。当中弧线为直线时(如对称翼型)，$\alpha_0 = 0$；当中弧线为正弯度时，α_0 为一小负值。

6.3.3.2　力矩特性

由式(6-10)可知，x 处 $\mathrm{d}x$ 微段上、下表面的压力系数 $\overline{p}_u$、$\overline{p}_d$ 分别为

$$\overline{p}_u = -\frac{\gamma(\zeta)}{v_\infty}, \quad \overline{p}_d = \frac{\gamma(\zeta)}{v_\infty}$$

则上下翼面压力差系数为

$$\Delta \overline{p} = \overline{p}_d - \overline{p}_u = 2\frac{\gamma(\zeta)}{v_\infty}$$

它对翼型前缘的力矩

$$\mathrm{d}M_z = -x\Delta p \mathrm{d}x = -x\Delta \overline{p}\frac{1}{2}\rho v_\infty^2 \mathrm{d}x$$

故整个翼型上的力对前缘的力矩

$$\begin{aligned}
M_z &= -\int_0^b x\Delta \overline{p}\frac{1}{2}\rho v_\infty^2 \mathrm{d}x \\
&= -\rho v_\infty \int_0^b \gamma(x)x\mathrm{d}x \\
&= -\rho v_\infty \frac{b^2}{4}\int_0^\pi (1-\cos\theta)\gamma(\theta)\sin\theta \mathrm{d}\theta \\
&= -\frac{\rho v_\infty^2 b^2}{2}\cdot\frac{\pi}{2}\left(A_0 + A_1 - \frac{A_2}{2}\right)
\end{aligned} \tag{6-25}$$

对前缘的力矩系数

$$\begin{aligned}
m_z &= \frac{M_z}{\dfrac{1}{2}\rho v_\infty^2 b^2} = -\frac{\pi}{2}\left(A_0 + A_1 - \frac{A_2}{2}\right) \\
&= -\frac{1}{4}\left[2\pi\left(A_0 + \frac{A_1}{2}\right)\right] - \frac{\pi}{4}(A_1 - A_2) \\
&= m_{z0} - \frac{1}{4}C_y
\end{aligned} \tag{6-26}$$

而

$$m_{z0} = \frac{\pi}{4}(A_2 - A_1) = \frac{1}{2}\int_0^\pi \frac{\mathrm{d}y_f}{\mathrm{d}x}[\cos(2\theta) - \cos\theta]\mathrm{d}\theta \tag{6-27}$$

式中：m_{z0} 称为零升力矩系数，它仅与翼型中弧线形状有关。对于对称翼型，$\mathrm{d}y_f/\mathrm{d}x = 0$，故 $m_{z0} = 0$。

6.4　任意翼型的低速气动特性

对任意翼型的低速气动特性，因其不满足小扰动假设而不能将流动分解，因此必须将厚度、弯度、迎角统一考虑，进行求解，其数值解法比较复杂，难以得到解析解，目前对任意翼型的低速气动特性的研究主要以试验手段为主，飞行器设计仍主要依靠试验结果。

6.4.1　升力特性

升力特性常用 $C_y\text{-}\alpha$ 曲线，即升力系数曲线表示。图 6-12、图 6-13、图 6-14 是由试验得出的某些翼型的 C_y 随 α 的变化规律。

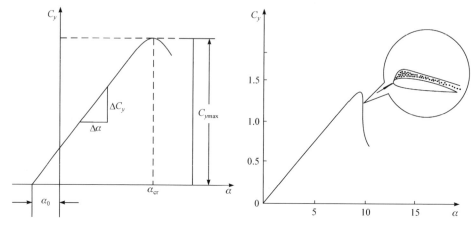

图 6-12　$C_y\text{-}\alpha$ 变化曲线(后缘分离)　　　　图 6-13　$C_y\text{-}\alpha$ 变化曲线(短泡分离)

第一：在中小迎角范围内，$C_y\text{-}\alpha$ 变化曲线接近直线，即 $C_y = C_y^\alpha(\alpha - \alpha_0)$。

第二：在较大迎角范围内，C_y 随 α 增大而缓慢上升，当 $\alpha = \alpha_{\mathrm{cr}}$ 时，$C_y = C_{y\max}$。

第三：当 $\alpha > \alpha_{\mathrm{cr}}$ 时，C_y 随 α 增大而下降，下降的趋势随翼型不同而有所不同。

从上可见，表示翼型的升力特性的主要参数有三个：C_y^α、α_0、$C_{y\max}$。

(1) 升力线斜率 C_y^α。

按薄翼型理论 $C_y^\alpha = 2\pi\mathrm{rad}^{-1}$，对于厚翼型，在高雷诺数下 C_y^α 可以用以下经验公式：

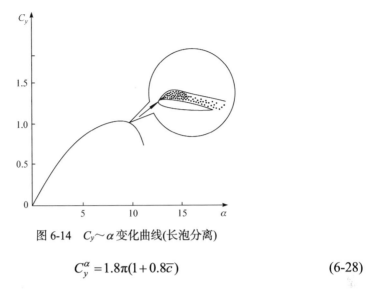

图 6-14 $C_y \sim \alpha$ 变化曲线(长泡分离)

$$C_y^\alpha = 1.8\pi(1 + 0.8\overline{c}) \tag{6-28}$$

(2) 零升迎角 α_0。

根据薄翼型理论和试验结果确定，α_0 主要与中弧线弯度有关，可用式(6-28)加以估算。

(3) 最大升力系数 $C_{y\max}$。

翼型的 $C_{y\max}$ 与表面上附面层分离密切相关，因此它取决于翼型几何参数、雷诺数以及表面粗糙度。

6.4.2 翼型低速绕流分离特性

如前所述，$\alpha > \alpha_{cr}$ 后，C_y 随 α 增大而下降的趋势随翼型的不同而不同，这反映了翼型在大迎角下气流分离特性的不同。

6.4.2.1 后缘分离

这种分离对应的翼型厚度一般大于 12%，图 6-15 给出了不同 α 下后缘分离翼型的流谱及表面压力分布情况。

由图 6-15 可见，在小 α 范围内，流体附体流动无分离，表面上附面层较薄，其后涡流区很窄，对翼型的压力分布影响很小。前驻点在下表面距前缘点很近处，从而前缘处形成较大的正压力。在后缘处，上下表面两股气流平滑汇合沿中弧线切线方向向下后方流去并逐渐转折回来流方向，满足库塔-茹科夫斯基后缘条件。

随着迎角的增大，翼型前驻点后移，附着涡强增强，环量与直匀流叠加使翼型上表面流速增大，特别是上表面前部，流线更加弯曲，流管更为收缩，流速更加快，压力降低，吸力增大。与此同时，气流在下表面流速减慢压力增加，这相

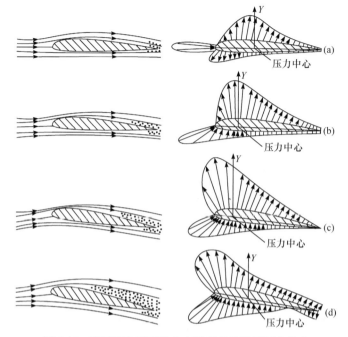

图 6-15　不同迎角下后缘分离翼型的流谱及压力分布

当于气流在下表面受到翼型的阻挡造成流速减慢，压力增高。此时压力分布仅因为迎角增大而变化，因此在这种迎角变化范围内，C_y 随 α 增大呈线性增加。

在比较大的迎角下，气流流经翼型上表面时，前缘区的负压增大，后缘附近的附面层因受较强逆压梯度作用，分离点前移，涡流区扩大，使得上下表面压力差和 C_y 随 α 的增长率下降，C_y 增加较慢，C_y 随 α 变化呈非线性关系。

当迎角达到临界迎角后，继续增大迎角，分离点迅速前移，涡流区迅速扩大，致使翼型上表面前段流管变粗，流速减慢，吸力降低。在靠近后缘的一段范围内，吸力虽然稍有增高，但很有限，补偿不了前段的吸力降低，所以升力减小，升力系数也减小。

这种后缘分离的速度发展比较缓慢，其原因是翼型较厚，最低压力点靠近前缘，在翼型头部有一小段层流附面层，然后在最低压力点附近转换为湍流附面层，由于湍流附面层内有较大的动能，因此，湍流附面层的分离是随着迎角增大而逐渐由后向前发展。这就使得 $\alpha > \alpha_{cr}$ 以后，C_y 下降比较缓和，如图 6-12 所示。

6.4.2.2　短泡分离

对于中等厚度翼型（$\bar{c} = 9\% \sim 15\%$），前缘半径较小，气流绕前缘时负压很大，从而局部区域产生很大的逆压梯度，即使迎角不大，前缘附近也会发生流动分离，分离后的边界层转换成湍流，从外流中获取能量，然后再附到翼面上，形成分离气泡。起初这种短气泡很短，只有弦长的 0.5%～1%，对主流没有显著影响，称为短泡分离。

　　前缘出现短泡分离时，翼型升力特性几乎见不到什么变化；随 α 增大，最低负压区前移，分离点前移，转换点也前移，使分离区缩短，气泡尺寸变小；当 $\alpha = \alpha_{cr}$ 时，短气泡突然打开，气流不能再附导致上翼面突然完全分离，使升力和力矩突然变化；当 $\alpha > \alpha_{cr}$ 时，C_y 随 α 增大而突然下降，见图 6-13。

6.4.2.3　长泡分离

　　对于尖头翼型或薄的圆头翼(厚度 4%～6%)，因前缘半径更小，气流绕前缘时负压更大，但前缘后压力又回升，因而在前缘附近形成很高的逆压梯度产生附面层分离。分离后接着发生附面层转捩，附面层由层流变为湍流，"忍受"逆压梯度能力增强而使附面层流动一段较长距离后再附到翼面上，这样在分离点和附体点之间就形成一个局部分离区，形成长分离气泡。这种气泡一旦形成就较长，约为弦长的 2%～3%。随 α 增大，分离点仍在前缘，而再附点不断向下游移动，气泡逐渐变长，所以称为长泡分离。当达到失速迎角时，气泡达到最大，升力也达到最大值；迎角继续增加，气泡打开，上翼面进入完全分离区，升力逐渐下降。由于长泡分离是逐渐发展的，所以 $\alpha > \alpha_{cr}$ 后，C_y 的下降并不突然。见图 6-14。

　　除上述三种分离外，还可能存在混合分离形式，绕过翼型的气流同时发生前缘和后缘分离现象。

6.4.3　力矩特性

　　翼型的力矩特性常用 m_z-C_y 曲线表示，见图 6-16。在中小迎角范围内，m_z-C_y 曲线呈一条直线，即

$$m_z = m_{z0} + m_z^{C_y} C_y \qquad (6\text{-}29)$$

式中：$m_z^{C_y}$ 和 m_{z0} 可用薄翼型理论加以估算，见式(6-26)、式(6-27)。

　　当迎角较大时，力矩曲线变弯，其情形与 C_y-α 曲线一样与附面层分离密切相关。

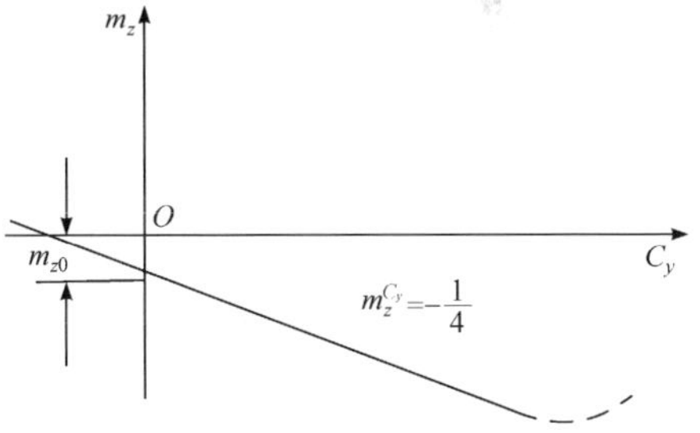

图 6-16　m_z-C_y 曲线

6.4.4　压心位置和焦点位置

　　翼型上有两个重要的气动特性点，一个是压力中心，简称压心；另一个是焦点(亦称气动中心)。

　　压心 P 是升力的作用点(升力作用线与翼弦的交点)。压心的弦向位置用 $\overline{x}_P = x_P/b$ 表示，如图 6-17 所示。由小迎角下 $m_z = -C_y \overline{x}_P$ 可得

$$\overline{x}_P = -\frac{m_z}{C_y} = -\frac{m_{z0}}{C_y} - m_z^{C_y} \qquad (6\text{-}30)$$

焦点 F 是这样一个点，不论 C_y (或 α)如何变化，对该点的力矩系数恒等于 m_{z0}。
焦点的弦向位置以 $\overline{x}_F = x_F/b$ 表示，如图 6-17 所示。对 F 点取矩

$$m_{zF} = -C_y(\overline{x}_P - \overline{x}_F) = m_{z0} \qquad (6\text{-}31)$$

将式(6-30)代入上式得

$$\overline{x}_F = -m_z^{C_y} \qquad (6\text{-}32)$$

$$\overline{x}_P = \overline{x}_F - \frac{m_{z0}}{C_y} \qquad (6\text{-}33)$$

显然，焦点位置与迎角无关，它实际上是翼型随迎角变化而引起的升力增量作用
点。由于正弯度时 m_{z0} 为一小负数，故 $C_y > 0$ 时， $\overline{x}_P > \overline{x}_F$ ，即压心位于焦点之后。

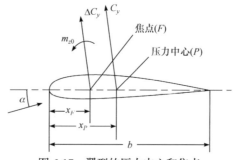

图 6-17　翼型的压力中心和焦点

6.4.5　阻力特性和极曲线

作用在翼型上空气动力在 v_∞ 方向上的分量称为翼型阻力，简称型阻 C_{xpr} 。低
速翼型阻力是由空气粘性引起的。从物理实质上可将粘性阻力分为摩擦阻力 C_{xf}
和压差阻力 C_{xp} (与附面层分离有关)两部分，即

$$C_{xpr} = C_{xf} + C_{xp} \qquad (6\text{-}34)$$

当迎角不大时，摩擦阻力是型阻的主要部分。通常在设计升力系数 C_{yd} 下(此时迎
角不大)对应，阻力系数最小，称为最小阻力系数 $C_{x\min}$ ，它可由平板的摩擦阻力
系数通过适当修正而得

$$C_{x\min} = 0.925(2C_F)\eta_c \qquad (6\text{-}35)$$

$$C_{x\min} = 2C_F(1 + 2\overline{c} + 60\overline{c}^4) \qquad (6\text{-}36)$$

式中： C_F 为与翼型 Re 和转捩点相同条件下平板的单面摩擦阻力系数， η_c 为厚度
修正系数，与翼型厚度特性系数有关，它反映了粘性压差阻力的贡献，其值可由

相应的曲线查得。

随 C_y(或 α)的增大，压差阻力上升为翼型阻力的主要成分。当 $\alpha > \alpha_{cr}$ 后，翼型表面气流出现严重分离，C_{xp} 急剧增大。由此可见，当 $\alpha > \alpha_{cr}$ 时，飞机不仅升力下降，并且阻力急剧上升，这将导致飞机迅速丧失速度，这种现象称为"失速"。飞机失速前，C_{xp} 可近似认为与 C_y^2 成正比，即

$$C_{xp} = kC_y^2 \tag{6-37}$$

式中：k 为粘性压差阻力系数，由试验测定。

典型的翼型阻力系数与迎角 α 的关系如图 6-18 所示。虽然翼型升阻力特性可用 C_y-α、C_x-α 曲线表示，但飞机设计中经常用 C_y-C_x 曲线表示翼型的升阻特性，称为极曲线，见图 6-19。

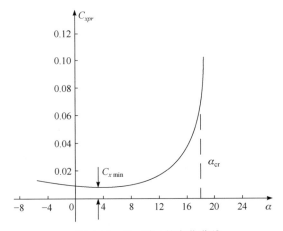

图 6-18　C_{xpr} 随 α 的变化曲线

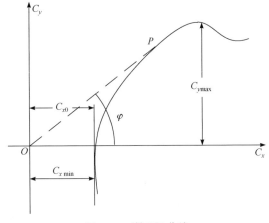

图 6-19　翼型极曲线

图 6-19 中 $C_y = 0$ 处 C_x 值称为翼型的零升阻力系数 C_{x0}，通常 $C_{x0} \approx C_{x\min} = 0.005 \sim 0.008$，失速前，翼型极曲线可近似用如下公式表示

$$C_x = C_{x0} + kC_y^2 \qquad (6-38)$$

显然，它是一条抛物线。极曲线上任一点 P 与原点 O 的连线 OP 与 Ox 轴的夹角为 φ，定义

$$K = \tan\varphi = \frac{C_y}{C_x} \qquad (6-39)$$

称为翼型的升阻比。K 的最大值用 $K_{\max}$ 表示，称为翼型的最大升阻比。$K_{\max}$ 是衡量翼型升阻特性的重要指标之一，性能优良的翼型 $K_{\max}$ 可达 50 以上。

习　题

1. 翼型剖面的形状主要有哪些？翼型的主要几何参数有哪些？

2. 什么是翼型的迎角？翼型的空气动力系数主要有哪些？分别如何表示？

3. 如何理解库塔-茹科夫斯基后缘条件？起动涡是如何产生的？

4. 如何理解薄翼型理论？

5. 简述低速薄翼型的气动特性？

6. 什么是翼型的后缘分离？为什么会出现这种现象？为何会出现长泡分离和短泡分离的现象？

7. 计算平板最大理想升力系数？

8. 考虑 NACA4412 翼型的中弧线坐标为 $y_f/c = 0.25(0.8x/c - (x/c)^2)$，$0 \leqslant x/c \leqslant 0.4$，$y_f/c = 0.111(0.2 + 0.8x/c - (x/c)^2)$，$0.4 \leqslant x/c \leqslant 1$，采用薄翼理论计算，已经得到零升迎角 $\alpha_{L=0} = -4.15°$，升力系数遵循薄翼理论，如果攻角为 $\alpha = 3°$，那么升力系数近似为多少？

第7章 机翼的低速气动特性

机翼是飞机的最重要的部件之一,它的气动特性直接影响到全机的飞行性能,因此机翼的研究在空气动力学中占有重要的地位。第6章我们学习了翼型低速气动特性,其实是在无限翼展机翼中任取一个剖面来进行研究,属于二维流动。对于实际的机翼而言,由于机翼尺寸的限制和几何形状设计,机翼表面流动会出现明显的三维特性。从本章开始,就要进入三维机翼气动特性的学习。同样,为了简化,本章不考虑空气的压缩性,仅限于讨论常用机翼在低速($Ma < 0.3$)时气动特性。在内容上,本章首先介绍机翼的主要几何参数与气动参数(即空气动力系数),其次分别阐述了大展弦比直机翼、后掠翼机翼、三角翼等典型机翼在低速情形下的气动特性,并分别给出了相应的气动力估算公式。本章内容是第6章内容的继承和延伸,将进一步完善所得到的结论和模型。

7.1 机翼的主要参数

7.1.1 机翼的几何参数

机翼的几何形状是飞行器设计中首先要考虑的问题之一,其影响因素有气动特性、整机布局形式、结构和工艺、隐身性要求等。不同飞机机翼的几何形状也千差万别,为区分不同机翼的几何形状,首先需要明确机翼的几何参数。

为描述机翼的几何参数,引入 $O\text{-}xyz$ 右手坐标系,见图7-1。

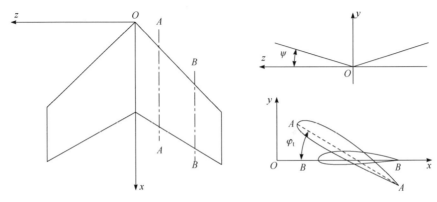

图7-1 机翼坐标系

坐标原点放于翼根处翼型弦线前缘点上，x 轴沿机翼对称面内翼型弦线，向后为正，称为机翼纵轴；y 轴在机翼对称面内，与 x 轴正交，向上为正，称为机翼竖轴；z 轴与 x、y 构成右手坐标系，向左为正，称为机翼横轴。在上述建立的直角坐标系基础上，在空间中总共可以得到任意两个坐标轴构成的三个平面，即 Oxz 平面、Oyz 平面、Oxy 平面，根据机翼在这三个平面内的投影，我们可以将机翼的几何参数分成三类，即平面形状、几何扭转角 $\varphi_t(z)$ 和上(下)反角 ψ。

7.1.1.1 机翼的平面形状和平面几何参数

机翼的平面形状是指在 Oxz 平面内投影的形状。早期的飞机，机翼的平面形状一般为矩形，这是因为矩形机翼制造较为简单，但其阻力较大。随着飞机飞行速度的提升，后来又出现了梯形机翼和椭圆形机翼。而后人们又发现，只有后掠或三角形机翼等才能使飞机以接近或超过声速飞行。近现代航空工业的发展，又陆续出现了双三角翼、前掠翼、变后掠翼等。图 7-2 给出了几种常见的机翼平面形状，分别是矩形机翼、梯形机翼、后掠翼、三角翼。用于表示这些平面形状的主要几何参数如下。

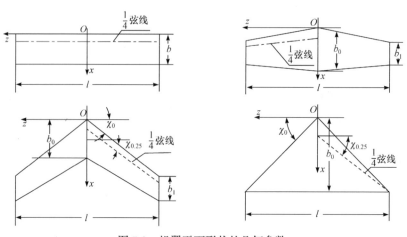

图 7-2　机翼平面形状的几何参数

(1) 面积 S：机翼平面形状的面积。

(2) 展长 l：机翼在 z 方向的最大长度，即机翼左、右翼端(翼尖)之间的距离。

(3) 弦长 $b(z)$：机翼展向剖面弦长，是展向位置 z 的函数。有代表性的弦长是 $z = 0$ 时根弦长 b_0 和 $z = \pm l / 2$ 时尖弦长 b_1。在气动计算上还常用平均几何弦长 b_{cp} 和平均气动弦长 b_A，其定义为

平均几何弦长：

$$b_{cp} = \frac{S}{l};$$

平均几何弦长一般作为机翼的几何基准，计算机翼的其他几何参数。

平均气动弦长：

$$b_A = \frac{2}{S} \int_0^{l/2} b^2(z)\mathrm{d}z$$

平均气动弦长本质上是一个假想的矩形机翼的弦长，这个假想的矩形机翼具有与原机翼相同的机翼面积与力矩特性。

(4) 展弦比λ：$\lambda = l/b_{cp} = l^2/S$，一般机翼$\lambda = 2 \sim 12$。

(5) 根梢比η：$\eta = b_0/b_1$，一般机翼$\eta = 1 \sim \infty$。

(6) 后掠角χ：前缘、后缘、翼弦 1/4(或 1/2)点连线与z轴的夹角分别称为前缘后掠角χ_0、后缘后掠角χ_1，1/4(或 1/2)弦线后掠角$\chi_{1/4}$ (或$\chi_{1/2}$)，一般后掠角$\chi_{1/4} = 35° \sim 60°$。

7.1.1.2　机翼几何扭转角$\varphi_t(z)$

机翼几何扭转角$\varphi_t(z)$是Oxy平面的几何参数，它定义为机翼展向任一剖面处翼型弦线与翼根剖面处弦线的夹角。上扭为正，下扭为负，见图 7-1。在后掠机翼上，通常是将翼梢剖面相对翼根剖面向下扭转，使翼梢剖面的有效迎角减小。这样，使翼梢部分升力降低，可防止翼梢先开始失速。要注意的是，除了几何扭转角以外还有气动扭转角，它指的是平行于机翼对称面的任一翼剖面的零升力线与翼根剖面零升力线的夹角，通过沿展向各剖面配置不同系列翼型或不同弯度的同一系列翼型，可以得到无几何扭转，但有气动扭转的机翼。这样，也可以改善机翼的空气动力性能。

7.1.1.3　上(下)反角ψ

机翼的弦平面与Oxz平面的夹角，见图 7-1。上反为正，下反为负。一般$\psi = -3° \sim +7°$。对于不同类型的飞机，根据其功能用途及需求，上(下)反角的设计不尽相同。例如，对于民航飞机来说，机翼一般设计为上反角构型，一方面可以增加飞行过程中的横向稳定性；另一方面结合下单翼设计可以对发动机噪声形成有效的遮挡，有助于降低机舱内的噪声。对于军用飞机来说，机翼一般设计为下反角构型，虽然降低了横向稳定性，却提高了飞机的机动性；此外，结合上单翼设计可以增加发动机的离地高度，降低了飞机在战场简易跑道环境下吸入杂物的概率。

7.1.2　机翼的空气动力系数

表征机翼的空气动力常采用风轴系(速度轴系)。其中x轴沿来流方向向后，y轴在机翼对称面内垂直于x轴向上为正，z轴与x、y轴构成右手正交坐标系。

来流 v_∞ 在机翼对称面的投影，与翼根剖面弦线的夹角定义为机翼迎角 α。v_∞ 相对翼根剖面弦线上偏为正，下偏为负，此时作用于机翼上的空气动力和翼型一样有升力 Y、阻力 X、纵向力矩 M_z。定义无量纲空气动力系数如下：

升力系数

$$C_y = \frac{Y}{\frac{1}{2}\rho v_\infty^2 S} \tag{7-1}$$

阻力系数

$$C_x = \frac{X}{\frac{1}{2}\rho v_\infty^2 S} \tag{7-2}$$

纵向力矩系数

$$m_z = \frac{M_z}{\frac{1}{2}\rho v_\infty^2 S b_A} \tag{7-3}$$

若来流 v_∞ 与机翼对称面有夹角时，则定义此夹角为侧滑角 β。v_∞ 在对称面右侧 β 为正。此时作用于机翼上的空气动力除升力 Y、阻力 X、纵向力矩 M_z 以外，还有侧力 Z，滚转力矩 M_x、偏航力矩 M_y，定义其无量纲空气动力系数如下：

侧力系数

$$C_z = \frac{Z}{\frac{1}{2}\rho v_\infty^2 S} \tag{7-4}$$

滚转力矩系数

$$m_x = \frac{M_x}{\frac{1}{2}\rho v_\infty^2 S l} \tag{7-5}$$

偏航力矩系数

$$m_y = \frac{M_y}{\frac{1}{2}\rho v_\infty^2 S l} \tag{7-6}$$

7.2 大展弦比直机翼低速气动特性

气流流过二维翼型的情况代表了气流流过无限翼展机翼的情况，因此，翼型气动特性代表了无限翼展机翼的气动特性。而实际机翼的展长 l 及相应的展弦比

λ 均为有限值，流动必是三维的。本节着重讨论低速飞机上经常采用的大展弦比 $(\lambda \geqslant 5)$ 直机翼 $(\chi_{1/4} \approx 0)$ 的低速气动特性。

7.2.1　绕流流态及特点分析

1) 翼端效应和展向流动

气流以正迎角绕流机翼时，机翼产生向上的升力，下翼面的压力必高于上翼面的压力；下翼面的高压气流有向上翼面流动的倾向。对于 $\lambda = \infty$ 的无限翼展机翼，由于无翼端存在，上下翼面压力差不会引起展向流动，展向任一剖面均保持二维特性。对有限翼展机翼来说，由于翼端存在、下翼面高压气流通过翼端(该处上下表面压力相等)与上表面互相沟通。下表面从翼根剖面产生向外侧的展向流速，上表面产生向内侧的展向流速。使得下翼面流线向翼端偏斜，上翼面的流线向对称面偏斜，见图 7-3。

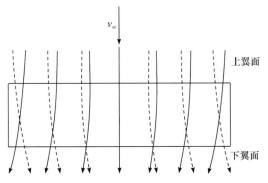

图 7-3　机翼上下表面流线

2) 自由涡的形成和发展

由于上下翼面流线的偏斜，上下翼面气流在后缘汇合时，存在展向分速的突跃，在后缘便拖出无数条涡线，组成一个涡面，称为机翼的自由涡面。自由涡面在距机翼后缘约一倍展长的地方，由于粘性和涡的相互诱导作用，逐渐卷起并形成一对旋转方向相反的涡卷向后延伸，其轴线大致与来流平行，见图 7-4。

3) 升力(坏量)沿展向分布

在翼端处于上下表面相通，压差为零，故升力(环量)为零。对有升力的平直机翼，下翼面中间(根部)剖面压力最高，向两侧逐渐降低；上翼面正好相反，翼端处压力最高，向中间逐渐降低，如图 7-5 所示。因此，上下翼面压差升力或环量沿展向是变化的，中间剖面最大，向外侧逐渐降低，翼端为零。

7.2.2　气动模型的升力线假设

要从理论上分析和估算机翼的气动特性,应根据上述流动特点建立气动模型。

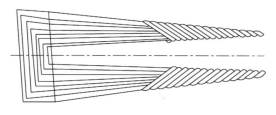

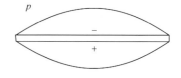

图 7-4　涡索　　　　　　　图 7-5　机翼上下表面压力系数分布

对于翼型，按照薄翼型理论，翼型的升力是迎角和弯度的贡献，可在翼型的中弧线上连续分布其轴线与展向平行的旋涡来代替翼型的作用，这个涡面称为附着涡面；翼型的总升力与此附着涡总强度 Γ 成正比。对于三维机翼来讲，从升力特性看，与无限展长机翼的主要差别或者说三维效应，是以下两点：首先 Γ 沿展向是变化的，即 $\Gamma_{z=0} = \Gamma_{\max}$，$\Gamma_{z=\pm l/2} = 0$；其次机翼后出现两个从后缘拖出的自由涡面。因此，为建立计算大展弦比直机翼小迎角下的升力特性的位流气动模型，应对翼型的气动模型进行修改。

对大展弦比机翼，自由涡面的卷起和弯曲主要发生在远离机翼的地方。为简单起见，假设此自由涡面不卷起也不耗散，顺着来流方向延伸到无穷远。因此，直匀流绕大展弦比直机翼流动的气动模型应是

直匀流 + 附着涡面 + 自由涡面

而附着涡面和自由涡面可用无数条 Π 形马蹄涡来模拟，如图 7-6 所示。

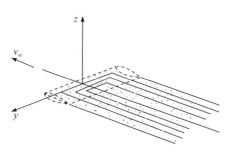

图 7-6　大展弦比直机翼涡系模型

Π 形马蹄涡系数与直匀流叠加对大展弦比直机翼来说是既合理又实用的气动模型，这是因为：

第一，它符合沿一根涡线强度不变且不能在流体中中断的旋涡定理。

第二，Π 形马蹄涡垂直来流那部分是附着涡系，可替代机翼的升力作用。沿展向各剖面上通过的涡线数目不同：中间剖面通过的涡线最多，环量最大；翼端剖面无涡线通过，环量为零。从而模拟了环量和升力的展向分布。

第三，Π 形马蹄涡系平行来流且向下游无限远，模拟了自由涡面。由于展向相邻两剖面间拖出的自由涡强度等于这两个剖面上附着涡的环量差，从而建立了展向自由涡线强度与机翼上附着涡环量之间的关系。

利用此马蹄涡系气动模型来计算机翼的升力模型仍较繁锁。对大展弦比直机翼，由于弦长比展长小得多，因此可以近似将机翼上的附着涡系合并成一条展向变强度的附着涡线，各剖面的升力就作用在该线上，称为升力线假设，此时气动

模型简化为

直匀流+附着涡线+自由涡系

因为低速翼型的升力增量作用点在焦点处，约 1/4 弦点处。因此附着涡线可放在展向各剖面的 1/4 弦点的连线上，此线即为升力线，见图 7-7。

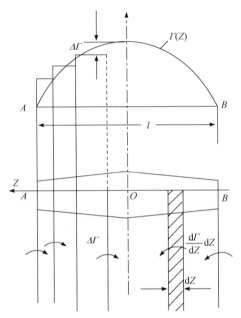

图 7-7　大展弦比直机翼气动模型

7.2.3　升力线理论

基于升力线模型建立起来的机翼理论称为升力线理论。

7.2.3.1　剖面假设

如前所述，有限翼展机翼上的翼剖面与二维翼型特性不同，主要反映在绕机翼的三维效应。对大展弦比直机翼小迎角下的绕流来说，各剖面上的展向分速及各流动参数沿展向的变化比其他两个方向的分速及流动参数小得多，这样有理由把每一剖面上的流动看成是二维的。而在展向不同剖面上的二维流动，由于自由涡的影响彼此又是不相同的，这种从局部剖面来看是二维流动，而从机翼全体剖面看又是三维流动的假设，称为剖面假设。剖面假设实际上是一种准二维假设，机翼展弦比 λ 越大，这种假设越实际，当 $\lambda \to \infty$，此假设是准确的。

7.2.3.2　下洗速度、升力、诱导阻力

大展弦比直机翼展向任一剖面和二维翼型的主要差别在于自由涡面在展向剖

面处引起一个向下(正升力时)的诱导速度，称为下洗速度。

如图 7-8 所示，若附着涡强度分布为 $\Gamma(z)$ ，则从该展向位置 dz 段所拖出的自由涡强为 $\dfrac{d\Gamma}{dz}dz$ ，这是因为如在 z 处附着涡的强度为 $\Gamma(z)$ ，则在$(z+dz)$处附着涡强度为 $\Gamma(z)+\dfrac{d\Gamma}{dz}dz$ ， dz 段附着涡强度改变 $\dfrac{d\Gamma}{dz}dz$ ，根据旋涡的亥姆霍兹定理，从 dz 段拖出的自由涡的强度就应是 $\dfrac{d\Gamma}{dz}dz$ 。

于是，如图 7-8 所示， dz_b 段拖出的自由涡对附着涡线任意点 $P(z)$ 的诱导引起的下洗速度与 v_∞ 垂直，其大小根据半无限长的自由涡在 $P(z)$ 点诱导引起的下洗速度公式(3-23)，得

$$dv_y = -\frac{\dfrac{d\Gamma(z_b)}{dz_b}dz_b}{4\pi(z_b - z)}$$

式中： z_b 表示自由涡所在位置， z 表示受扰动点 $P(z)$ 所在位置。当 $\dfrac{d\Gamma(z_b)}{dz_b}dz_b < 0$ 时， z_b 处的自由涡($z_b > z$)对 $P(z)$点引起的下洗速度是向下的(下洗速度指向负 y 轴为正)，故式中有一负号。

整个自由涡在点 $P(z)$处引起的下洗速度为

$$v_y = -\frac{1}{4\pi}\int_{-l/2}^{l/2}\frac{1}{z_b - z}\frac{d\Gamma(z_b)}{dz_b}dz_b \tag{7-7}$$

如图 7-9 所示，考虑了自由涡引起的下洗速度后，流向机翼微段的速度为有效速度 v_e ，则有效迎角 α_e (有效速度 v_e 与机翼弦线的夹角)与下洗角 ε (有效速度 v_e 与来流速度 v_∞ 的夹角)之间的关系为

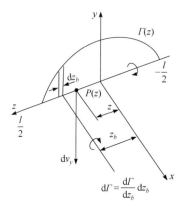

图 7-8　半无限长自由涡的诱导速度

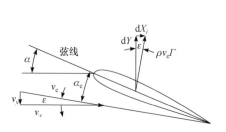

图 7-9　有效迎角与诱导流动

$$\alpha_e(z) = \alpha(z) - \varepsilon(z) \tag{7-8}$$

式中

$$\varepsilon(z) = \arctan\left(\frac{v_y(z)}{v_\infty}\right) \approx \frac{v_y(z)}{v_\infty} \tag{7-9}$$

因此，作用在 $P(z)$ 处机翼微段 dz 上的力 dR 按库塔-茹科夫斯基升力定理可得

$$dR = \rho v_e \Gamma(z) dz$$

dR 的方向垂直于有效速度 v_e，它在垂直和平行于 v_∞ 方向上的分量 dY 和 dX_i 分别称为升力和诱导阻力。

$$dY = dR\cos\varepsilon = \rho v_\varepsilon(z)\Gamma(z)\cos\varepsilon dz = \rho v_\infty \Gamma(z) dz \tag{7-10}$$

$$dX_i = dR\sin\varepsilon \approx dY \cdot \varepsilon$$

$$= \rho v_\infty \Gamma(z) dz \frac{v_y(z)}{v_\infty} = \rho v_y(z)\Gamma(z) dz \tag{7-11}$$

将上两式沿整个翼展积分，得机翼的升力和诱导阻力

$$Y = \rho v_\infty \int_{-l/2}^{l/2} \Gamma(z) dz \tag{7-12}$$

$$X_i = \rho \int_{-l/2}^{l/2} v_y(z)\Gamma(z) dz = -\frac{\rho}{4\pi} \int_{-l/2}^{l/2} \Gamma(z) dz \cdot \int_{-l/2}^{l/2} \frac{d\Gamma}{dz_b} \frac{dz_b}{z_b - z} \tag{7-13}$$

从以上各式可见，计算机翼的气动特性时，首先确定机翼上附着涡的展向环量分布 $\Gamma(z)$。

7.2.3.3 确定 $\Gamma(z)$ 的积分-微分方程

上面已经看到，若能确定机翼环量沿展向的分布规律 $\Gamma(z)$，则可求出作用在机翼上的升力和阻力等气动特性，下面我们来推导确定 $\Gamma(z)$ 的方程。

从翼型理论可知，作用在微段机翼 dz 的升力 dY 为

$$dY = C_y(z)\frac{1}{2}\rho v_\infty^2 b(z) dz \tag{7-14}$$

式中：$b(z)$ 为当地弦长，$C_y(z)$ 为剖面升力系数，它可写成

$$C_y(z) = C_{yp}^\alpha \left[\alpha_e(z) - \alpha_0(z)\right] \tag{7-15}$$

这里，$\alpha_0(z)$ 表示 z 点处剖面升力系数 $C_y(z) = 0$ 时的迎角，称为当地剖面的零升迎角。如果机翼展向各剖面的零升迎角相同，则称该机翼为无气动扭转机翼；C_{yp}^α 为二维机翼(即翼型)的升力线斜率，其理论值为 2π。

将 $\alpha_e(z) = \alpha(z) - \varepsilon(z) = \alpha(z) - \dfrac{v_y(z)}{v_\infty}$ 代入式(7-15)得

$$C_y(z) = C_{yp}^\alpha \left[\alpha(z) - \alpha_0(z) - \frac{v_y(z)}{v_\infty} \right] \tag{7-16}$$

再将式(7-16)代入式(7-14)，得到

$$dY = C_{yp}^\alpha \left[\alpha(z) - \alpha_0(z) - \frac{v_y(z)}{v_\infty} \right] \cdot \frac{1}{2} \rho v_\infty^2 b(z) dz \tag{7-17}$$

式(7-10)和式(7-17)是从不同角度得出的 dz 段的升力，令两式相等，得到

$$\Gamma(z) = \frac{1}{2} C_{yp}^\alpha b(z) \cdot v_\infty \left[\alpha(z) - \alpha_0(z) - \frac{v_y(z)}{v_\infty} \right] \tag{7-18}$$

再将式(7-7)代入上式，得到

$$\Gamma(z) = \frac{1}{2} C_{yp}^\alpha b(z) v_\infty \left[\alpha(z) - \alpha_0(z) + \frac{1}{4\pi v_\infty} \int_{-l/2}^{l/2} \frac{d\Gamma}{dz_b} \frac{dz_b}{z_b - z} \right] \tag{7-19}$$

式(7-19)就是附着涡强度分布函数 $\Gamma(z)$ 所应满足的方程，是升力线理论的基本方程。此方程中未知函数 $\Gamma(z)$ 既在微分号下，又在积分号下，故又称为机翼的基本积分-微分方程。这个方程只有在少数特殊情况下才能得到精确的解析式，椭圆形环量分布是其中最重要的一个。

7.2.3.4　椭圆形环量分布无扭转平直翼气动特性

设机翼环量沿展向分布 $\Gamma(z)$ 为椭圆形，如图 7-10 所示，即

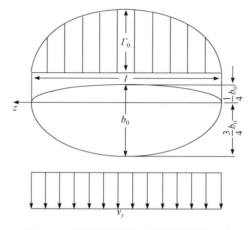

图 7-10　椭圆形环量分布机翼及下洗速度

$$\Gamma(z) = \Gamma_0 \sqrt{1 - \left(\frac{z}{l/2}\right)^2} \tag{7-20}$$

式中：Γ_0 表示机翼对称面 $(z = 0)$ 处的环量。

将式(7-20)代入式(7-7)得诱导速度分布为

$$v_y = -\frac{1}{4\pi}\int_{-l/2}^{l/2} \frac{\mathrm{d}\left[\Gamma_0\sqrt{1-\left(\dfrac{z}{l/2}\right)^2}\right]}{\mathrm{d}z_b} \cdot \frac{\mathrm{d}z_b}{z_b - z} = -\frac{\Gamma_0}{2\pi l}\int_{-l/2}^{l/2} \frac{\dfrac{2}{l}z_b}{\sqrt{1-\left(\dfrac{z}{l/2}\right)^2}} \cdot \frac{\mathrm{d}z_b}{z_b - z}$$

令 $2z_b/l = \cos\theta_b$，$2z/l = \cos\theta$，见图 7-11，则 $\mathrm{d}z_b = -\dfrac{1}{2}\sin\theta_b\mathrm{d}\theta_b$，将此关系式代入上式，整理后得

$$v_y = -\frac{\Gamma_0}{2\pi l}\int_{-l/2}^{l/2} \frac{\cos\theta_b}{\cos\theta_b - \cos\theta} \cdot \mathrm{d}\theta_b$$

由于

$$\int_0^\pi \frac{\cos\theta_b}{\cos\theta_b - \cos\theta}\mathrm{d}\theta_b = \pi$$

故得

$$v_y = \frac{\Gamma_0}{2l} \tag{7-21}$$

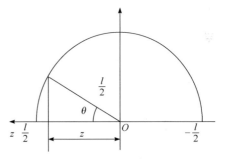

图 7-11　θ 和 z 的关系

式(7-21)说明，椭圆形环量分布的机翼，其下洗速度(或下洗角)沿展向为一常数，如图 7-10 所示。

如果机翼是无气动扭转和无几何扭转的，则有

$$\alpha(z) - \alpha_0(z) - \frac{v_y(z)}{v_\infty} = C \quad (C \text{ 为待定常数})$$

将该式及式(7-20)代入式(7-18)，得

$$\Gamma_0 \cdot \sqrt{1 - \left(\frac{2z}{l}\right)^2} = \frac{1}{2}C_{yp}^\alpha b(z)v_\infty \cdot C \tag{7-22}$$

令对称面 $z = 0$，机翼弦长为 b_0，代入上式得

$$C = \Gamma_0 \Big/ \left(\frac{1}{2}C_{yp}^\alpha b_0 v_\infty\right)$$

将 C 代入式(7-22)，得到机翼平面形状方程为

$$b(z) = b_0 \sqrt{1 - \left(\frac{2z}{l}\right)^2}$$

或

$$\frac{b^2(z)}{b_0^2} = 1 - \frac{z^2}{\left(\frac{l}{2}\right)^2}$$

即

$$\frac{b^2(z)}{b_0^2} + \frac{z^2}{\left(\frac{l}{2}\right)^2} = 1 \tag{7-23}$$

式(7-23)是椭圆方程的表达式,它说明对应于椭圆环量分布的机翼的平面形状也是椭圆形的。由于所得到机翼要满足升力线理论所规定的条件,即每个剖面的 1/4 弦点连线应当是直线,所以所得到机翼的平面形状不是上下对称的椭圆,而是由两个半椭圆所合成的,它们的长轴都在 z 轴上(从 $-l/2$ 到 $+l/2$),但上半个椭圆(前缘)的短半轴长度为 $b_0/4$,而下半个椭圆的短半轴则为 $3b_0/4$,如图 7-11 所示。

将式(7-20)代入式(7-12)得到椭圆形机翼的升力为

$$
\begin{aligned}
Y &= \rho v_\infty \int_{-l/2}^{l/2} \Gamma(z)\mathrm{d}z \\
&= \rho v_\infty \int_{-l/2}^{l/2} \Gamma_0 \cdot \sqrt{1 - \left(\frac{2z_b}{l}\right)^2}\,\mathrm{d}z \\
&= -\rho v_\infty \Gamma_0 \frac{l}{2} \int_\pi^0 \sin^2\theta\,\mathrm{d}\theta \\
&= \rho v_\infty \Gamma_0 \frac{l}{2} \int_0^\pi \sin^2\theta\,\mathrm{d}\theta \\
&= \frac{\pi}{4}\rho v_\infty l \cdot \Gamma_0
\end{aligned}
\tag{7-24}
$$

又根据定义有

$$Y = C_{ye} \cdot \frac{1}{2}\rho v_\infty^2 \cdot S \tag{7-25}$$

令式(7-24)和式(7-25)相等,并注意到 $\lambda = l^2/S$,则得

$$\Gamma_0 = 2lv_\infty \frac{C_{ye}}{\pi\lambda}$$

将 Γ_0 代入式(7-21)得

$$v_y = \frac{\Gamma_0}{2l} = v_\infty \frac{C_{ye}}{\pi\lambda}$$

故

$$\frac{v_y}{v_\infty} = \varepsilon = \frac{C_{ye}}{\pi\lambda} \tag{7-26}$$

对于无扭转的椭圆机翼，整个机翼的升力系数等于各剖面的升力系数，故有

$$C_{ye} = C_{yp}^\alpha (\alpha - \alpha_0 - \varepsilon)$$

$$= C_{yp}^\alpha \left(\alpha - \alpha_0 - \frac{C_{ye}}{\pi\lambda}\right) \tag{7-27}$$

又因在 C_{ye} 的线性范围内，有

$$C_{ye} = C_{ye}^\alpha (\alpha - \alpha_0) \tag{7-28}$$

因而得出无扭转椭圆翼的升力线斜率为

$$C_{ye}^a = \frac{C_{yp}^\alpha}{1 + \frac{C_{yp}^\alpha}{\pi\lambda}} \tag{7-29}$$

对于薄翼，$C_{yp}^\alpha = 2\pi$，因此有

$$C_{ye}^\alpha = \frac{2\pi\lambda}{\lambda + 2} \quad (1/\mathrm{rad}) \tag{7-30}$$

将式(7-20)代入式(7-13)，可得诱导阻力为

$$X_i = \frac{\pi}{8}\rho\Gamma_0^2 \tag{7-31}$$

对应的阻力系数 C_{xi} 为

$$C_{xi} = C_{ye} \cdot \varepsilon = C_{ye}^2 / (\pi\lambda) \tag{7-32}$$

上式说明了椭圆形机翼的诱导阻力系数与 C_{ye}^2 成正比，而与 λ 成反比，这是因为升力越大，下洗角越大，所以诱导阻力越大，因此诱导阻力又称为升致阻力。前面已经指出，对于无限翼展机翼，后缘后面没有自由涡系，当然也不存在诱导阻力，所以展弦比越大，有限翼展的机翼就越接近于无限翼展机翼，诱导阻力越小。

7.2.3.5　一般形状大展弦比直机翼气动特性

椭圆形机翼的环量分布是椭圆形的,这是升力线理论最简单的一个解析特解。虽然从升力线理论可以证明椭圆形机翼在相同展弦比 λ 下具有最佳升阻特性的平

面形状，但因结构和工艺上的复杂性目前已很少采用。目前飞机上广泛采用的大展弦比 λ 直机翼是矩形翼和梯形翼。求解这些非椭圆形大展弦比 λ 直机翼的环量分布可用与薄翼型理论求 $\gamma(\zeta)$ 相类似的三角级数法。计算结果表明，在机翼无扭转时，一般机翼 $\Gamma(z)$ 和 C_y/C_{ye} 除在根部和尖部有些差别外并无多大差异。因此一般非椭圆形大 λ 直机翼的气动特性可在椭圆形机翼的基础上加以修正而得

$$C_y^\alpha = \frac{2\pi\lambda}{\sqrt{\lambda^2/K^2 + 4} + 2} \quad (1/\text{rad}) \tag{7-33}$$

$$C_{xi} = \frac{C_{ye}^2}{\pi\lambda}(1+\delta) \tag{7-34}$$

式中：$K = C_{yp}^\alpha/(2\pi)$，C_{yp}^α 由式(6-28)确定；δ 为诱导阻力系数修正因子，与机翼展弦比 λ 和根梢比 η 有关，见表7-1。

表 7-1　几种平面形状机翼的 $\dfrac{1+\delta}{\pi}$ 平均值

机翼平面形状	简图	$(1+\delta)/\pi$
椭圆形		$0.318(\delta=0)$
梯形 $(\eta=2\sim3)$		≈0.318
矩形 $(\lambda=2\sim3)$		0.335
翼尖倒圆矩形		0.318

　　诱导阻力系数亦可写成

$$C_{xi} = \frac{C_{ye}^2}{\pi\lambda_e} = AC_{ye}^2 \tag{7-35}$$

式中：$\lambda_e = \dfrac{\lambda}{1+\delta}$ 为有效展弦比；$A = \dfrac{1}{\pi\lambda_e} = \dfrac{1+\delta}{\pi\lambda}$ 称为诱导阻力因子。对于大展弦比直机翼可用下式计算

$$A = \frac{1}{\pi}\left(\frac{1}{\lambda} + 0.025\right) \tag{7-36}$$

由式(7-35)可见，C_{xi} 与 C_y^2 成比例，并随 λ 的增大而减小。在同样的 C_y 和 λ 下，

椭圆形机翼的 C_{xi} 最小。

根据 $C_x = C_{x0} + C_{xi} = C_{xp} + \dfrac{C_y^2}{\pi\lambda}(1+\delta)$ 可求得大展弦比直机翼的阻力特性，见图 7-12。由图可见，在小迎角范围内，机翼表明没有气流分离，压差阻力很小；因为迎角小，升力系数也小，诱导阻力系数也不大。机翼阻力的主要成分是摩擦阻力。由于摩擦阻力系数基本不随迎角而变，所以，在小迎角范围内，阻力系数基本不随迎角变化。

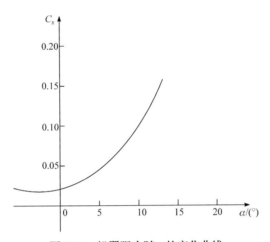

图 7-12　机翼阻力随 α 的变化曲线

随着迎角增大，升力系数增大，诱导阻力系数与升力系数平方成正比增大。诱导阻力将上升成为阻力的主要成分。当迎角超过临界迎角以后，机翼表面气流将发生严重分离，压差阻力急剧增加成为阻力的主要成分，阻力系数仍迅速增大。

实际计算中，通常将从 $C_y = 0$ 到 $C_y \neq 0$ 时增加的型阻归于诱导阻力中，统称为升致阻力，记为 ΔC_{xi}（或 C_{xi}），整个机翼的阻力系数表示为

$$C_x = C_{x\min} + \Delta C_x = C_{x\min} + AC_y^2 \tag{7-37}$$

式中：$C_{x\min}$ 可用平均几何弦长处的翼型参数，按式(6-35)或式(6-36)计算；A 可用下式计算

$$A = \frac{0.38}{\lambda - 0.8C_y(\lambda - 1)} \tag{7-38}$$

7.2.4　低速大展弦比直机翼的失速特性

和翼型一样，大展弦比直机翼在大迎角下也会因附面层严重分离而引起失速。不同的是，由于展向各剖面的有效迎角 α_e 和升力系数 $C_y(z)$ 是不一样的，故随着

机翼 α 的增加各剖面上的 $C_y(z)$ 不能同时达到 $(C_{y\max})_\infty$，机翼的 $(C_{y\max})$ 要小于翼型的 $(C_{y\max})_\infty$。因此我们应根据机翼几何参数对 $C_y(z)$ 的影响来讨论其对机翼的 $(C_{y\max})$ 的影响。图 7-13 画出了矩形机翼、梯形机翼和椭圆形机翼的展向下洗速度 v_y 和 $C_y(z)$ 的分布。

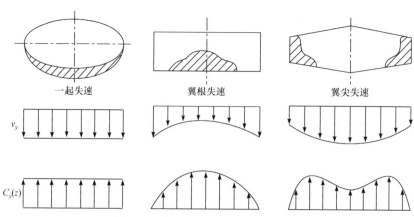

一起失速　　　　　　翼根失速　　　　　　翼尖失速

图 7-13　大展弦比直机翼的失速特性

从图 7-13 可看出以下几点：

第一，椭圆形机翼沿展向下洗速度相同，α_e 和 $C_y(z)$ 相同，故机翼的分离是沿整个机翼后缘一起分离的，$C_{y\max} = (C_{y\max})_\infty$；

第二，矩形机翼翼根 v_y 小，α_e 和 $C_y(z)$ 大，故必先在根部分离，然后再向翼尖区扩展；

第三，梯形机翼翼尖 v_y 小，α_e 和 $C_y(z)$ 大，故必先在翼尖区发生气流分离，并随着 η 的增大，$C_y(z)$ 的峰值向外侧移动，翼尖分离更加严重，不仅使 $C_{y\max}$ 下降，且使副翼等操纵面效率恶化。

由此可见，椭圆形机翼不仅在中小迎角下的升阻特性好，在大迎角下的失速特性也好。矩形机翼在中小迎角下的升阻特性不如椭圆形机翼，大迎角的 $C_{y\max}$ 也小，但翼根区先分离不会引起副翼特性的恶化，并可给飞行员一个快失速的警告，一般还是可以接受的。较大根梢比梯形机翼在中小迎角下的升阻特性接近椭圆形机翼，且结构重量轻、工艺简单，因而使用甚为广泛，但在大迎角下其失速特性不好，尤其是翼尖先分离所造成的副翼效率下降可能导致严重的飞行安全问题，从气动上说是一个比较严重，甚至不能允许的缺点，所以应给予改善。一种改善方法是采用气动扭转，即在翼尖处采用零升力迎角 $|\alpha_0|$ 小的翼型使其 α_e 下降。另一种经常采用的改善方法是采用负几何扭转，$\varphi_c = -3° \sim -4°$，以保证翼尖迟于翼根失速。保证翼根先失速有两方面好处：首先，机翼内侧面的分离气流打到平尾

上可使飞行员感受到它所造成的扰流抖动警告而避免进入失速状态；其次，翼尖后于翼根失速可使全机处于失速状态时，副翼等操纵面仍有足够控制和操纵飞机的效率，以确保还可以从危险的螺旋中改出来。

7.3　后掠翼低速气动特性

低速飞机广泛采用大展弦比直机翼。随着飞机速度提高到跨声速和低超声速，发现 $\chi = 35° \sim 65°$ 的后掠翼可推迟激波阻力的出现或减弱激波阻力，因此在高速飞机上已广泛采用各种 λ 值、各种平面形状的后掠翼。但后掠翼也有低速飞行阶段，如起飞和着陆等，且后掠翼的亚声速气动特征对可通过压缩性修正从低速特征而得，因此研究后掠翼的低速特性仍具有重要意义。

7.3.1　无限翼展斜置翼的气动特性

为定性说明机翼的后掠效应，可先来分析无限翼展斜置翼的气动特性，将一个无限翼展正置翼相对于来流以斜置一个 χ 角就构成一个无限翼展斜置翼，见图 7-14。

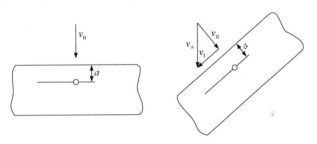

图 7-14　无限翼展正置翼和斜置翼

将来流 v_∞ 分解为垂直和平行于无限翼展斜置翼前缘的法向分速 $v_n = v_\infty \cos\chi$ 和展向分速 $v_t = v_\infty \sin\chi$。如果不计气流粘性的影响，此斜置翼的气动特性只取决于 v_n，而与 v_t 无关。因此我们可以借助气流的法向分速 v_n 绕正置二维机翼的流动来计算无限翼展斜置翼的气动特性。

由图 7-15 所示的简单几何关系可得，正置翼的迎角 α_n 和斜置翼的迎角 α 有如下关系

$$\sin\alpha_n = \frac{v_\infty \sin\alpha}{v_\infty \cos\chi} = \frac{\sin\alpha}{\cos\chi}$$

当 α 很小时，$\sin\alpha_n \approx \alpha_n$，$\sin\alpha \approx \alpha$，则上式变为

$$\alpha_n = \frac{\alpha}{\cos\chi} \qquad\qquad (7\text{-}39)$$

设正置翼上某点，距前缘距离为 a ，其压力为 p ，其压力系数 $\bar{p}_n$ 为

$$\bar{p}_n = \frac{p - p_\infty}{\frac{1}{2}\rho v_n^2}$$

而斜置翼上相应距离点(即距前缘距离为 a)的压力仍为 p ，但其压力系数 $\bar{p}$ 为

$$\bar{p} = \frac{p - p_\infty}{\frac{1}{2}\rho v_\infty^2} = \frac{p - p_\infty}{\frac{1}{2}\rho v_\infty^2 \cos^2 \chi} \cos^2 \chi = \bar{p}_n \cos^2 \chi \tag{7-40}$$

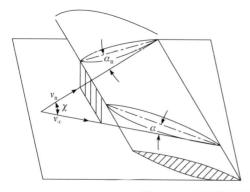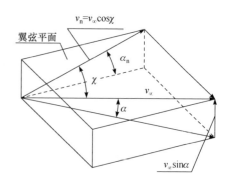

图 7-15　正置翼和斜置翼速度、迎角关系

设作用在正置翼单位翼展上的升力为 Y ，升力系数 C_{yn} 为

$$C_{yn} = \frac{Y}{\frac{1}{2}\rho v_n^2 b_n \cdot 1}$$

式中： b_n 为正置机翼的弦长，也就是斜置机翼的法向弦长 $(b_n = b\cos\chi)$ 。而作用在斜置翼同一翼段长度上的阻力仍为 Y ，但升力系数 C_y 为

$$C_y = \frac{Y}{\frac{1}{2}\rho v_\infty^2 b_n \cdot 1} = \frac{Y}{\frac{1}{2}\rho v_n^2 b_n \cdot 1} \cos^2 \chi = C_{yn}\cos^2 \chi \tag{7-41}$$

设作用在正置翼单位翼展上的升力为 X_n ，那么 v_n 方向的阻力系数 C_{xn} 为

$$C_{xn} = \frac{X}{\frac{1}{2}\rho v_n^2 b_n \cdot 1}$$

而作用在斜置翼同一翼段长度上在 v_∞ 方向的阻力 $X = X_n\cos\chi$ ，所以阻力系数 C_x 为

$$C_x = \frac{X}{\frac{1}{2}\rho v_\infty^2 b_n \cdot 1} = \frac{X_n\cos\chi}{\frac{1}{2}\rho v_n^2 b_n \cdot 1} \cos^2 \chi = C_{xn}\cos^3 \chi \tag{7-42}$$

根据式(7-39)和式(7-41)，可得到斜置翼的升力线斜率 C_y^α 和正置翼升力线斜率 $(C_y^\alpha)_n$ 之间的关系为

$$C_y^\alpha = \frac{\mathrm{d}C_y}{\mathrm{d}\alpha} = \frac{\mathrm{d}(C_{yn}\cos^2\chi)}{\mathrm{d}(\alpha_n\cos\chi)}$$

$$= \frac{\mathrm{d}C_{yn}}{\mathrm{d}\alpha_n}\cos\chi = C_{yn}^{\alpha_n}\cos\chi \tag{7-43}$$

从上式可见，无限翼展的升力线斜率是正置二维机翼的 $\cos\chi$ 倍。

通过以上讨论，可见斜置翼的 $\bar{p}$、C_y^α、C_x 等都比相应的正置翼小。

应该注意的是，气流绕无限翼展斜置翼流动时，其展向分速 v_t 虽然对机翼的升力特性不发生影响，但它会使气流绕无限翼展斜置翼的流动图画不同于绕无限翼展平直机翼的流动图画。在不考虑粘性时，展向分速 v_t 是个常量保持不变，而法向分速 v_n 不断地改变，所以流线就会左右偏斜，其形状呈"S"型，如图 7-16 所示。这是因为气流远前方流向机翼前缘时，其法向分速 v_n 受阻滞而越来越慢，致使气流合速越来越向左偏斜；当气流从前缘流向最小压力点时，法向分速又逐渐增大，而展向分速保持不变，所以气流的合速越来越大并向右偏转。因此，气流流经斜置翼时，流线呈"S"型。

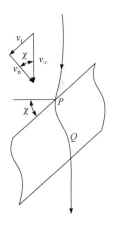

图 7-16　流线弯曲分析

7.3.2　后掠翼的低速气动特性

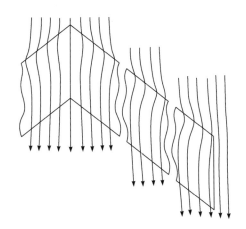

图 7-17　后掠机翼流线谱

7.3.2.1　后掠翼的流态和载荷特性

后掠机翼可认为是由两个对称的斜置机翼组成的。后掠机翼半翼展的中间部分的绕流图画与无限翼展斜置机翼十分接近。无限翼展斜置翼的分析结论可用来定性地分析后掠翼对机翼绕流的影响。但是，后掠翼由于有翼根和翼尖的存在，会引起"翼根效应"和"翼尖效应"，这将使后掠翼的气动特性和无限翼展斜置翼有所不同。从图 7-17 可以看出，在翼根上表面的前段，流线偏离对称面，流管扩张变粗，流速减慢，压力升高(吸

力变小)，而在后段流管变细，流速加快，压力降低(吸力增大)，这种现象称"翼根效应"。至于翼尖部分，情况正好相反，在翼剖面前段吸力变大，后段吸力变小，称"翼尖效应"。因此，在翼根和翼尖处，沿弦向的压力系数分布与半翼展中间部分的压力系数分布不同，如图 7-18 所示。

后掠翼的"翼根效应"和"翼尖效应"引起翼弦的压力分布发生变化，这种变化在机翼上表面前段较为明显。由于上表面前段对升力贡献较大，所以"翼根效应"使翼根部分的升力系数减小，而"翼尖效应"使翼尖部分的升力系数增大。因此，后掠机翼剖面升力系数 $C_y(z)$ 沿展向的分布如图 7-19 所示。

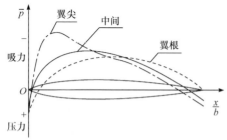
图 7-18 后掠翼的翼根效应和翼尖效应

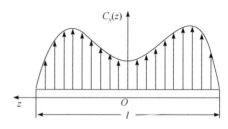
图 7-19 后掠翼展向剖面升力系数分布

7.3.2.2 后掠翼低速气动特性

1) 升力特性

根据式(7-43)，只要将式(7-33)中 C_{yp}^α 乘以 $\cos\chi_{0.5}$ ($\chi_{0.5}$ 表示 1/2 弦点连线的后掠角)，即可得到低速时后掠机翼的升力线斜率为

$$C_y^\alpha = \frac{2\pi\lambda}{\sqrt{\lambda^2 \left/ \left(\dfrac{C_{yp}^\alpha \cos\chi_{0.5}}{2\pi}\right)^2\right. + 4} + 2} = \frac{2\pi\lambda}{\sqrt{\lambda^2/K^2 \cos^2\chi_{0.5} + 4} + 2}$$

$$= \frac{2\pi\lambda}{\sqrt{\dfrac{\lambda^2}{K^2}(1+\tan^2\chi_{0.5}) + 4} + 2} \quad (1/\mathrm{rad}) \tag{7-44}$$

其中：$K = C_{yp}^\alpha \cos\chi_{0.5}/(2\pi)$。

由式(7-44)可以看出，当 λ 一定时，后掠角增大，C_y^α 减小；而当后掠角一定时，C_y^α 随 λ 增大而增大，如图 7-20 所示。

2) 阻力特性

后掠翼诱导阻力系数仍可按式(7-34)估算，即 $C_{xi} = C_y^2(1+\delta)/(\pi\lambda)$，其修正因

子 $1+\delta$ 须查相应的曲线。

3) 失速特性

由于后掠翼的翼根效应和翼尖效应，在上翼面形成自翼根向翼尖的压力梯度，促使附面层内的气流向翼尖方向流动，致使翼尖部分附面层变厚；同时，翼尖效应又使翼尖部分剖面的逆压梯度增大。因此，当迎角增大时，后掠翼气流分离首先在翼尖出现，造成了翼尖失速。

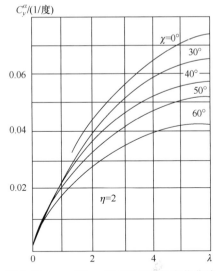

图 7-20 η 一定，C_y^α 随 λ 和 χ 的变化曲线

翼尖失速会给飞机的稳定性、操纵性带来不利的影响。因此后掠翼飞机采用了一系列措施以延缓后掠翼的翼尖失速。如：

第一，机翼采用几何扭转——即各剖面的翼弦不在同一平面内，因而各剖面迎角也不相同，当翼尖处的迎角较其他部位的迎角小时，不容易翼尖失速；

第二，翼尖部分采用失速迎角较大的机翼；

第三，机翼上表面装置翼刀，这样可以阻止附面层气流的横向流动，延缓翼尖失速；

第四，减小后掠翼翼尖部分的后掠角(如歼 5 飞机)，使翼尖部分横向流动减弱，延缓翼尖失速；

第五，在翼尖上采用前缘锯齿，如图 7-21 所示，从锯齿所产生的旋涡可起到翼力的作用并能对附面层内的空气输入能量，增大其速度以延缓翼尖失速。

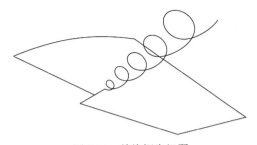

图 7-21 前缘锯齿机翼

后掠翼翼尖过早的失速使得后掠翼的 $C_{y\max}$ 和 α_{cr} 较直机翼小。此外，后掠翼的升力系数曲线斜率下降也是造成最大升力系数下降的原因。

图 7-22 为一后掠角 $\chi=35°$ 的后掠翼与相同展弦比直机翼的升力系数曲线的

比较。由图看出，C_{ymax} 比直机翼减小了 20%；临界迎角减小了 3°。需进一步指出的是，后掠翼在临界迎角附近，C_y 变化较直机翼缓和。这是由于后掠翼翼尖失速后，虽然翼尖区域的 C_y 急剧下降，见图 7-23 曲线 2，但由于机翼翼根部分尚未失速(曲线 1)，因此，整个机翼的 C_y 随 α 增大而增大，但增长较缓慢(曲线 3)。通常将对应开始翼尖失速时的迎角叫做抖动迎角，因为此时翼尖区域失速后所产生的旋涡会使飞机产生抖动现象。抖动迎角所对应的升力系数，称为 C_{yq}。

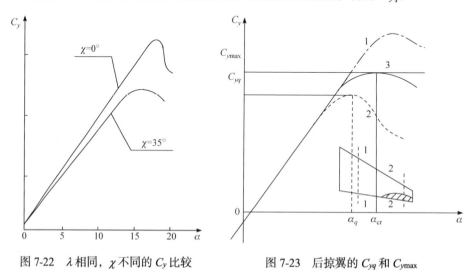

图 7-22 λ 相同，χ 不同的 C_y 比较   图 7-23   后掠翼的 C_{yq} 和 C_{ymax}

为了保证安全，不致失速，后掠翼飞机在正常飞行时所使用的升力系数应小于 C_{yq}，而

$$C_{yq} = 0.85 C_{ymax} \tag{7-45}$$

综上分析可知，后掠翼首先是因为相当大部分翼段上的流动与无限展长斜置翼接近，它的气动特性取决于来流法向分速和方向迎角，$\bar{p}$、C_y^α 等均比无后掠正置翼小；其次，由于翼根效应和翼尖效应改变了剖面的 $\bar{p}$ 和 $C_y(z)$ 分布，从而影响后掠翼的气动特性。因此，后掠翼的三维效应就体现在后掠效应、翼根效应和翼尖效应上，这些效应的影响与平面几何参数 χ、λ 和 η 密切相关。与直机翼相比，后掠翼的升力和力矩特性、展向载荷分布等相当大的变化，具有许多新的特点。

7.4   三角翼低速气动特性

三角翼通常具有较小的展弦比($\lambda < 3$)，且一般为锐缘无弯曲对称薄型，常用于超声速飞机。

7.4.1　低速绕流特点

通过风洞试验和试飞表明，绕三角形机翼的低速流动有三个特点：

第一，因三角翼前缘后掠角很大，下翼面压力较高的气流通过前缘翻向上翼面，产生较大的横向流动，这种横向流动的结果会使上下表面的压力得到一定程度的均衡，如图 7-24 所示。

第二，由于前缘后掠的结果，会使三角翼上翼面的流线，像后掠翼一样呈"S"型，因而，在三角翼上也有翼根效应和翼尖效应。

第三，当迎角稍大时($\alpha > 3°$)，在三角翼前缘就会形成脱体涡。脱体涡的形成，可作如下理解：通常，三角翼具有较大的后掠角和较薄的翼型，在正迎角情况下，薄翼上、下翼面的压力差驱使气流绕前缘流动，并产生前缘分离，使气流产生了旋转运动，见图 7-25。在切向分速 v_t 的作用下，旋转气流将做有规则的螺旋运动，形成脱体涡。

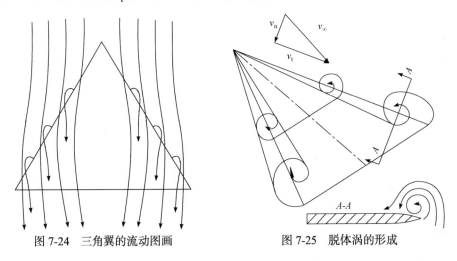

图 7-24　三角翼的流动图画　　　　　图 7-25　脱体涡的形成

脱体涡的强度和位置与机翼的迎角有关。给出某三角翼的油流谱试验结果。由图 7-26 可见，当迎角较小时，涡卷靠近前缘，随着迎角增大，涡卷变粗增强，

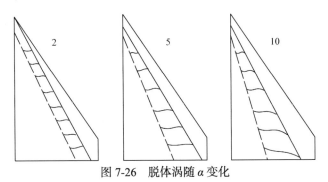

图 7-26　脱体涡随 α 变化

涡心逐渐向翼根移动，当迎角增大到一定程度时，机翼大部分表面处于涡卷的控制之下。

7.4.2　脱体涡的法洗效应和切洗效应

1) 法洗效应

气流流过具有正迎角三角翼，前缘脱体涡在其内侧诱起气流下洗，在外侧诱起气流上洗，见图 7-27(a)。下洗区的局部迎角减小，升力减小；上洗区的局部迎角增大，升力增大，这种现象称为法洗效应。通常，由于上洗区的翼面面积较小，所以下洗区所造成的升力损失往往大于上洗区的升力增量，即法洗效应使三角翼升力减小。

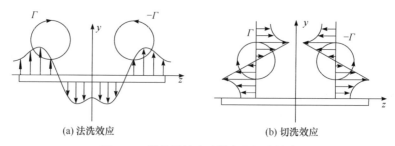

(a) 法洗效应　　　　　　　(b) 切洗效应

图 7-27　脱体涡的法洗效应和切洗效应

2) 切洗效应

脱体涡在翼面上所诱起的切向速度分布如图 7-27(b)，其方向由翼根指向翼尖，其大小与距涡心的距离有关，离涡心距离越近，切洗速度越大；反之，则越小。切洗速度使流经机翼表面的主流速度 v_0 偏斜并增大，如图 7-28 所示，从而致使翼面升力增大，这种现象称为切洗效应。

图 7-29 是某三角翼的压力系数分布试验结果，由图中看出，机翼上翼面有两个吸力峰，这是脱体涡法洗效应和切洗效应共同作用的结果。

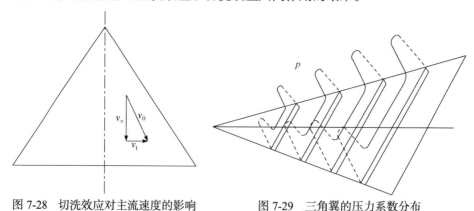

图 7-28　切洗效应对主流速度的影响　　　图 7-29　三角翼的压力系数分布

7.4.3　三角翼的低速气动特性

三角翼的低速气动特性由其低速绕流特性确定。

1)　C_y 及 C_y^α 较小

与大展弦比机翼相比，在同一迎角下，三角翼的升力系数较小。这是因为：上、下翼面均压作用较强，使上、下翼面压差减小，翼根效应使根部剖面上翼面总吸力减小，法洗效应使根部剖面的有效迎角减小，这两者都使翼根剖面的升力减小。虽然切洗效应和翼尖效应使翼尖部分剖面的升力增大，但因根部的翼弦长，面积大，对升力的影响大，故总的升力较小，因而升力系数 C_y 和 C_y^α 也就较小。

2)　C_y-α 呈 "S" 型的非线性变化

图 7-30 中 A 点对应着脱体涡产生前的迎角。随着 α 增大，脱体涡变粗增强，且涡心逐渐向翼根移动，由于脱体涡的切洗效应，使机翼上表面产生了附加的吸力，故使 C_y 非线性的增大，当 α 进一步增大到 B 点之后，由于脱体涡在翼面上"破碎"，切洗效应显著下降，附加吸力显著减小，如图 7-31 所示，附加吸力减小，

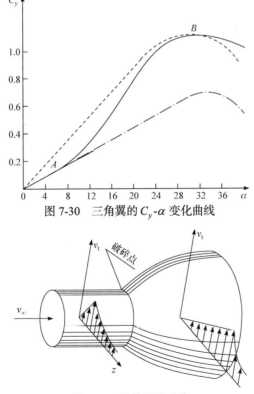

图 7-30　三角翼的 C_y-α 变化曲线

图 7-31　脱体涡的破碎

故使 C_y 也逐渐减小，即 C_y 呈"S"型非线性变化。C_y-α 的非线性变化随着后掠角增大而明显，脱体涡影响的翼面相对增大，因而非线性变化明显。

三角翼低速时的升力系数由于前缘涡的位置难以确定，所以要精确计算出 C_y-α 关系是很困难的。近年来发展了一种近似解法(称吸力比拟法)，它将升力分成两部分，其中一部分称为位流升力，亦即假设在前缘处气流不发生分离时的升力；另一部分称为旋涡升力增量，它是由于翼面上存在着上述旋涡产生负压而引起的升力增量，其估算公式为

$$C_y = (C_y^\alpha)_{\alpha=0}\alpha + K\alpha^2 \tag{7-46}$$

式中：第一项为线性项，第二项为非线性项，系数 K 反映了脱体涡影响的大小，K 值可表示为

$$K = (C_y^\alpha)_{\alpha=0}\frac{0.5-\lambda}{56\lambda} \tag{7-47}$$

其中，$(C_y^\alpha)_{\alpha=0}$ 可按下面经验公式估算

$$(C_y^\alpha)_{\alpha=0} = \frac{2\pi\lambda}{\bar{s}\lambda+2} \tag{7-48}$$

式中：$\bar{s}$ 为机翼半周线长度与翼展之比。

3) 临界迎角和最大升力系数较大

横向流动的均压作用使翼面的逆压梯度减小，又因脱体涡控制了大部分翼面，不断地给附面层输入能量，所以小展弦比三角翼难出现失速。只有当迎角很大、脱体涡的破碎点移至机翼前部时才会出现分离失速。因而临界迎角显著增大(α_{cr} 可达 30°～40°)，其最大升力系数 C_{ymax} 也随之增大。

虽然小展弦比三角翼有较大的升力系数，但要充分利用它，还是相当困难的。例如，飞机起飞着陆时，迎角过大，不仅会影响飞行员的视界，而且还会造成机身尾部擦地。因此，歼 7 飞机起飞着陆时的迎角仅为 9°～10°，远远小于它的临界迎角。为了获得较大的升力系数，改善飞机的起飞着陆性能，有些超声速飞机采用了机头下折和加高起落架等措施。

习 题

1. 机翼的平面形状和平面几何参数主要有哪些？
2. 有一平直的梯形机翼，机翼面积 $S=38\text{m}^2$，根梢比 $\eta=4$，尖弦长 $b_1=1.5\text{m}$，试求该机翼的展弦比。
3. 机翼的空气动力学系数主要有哪些？它们的数学表达式分别是什么？

4. 某飞机以 $v = 600\text{km/h}$ 的速度保持平飞，若飞机的升力系数通过飞行员的操纵增加为原来的 2 倍后，仍然在原有高度上保持平飞，求飞机在升力系数改变后的飞行速度。

5. 如何表示大展弦比直机翼的气动模型？什么是升力线假设？

6. 一架 1.5t 重的飞机，在 $H = 3000\text{m}$ 的高度上，以 $v = 300\text{km/h}$ 的速度保持平飞(升力与重力平衡)。已知机翼平面形状为无扭转的椭圆形，机翼面积 $S = 18\text{m}^2$，展弦比 $\lambda = 6.2$，机翼剖面为 NACA 23012 翼型 ($\alpha_0 = -1.2°$，$C_y^\alpha = 0.108 / (°)$)。试计算机翼此时的升力系数 C_y 迎角 α 诱导阻力系数 C_{xi}。

7. 椭圆机翼、大展弦比直机翼和梯形机翼的失速特性各有什么特点？

8. 某飞机在海平面以 $v = 200\text{km/h}$ 的速度进行平飞，翼载荷 $G/S = 900\text{N/m}^2$，已知其机翼为展弦比 $\lambda = 6$，展长 $l = 12.5\text{m}$ 的矩形，试计算飞机此时所受到的诱导阻力以及诱导阻力与总升力的比值。

9. 气流流经斜置翼时，流线为什么会呈现"S"型分布？

10. 后掠翼的翼根效应和翼尖效应各有什么特点？他们会给机翼的空气动力特性带来什么影响？

11. 后掠翼为什么会出现翼尖失速？延缓翼尖失速一般采取哪些措施？

12. 三角翼的切洗效应和法洗效应各有什么特点？他们会给机翼的空气动力特性带来什么影响？

13. 某飞机的机翼为无扭转的对称薄型三角翼，其展弦比 $\lambda = 2.5$，翼剖面的升力线斜率 $C_y^\alpha = 2\pi$，试估算出该机翼在小迎角下的升力线斜率。

第 8 章　翼型与机翼的亚声速气动特性

在二维位流理论学习过程中，我们已经知道气流的压缩性会使得位函数满足的基本方程发生显著变化(由不可压缩流动的线性拉普拉斯方程变化为二阶非线性偏微分方程)，这必然引起流动特性的变化。流动特性的变化会导致亚声速状态下翼型与机翼的气动特性与低速状态下存在显著差异。本章基于可压缩流动基本理论，结合低速翼型与机翼气动特性知识，主要讨论亚声速中翼型与机翼的气动特性，包括可压缩流动中翼型与机翼所受空气动力与几何外形、飞行姿态、来流参数的关系，为分析估算亚声速飞机的飞行性能提供重要依据，并为进一步学习翼型与机翼的超/跨声速气动特性打下基础。

8.1　基于马赫数的流动分类

高速可压流根据来流马赫数的大小可划分为三个速度范围：第一，亚声速流，$Ma_\infty > 0.3$ 且流场中各点流速均小于当地声速；第二，超声速流，$Ma_\infty < 5$ 且流场中各点流速均大于当地声速；第三，跨声速流，$Ma_\infty \approx 1$ 且流场中一部分区域流速大于当地声速，另一部分区域稍小于当地声速，个别地方恰好等于声速。物形和迎角不同，这三个速度范围的分界点也不同。这一个速度范围的两个分界点分别称为下临界马赫数和上临界马赫数。具体说明如下：当来流马赫数 Ma_∞ 以亚声速绕过机翼时，空气流过机翼上表面的凸起部分，由于流管收缩，局部流速必然大于来流速度，而局部温度降低，从而局部声速也降低。这样随飞机飞行速度增大，机翼上表面最低压力点(即局部流速最大的那一点)气流速度也不断增大，而该点的局部声速则不断减小，以至局部流速与局部声速逐渐接近。当来流马赫数 Ma_∞ 增大到某一马赫数 Ma_{cr} 时，该点的气流速度恰好等于当地速度，即局部马赫数增大为 1。此时飞机的飞行速度称为下临界速度 v_{cr}，对应的马赫数称为下临界马赫数，以 Ma_{cr} 表示，通常称为临界马赫数。当 $Ma_\infty < Ma_{cr}$ 时，机翼表面各点的气流速度小于当地声速，这样的流动称为亚声速流动；当来流马赫数 Ma_∞ 继续超过 Ma_{cr} 时，机翼表面上将出现同时具有亚、超声速的混合流动，这样的流动称为跨声速流动；当来流马赫数 Ma_∞ 继续增大到某一马赫数 Ma_T 时，机翼表面上任一点的局部流速均大于当地声速。Ma_T 称为上临界马赫数。当 $Ma_\infty > Ma_T$ 时，机翼表面只存在超声速流，这样的流动称为超声速流动。

通过前面章节二维流动的学习,我们知道超/跨声速条件下的流动主要由扰动波即马赫波和激波主导,尤其是激波,会引起流场参数的突跃变化。对于亚声速流动,尽管必须考虑流体的压缩性,其流动特性与低速不可压缩流动并无本质区别,因此,通过对流动方程进行线性化,可利用低速不可压缩流动的结论推导获得亚声速流场信息。下面就围绕这样的思路,在小扰动假设的线化理论基础上,讨论无粘的有位定常亚声速流绕翼型和机翼流动时,翼型和机翼的纵向空气动力特性。

8.2　翼型的亚声速气动特性

8.2.1　绕流特点

亚声速绕流图画与低速不可压流相比并无质的变化,如扰动遍及全流场,流管截面积缩小则流速增加等,但由于亚声速时空气密度 ρ 是变量,在速度变化的量上却是与不可压流有差别的,如图 8-1 所示。

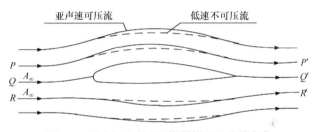

图 8-1　低速和亚声速流绕翼剖面的流线变化

设 $Ma_\infty = 0$ 时(注意,这里真实的来流马赫数并不等于 0,而是如 8.1 节的介绍,我们把 $Ma_\infty < 0.3$ 的流动视为不可压缩流动,在处理流动方程时,可以假定 $Ma_\infty = 0$) PP'、QQ'、RR' 是三条相邻流线,相邻两条流线的流管截面积在直匀流处皆为 A_∞。根据一维不可压流微分形式的连续方程,有

$$\mathrm{d}(vA) = 0$$

$$\frac{\mathrm{d}v}{v} = -\frac{\mathrm{d}A}{A}$$

气流流过图 8-1 中的翼型,在绕翼型环量的作用下会使得翼型上表面即吸力面速度增大、下表面即压力面速度降低,这里根据速度的变化来分析绕翼型流动过程中流管的变化。在翼型上表面前部负压区,因流速增大,故按上式该处流管与来流相比变窄,$\mathrm{d}A = A - A_\infty < 0$;而在下表面前部正压区,则流速变小而流管变宽,$\mathrm{d}A = A - A_\infty > 0$。对于可压缩流($Ma_\infty > 0$),为定性分析简单起见,这里先假定

此时流线形状与不可压流$(Ma_\infty = 0)$时完全一样，但一维可压流微分形式的连续方程为

$$d(vA\rho) = 0$$

$$\frac{\mathrm{d}v}{v} = -\frac{\mathrm{d}\rho}{\rho} - \frac{\mathrm{d}A}{A}$$

在翼型表面上，$v > v_\infty$的区域中，因$Ma > Ma_\infty$，$\rho < \rho_\infty$，$\mathrm{d}\rho/\rho < 0$，而$\mathrm{d}A/A$不变，故$(\mathrm{d}v/v)_{Ma_\infty>0} > (\mathrm{d}v/v)_{Ma_\infty=0}$；而在$v < v_\infty$的区域中，$(\mathrm{d}v/v)_{Ma_\infty>0} < (\mathrm{d}v/v)_{Ma_\infty=0}$。根据二维可压位流理论中线化压力系数计算式

$$\overline{p} = -2\frac{v'_x}{v_\infty} - -2\frac{\mathrm{d}v}{v_\infty}$$

可知：在$v > v_\infty$区，$\overline{p}_{Ma_\infty>0} < \overline{p}_{Ma_\infty=0}$；在$v < v_\infty$区，$\overline{p}_{Ma_\infty>0} > \overline{p}_{Ma_\infty=0}$。这就是说，$Ma_\infty > 0$的亚声速流对翼面上压力分布的影响是使原来$Ma_\infty = 0$的不可压流中翼型的"吸处更吸，压处更压"。

当然上面的分析没有计及流管形状的变化，但从定性来说，结论仍是对的，只是量上没有那么大(如图 8-1 所示，亚声速流动中的流管与低速不可压缩流动中的流管存在一定差异)。总之，亚声速时压缩性的影响是使翼型上下表面压差变大，升力增加。

对三维机翼，上面的结论还是对的，即$Ma_\infty > 0$时，压缩性影响仍是使C_y比不可压同一迎角下的数值为大。

上述讨论是基于连续方程进行的，在假设流动无粘的情况下，还可以借助一维流动的伯努利方程分析亚声速流动与低速不可压流动的差异。对于低速不可压空气流动，可忽略体积力的作用，伯努利方程为

$$p + \frac{1}{2}\rho v^2 = C$$

上式表明，低速流动中空气的压力能与动能会相互转换，而二者之和保持不变，即机械能保持不变，这个过程中空气的内能保持不变，温度亦保持不变。

对于亚声速可压空气流动，在无粘以及等熵前提下(由于没有激波的存在，等熵的条件总是满足的)，伯努利方程为

$$\frac{\gamma}{\gamma-1}\frac{p}{\rho} + \frac{1}{2}v^2 = C$$

$$c_p T + \frac{1}{2}v^2 = C$$

上式表明，亚声速流动中温度会发生变化，即内能、压力能与动能会相互转换，

三者之和，即总能量保持不变。对于亚声速可压缩流动，在$v>v_\infty$时，会使得$T<T_\infty$，根据热力学知识，在等熵过程中，温度的下降会进一步使得压力下降，即负压区的压力更低；在$v<v_\infty$时，会使得$T>T_\infty$，温度的上升会进一步使得压力增大，即正压区的压力更高。因此，从伯努利方程的角度也可以分析获得压缩效应会导致翼型承受的升力增大。

上面是从宏观流动的角度定性分析了压缩效应对翼型表面压力的影响，下面进一步借助线性化理论分析给出翼型在不可压流场和可压流场中，相应空气动力系数定量的对应关系。

8.2.2 翼型的亚声速气动特性

在第 3 章中，我们已导出在纯亚声速小扰动假设下理想定常扰动速度位函数φ的方程(3-71)，边界条件(3-77)、(3-78)，并推导了压力系数$\bar{p}$的线化表达式(3-80)。所以，只要能求解在给定边界条件下的扰动速度位函数方程，即可根据压力系数的表达式算出翼型表面任一点上的压力系数，通过积分即得翼型上的升力、俯仰力矩等气动特性。

但通常并不这样做，比较亚声速小扰动速度位函数方程和拉普拉斯方程，它们两者只相差一个常数因子$(1-Ma_\infty^2)$，因此数学上可通过适当的坐标变换，将亚声速小扰动速度位函数方程化为拉普拉斯方程，并将边界条件和压力系数进行相应的变换，以建立亚声速流场与不可压流场的联系。这样把求解一定边界条件下的亚声速小扰动速度位函数方程的问题转化为我们已经解决的一定边界条件下求解拉普拉斯方程的问题。

8.2.2.1 流场变化和翼型的对应几何关系

为将速度方程变换为拉普拉斯方程，采用如下仿射变换

$$\begin{cases} v_\infty = v_\infty' \\ x = x' \\ y = \dfrac{1}{\beta}y' \\ \varphi = \dfrac{1}{\beta^2}\varphi' \end{cases} \tag{8-1}$$

式中：带"′"号的量分别为对应不可压平面流场的坐标及扰动速度位函数，$\beta=\sqrt{1-Ma_\infty^2}$。

由式(8-1)可得

$$
\begin{cases}
\dfrac{\partial \varphi}{\partial x} = \dfrac{\partial \varphi}{\partial \varphi'} \dfrac{\partial \varphi'}{\partial x'} \dfrac{\partial x'}{\partial x} = \dfrac{1}{\beta^2} \dfrac{\partial \varphi'}{\partial x'} \\[3mm]
\dfrac{\partial^2 \varphi}{\partial x^2} = \dfrac{1}{\beta^2} \dfrac{\partial^2 \varphi'}{\partial x'^2} \\[3mm]
\dfrac{\partial \varphi}{\partial y} = \dfrac{\partial \varphi}{\partial \varphi'} \dfrac{\partial \varphi'}{\partial y'} \dfrac{\partial y'}{\partial y} = \dfrac{1}{\beta} \dfrac{\partial \varphi'}{\partial y'} \\[3mm]
\dfrac{\partial^2 \varphi}{\partial y^2} = \dfrac{\partial^2 \varphi'}{\partial y'^2}
\end{cases}
\tag{8-2}
$$

将式(8-2)代入速度位函数方程及其边界条件的表达式, 得

$$
\frac{\partial^2 \varphi'}{\partial x'^2} + \frac{\partial^2 \varphi'}{\partial y'^2} = 0
\tag{8-3}
$$

$$
\left(\frac{\partial \varphi'}{\partial x'} \right)_\infty = \left(\frac{\partial \varphi'}{\partial y'} \right)_\infty = 0
\tag{8-4}
$$

$$
\left(\frac{\partial \varphi'}{\partial y'} \right)_b = v_\infty \left(\frac{\mathrm{d} y'}{\mathrm{d} x'} \right)_b
\tag{8-5}
$$

由以上三式可见, 通过仿射变化式(8-1), 将在边界条件(3-77)、(3-78)下方程(3-71)的问题转化成了在边界条件(8-4)、(8-5)下拉普拉斯方程(8-3)的问题, 并由仿射变化式(8-1)可见, 变换后对应的不可压流中的翼型在 x 方向尺寸不变, 而 y 方向的尺寸则缩小到原来的 β 倍。从而对应不可压流中翼型的几何参数 $\bar{c}'$、$\bar{f}'$ 和迎角 α' 与亚声速翼型相应的几何参数 $\bar{c}$ 、$\bar{f}$ 和迎角 α 之间亦存在如下关系:

相对厚度

$$
\bar{c}' = \beta \bar{c}
$$

相对弯度

$$
\bar{f}' = \beta \bar{f}
\tag{8-6}
$$

迎角

$$
\alpha' = \beta \alpha
$$

8.2.2.2　气动特性的对应关系——戈泰特法则

由式(3-80)得小扰动条件下, 物面压力系数

$$
\bar{p} = -\frac{2}{v_\infty} \frac{\partial \varphi}{\partial x}
$$

变换后薄翼型的压力系数为

$$\overline{p}' = -\frac{2}{v_\infty}\frac{\partial\varphi'}{\partial x'} = -\beta^2\frac{2}{v_\infty}\frac{\partial\varphi}{\partial x} = \beta^2\overline{p} \tag{8-7}$$

升力系数

$$C_y' = \frac{Y'}{\frac{1}{2}\rho v_\infty^2 b} = \frac{\oint (p'-p_\infty)\mathrm{d}x}{\frac{1}{2}\rho v_\infty^2 b} = \oint \overline{p}'\mathrm{d}x' = \beta^2 C_y \tag{8-8}$$

俯仰力矩系数

$$m_z' = \frac{M_z'}{\frac{1}{2}\rho v_\infty'^2 b'^2} = \frac{Y'x'}{\frac{1}{2}\rho v_\infty^2 b^2} = C_y'\frac{x'}{b'} = \beta^2 C_y\frac{x}{b} = \beta^2 m_z \tag{8-9}$$

升力线斜率

$$(C_y^\alpha)' = \frac{\mathrm{d}C_y'}{\mathrm{d}\alpha'} = \frac{\beta^2\mathrm{d}C_y}{\beta\mathrm{d}\alpha'} = \beta C_y^\alpha \tag{8-10}$$

式(8-7)～式(8-10)所示的气动力对应关系即为著名的戈泰特法则。它说明当均匀来流 $Ma_\infty > 0$ 的亚声速流以迎角 α 流过相对厚度 $\overline{c}$、相对弯度 $\overline{f}$ 的薄翼型时，翼型上任一点的压力系数、翼型的升力系数、俯仰力矩系数是 $Ma_\infty = 0$ 的不可压流流过仿射相关翼型（ $\beta\alpha, \beta\overline{c}, \beta\overline{f}$ ）时对应的压力系数、升力系数、俯仰力矩系数的 $1/\beta^2$ 倍，而升力线斜率则增大到 $1/\beta$ 倍。

基于上述结论大家可以思考这样一个问题，如何在低速风洞中测试获得亚声速翼型的气动特性？这里要提醒注意的是，一方面需要变换翼型的几何参数，另一方面还需要对测试得到的翼型气动特性进行变换。

虽然仿射变换法为我们提供了一条可压流与不可压流之间的联系途径，但在实用上我们经常需要两流场中翼型几何形状相同，来流迎角亦相同情况下气动力的对应关系，这就是我们下面要介绍的普朗特–葛劳渥法则。

我们知道，在不可压缩流场中，若翼型很薄，则物面压力系数近似的与相对厚度 $\overline{c}$、相对弯度 $\overline{f}$ 和迎角 α 成正比。

根据薄翼不可压绕流的这个性质，可以很容易给出不可压缩流体中两个仿射相似的薄翼绕流流场中压力系数的关系。若仿射相似系数为 β，即

$$\frac{y_1}{y_2} = \frac{\overline{c}_1}{\overline{c}_2} = \frac{\overline{f}_1}{\overline{f}_2} = \frac{\alpha_1}{\alpha_2} = \beta$$

则物面对应点的压力系数也近似地与仿射系数成正比，即

$$\overline{p}_1 = \beta\overline{p}_2 \tag{8-11}$$

若仿射相似系数为 β^2，即

$$\frac{y_1}{y_2} = \frac{\overline{c_1}}{\overline{c_2}} = \frac{\overline{f_1}}{\overline{f_2}} = \frac{\alpha_1}{\alpha_2} = \beta^2 \tag{8-12}$$

则对应点的压力系数也近似与仿射系数成正比，即

$$\overline{p}_1 = \beta^2 \overline{p}_2 \tag{8-13}$$

为此，将式(8-7)两边除以不可压流中来流迎角 α，翼型几何参数为 $\overline{c}$、$\overline{f}$、$\overline{x}$、$\overline{y}$ 的压力系数得

$$\frac{(\overline{p})_{Ma_\infty, \alpha, \overline{c}, \overline{f}, \overline{x}, \overline{y}}}{(\overline{p})_{0, \alpha, \overline{c}, \overline{f}, \overline{x}, \overline{y}}} = \frac{1}{\beta^2} \frac{(\overline{p})_{0\infty, \beta\alpha, \beta\overline{c}, \beta\overline{f}, \overline{x}, \beta\overline{y}}}{(\overline{p})_{0, \alpha, \overline{c}, \overline{f}, \overline{x}, \overline{y}}} = \frac{1}{\beta^2}\beta = \frac{1}{\beta}$$

从而

$$\frac{(\overline{p})_{Ma_\infty, \alpha, \overline{c}, \overline{f}, \overline{x}, \overline{y}}}{(\overline{p})_{0, \alpha, \overline{c}, \overline{f}, \overline{x}, \overline{y}}} = \frac{1}{\beta}$$

略去压力系数下标中迎角及翼型几何参数项有

$$(\overline{p})_{Ma_\infty} = \frac{1}{\beta}(\overline{p})_0 \tag{8-14}$$

同理有

$$(C_y)_{Ma_\infty} = \frac{1}{\beta}(C_y)_0 \tag{8-15}$$

$$(m_z)_{Ma_\infty} = \frac{1}{\beta}(m_z)_0 \tag{8-16}$$

$$(C_y^\alpha)_{Ma_\infty} = \frac{1}{\beta}(C_y^\alpha)_0 \tag{8-17}$$

式(8-14)～式(8-17)即为普朗特–葛劳渥法则。它说明亚声速均匀来流的薄翼型绕流流场中物面压力系数、升力系数、俯仰力矩系数、升力线斜率均为不可压均匀来流的同一薄翼型绕流流场中对应系数的 $1/\beta$ 倍。

此外，按压力中心的定义有

$$\overline{x}_P = -\frac{m_z}{C_y}$$

因此

$$(\overline{x}_P)_{Ma_\infty} = (\overline{x}_P)_0 \tag{8-18}$$

同理焦点位置

$$(\overline{x}_F)_{Ma_\infty} = (\overline{x}_F)_0 \tag{8-19}$$

需要注意的是戈泰特法则和普朗特–葛劳渥法则均是建立在小扰动假设基础上的。其中戈泰特法则是准确的，而普朗特–葛劳渥法则较为粗糙，它是建立在近似关系式(8-11)基础上的，在 Ma_∞ 较大的情况下，它与试验结果存在较大的误差。

8.3　机翼的亚声速气动特性

与纯亚声速小扰动假设下推导翼型的定常扰动速度位函数线化方程、线化边界条件、压力系数类似，可得三维机翼的线化扰动位函数方程、边界条件、压力系数为

$$(1-Ma_\infty^2)\frac{\partial^2\varphi}{\partial x^2}+\frac{\partial^2\varphi}{\partial y^2}+\frac{\partial^2\varphi}{\partial z^2}=0 \tag{8-20}$$

外边界条件

$$\left(\frac{\partial\varphi}{\partial x}\right)_\infty=\left(\frac{\partial\varphi}{\partial y}\right)_\infty=\left(\frac{\partial\varphi}{\partial z}\right)_\infty=0 \tag{8-21}$$

内边界条件

$$(v_y')_b=v_\infty\left(\frac{\mathrm{d}y}{\mathrm{d}x}\right)_b \tag{8-22}$$

$$\bar{p}=-\frac{2}{v_\infty}\frac{\partial\varphi}{\partial x} \tag{8-23}$$

与翼型一样，它可以用仿射变换法来求解。

8.3.1　相应机翼形状之间的变换

由仿射变换(8-1)，并且令

$$z=\frac{1}{\beta}z'$$

可以求得相应机翼平面几何参数之间存在如下关系：

根梢比

$$\eta'=\eta$$

展弦比

$$\lambda'=\beta\lambda$$

后掠角

$$\chi'=\arctan\left(\frac{\tan\chi}{\beta}\right) \tag{8-24}$$

或可写成

$$(\lambda \tan \chi)' = \lambda \tan \chi$$

上式表明，经过仿射变换，所对应不可压流机翼的展弦比较亚声速流机翼的展弦比小，后掠角则较亚声速流机翼的后掠角大，根梢比不变，见图 8-2。

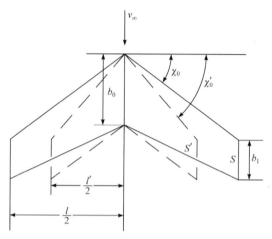

图 8-2　对应不可压流中机翼平面形状

8.3.2　机翼的亚声速相似律

与翼型相似，对满足式(8-24)的亚声速和相应不可压流机翼，具有形状相同的翼型，并在同一迎角下

$$(\overline{p})_{Ma_\infty,\lambda,\eta,\tan\chi} = \frac{1}{\beta}(\overline{p})_{0,\beta\lambda,\eta,\frac{1}{\beta}\tan\chi} \tag{8-25}$$

$$(C_y)_{Ma_\infty,\lambda,\eta,\tan\chi} = \frac{1}{\beta}(C_y)_{0,\beta\lambda,\eta,\frac{1}{\beta}\tan\chi} \tag{8-26}$$

$$(m_z)_{Ma_\infty,\lambda,\eta,\tan\chi} = \frac{1}{\beta}(m_z)_{0,\beta\lambda,\eta,\frac{1}{\beta}\tan\chi} \tag{8-27}$$

$$(C_y^\alpha)_{Ma_\infty,\lambda,\eta,\tan\chi} = \frac{1}{\beta}(C_y^\alpha)_{0,\beta\lambda,\eta,\frac{1}{\beta}\tan\chi} \tag{8-28}$$

式(8-28)还可以写成

$$\left(\frac{C_y^\alpha}{\lambda}\right)_{Ma_\infty,\lambda,\eta,\tan\chi} = \frac{1}{\beta\lambda}(C_y^\alpha)_{0,\beta\lambda,\eta,\left(\frac{1}{\beta\lambda}\right)\lambda\tan\chi}$$

或

$$\left(\frac{C_y^\alpha}{\lambda}\right)_{Ma_\infty,\lambda,\eta,\tan\chi} = F(\beta\lambda,\eta,\lambda\tan\chi) \tag{8-29}$$

另外，按压力中心定义可得

$$(\overline{x}_P)_{Ma_\infty,\lambda,\eta,\tan\chi} = (\overline{x}_P)_{0,\beta\lambda,\eta,\frac{1}{\beta}\tan\chi} \tag{8-30}$$

当机翼无弯度、无扭转，则焦点与压力中心重合

$$(\overline{x}_F)_{Ma_\infty,\lambda,\eta,\tan\chi} = (\overline{x}_P)_{0,\beta\lambda,\eta,\frac{1}{\beta}\tan\chi} \tag{8-31}$$

类似地，可写成

$$(\overline{x}_F)_{Ma_\infty,\lambda,\eta,\tan\chi} = F(\beta\lambda,\eta,\lambda\tan\chi) \tag{8-32}$$

下面针对大展弦比直机翼进行分析，为了获得更贴合工程实际的结果，这里分析可压缩机翼与不可压缩机翼迎角不同，亦满足仿射变换的情况。设一薄机翼，放置在来流均匀的亚声速流场中，记为机翼 A。这里构造机翼 B 和 C，均位于不可压缩低速流场中，机翼 B 和机翼 A 之间满足仿射变换，机翼 C 与机翼 A 的几何和迎角完全一致。有

$$\begin{cases} x_A = x_B, \quad \dfrac{y_B}{y_A} = \dfrac{z_B}{z_A} = \dfrac{\alpha_B}{\alpha_A} = \beta \\[3mm] x_A = x_C, \quad \dfrac{y_C}{y_A} = \dfrac{z_C}{z_A} = \dfrac{\alpha_C}{\alpha_A} = 1 \end{cases}$$

依托不可压缩机翼升力线理论，可将机翼 B 和 C 的升力系数写成

$$\begin{cases} C_{LB} = \dfrac{\pi\lambda_B\alpha_B}{(1+\tau)+\pi\lambda_B/C_\alpha} \\[3mm] C_{LC} = \dfrac{\pi\lambda_C\alpha_C}{(1+\tau)+\pi\lambda_C/C_\alpha} \end{cases} \tag{8-33}$$

其中，τ 和 C_α 分别为修正系数和翼型的升力系数。上面两式相除，可得

$$\frac{C_{LB}}{C_{LC}} = \beta^2 \frac{C_\alpha(1+\tau)+\pi\lambda_C}{C_\alpha(1+\tau)+\pi\lambda_B} \tag{8-34}$$

考虑到可压缩机翼与不可压缩机翼迎角亦满足仿射变换，戈泰特法则可写成

$$\frac{C_{LA}}{C_{LB}} = \frac{1}{\beta^2} \tag{8-35}$$

运用仿射变换过程中机翼几何参数对应关系，联立式(8-34)和式(8-35)，可得

$$\frac{C_{LA}}{C_{LC}} = \frac{C_\alpha(1+\tau)+\pi\lambda_A}{C_\alpha(1+\tau)+\beta\pi\lambda_A} \tag{8-36}$$

这样就得到了大展弦比机翼的升力系数的可压缩效应修正公式。这里需要指出的是低速薄机翼的升力线定理对于椭圆机翼可以求出升力系数的具体表达式，对于一般的机翼的升力系数都是近似计算公式，式(8-33)就是一种近似形式。感兴趣的同学可以具体计算一下椭圆机翼升力系数的可压缩效应修正公式。

下面对细长三角翼进行分析，仍假设存在三个机翼 A、B 与 C，三个机翼的几何与气动对应关系与前文一致。在小迎角、小展弦比三角形机翼的情况下，可将不可压缩流动三角翼 B、C 的升力系数写成

$$\begin{cases} C_{LB} = \dfrac{\pi}{2}\lambda_B\alpha_B \\ C_{LC} = \dfrac{\pi}{2}\lambda_C\alpha_C \end{cases} \tag{8-37}$$

根据仿射变换结论，有

$$\frac{C_{LB}}{C_{LC}} = \beta^2 \tag{8-38}$$

对应机翼 A 与机翼 B，应用戈泰特法则，有

$$\frac{C_{LA}}{C_{LB}} = \frac{1}{\beta^2} \tag{8-39}$$

联立式(8-38)与式(8-39)，可得

$$\frac{C_{LA}}{C_{LC}} = 1 \tag{8-40}$$

上式说明，小展弦比机翼的升力系数与来流马赫数无关，也就是说可压缩性对小展弦比机翼的升力系数没有影响。

8.4　高亚声速问题的改进方法

在上面的亚声速相似法则中，采用的小扰动方程只有当 $\beta = \sqrt{1 - Ma_\infty^2} = O(1)$，即马赫数远小于 1 时才准确。于是，基于该方程得到的普朗特–葛劳渥可压缩性修正

$$C_{y,Ma_\infty} = \frac{1}{\beta}C_{y,0}$$

无法应用到高马赫数情况。著名空气动力学大师冯·卡门指导钱学森，从原来的未做小扰动假设的位流模型出发，经过数学上的速度图变换，得到压力系数的可压缩性修正

$$C_{y,Ma_\infty} = \frac{C_{y,0}}{\sqrt{1-Ma_\infty^{\,2}} + \frac{1}{2}C_{y,0}(1-\sqrt{1-Ma_\infty^{\,2}})} \tag{8-41}$$

上式即为著名的卡门-钱学森公式。这个公式可以用到更高马赫数。虽然如此，卡门和钱学森还是引入了某种只针对薄翼和小迎角有效的所谓卡门-钱学森近似，以便得到可压缩修正的解析表达式。其中，包含了两个影响方向相反的方面，恰巧抵消了负面效应，以致应用时的精度很高。

在卡门-钱学森公式之后，Laitone 进一步给出了可压缩性修正的改进公式

$$C_{y,Ma_\infty} = \frac{C_{y,0}}{\sqrt{1-Ma_\infty^{\,2}} + C_{y,0}Ma_\infty^{\,2}\{1+[(\gamma-1)/2]Ma_\infty^{\,2}\}/2\sqrt{1-Ma_\infty^{\,2}}} \tag{8-42}$$

对于最简单的普朗特-葛劳渥法则，是基于线性化理论得到的，而式(8-41)与式(8-42)则考虑了流动的非线性特征。相关研究表明式(8-41)与式(8-42)能更加准确地预测可压缩流动中机翼、翼型的空气动力特性。

8.5　临界马赫数的估算与讨论

在 8.1 节中介绍了临界马赫数的概念，下面讨论如何估算临界马赫数 Ma_{cr}。假设 O 为翼型上某点，根据已学知识，可得 O 点上压力系数与来流马赫数 Ma_∞ 和当地马赫数 Ma 的关系是

$$C_p = \frac{2}{\gamma Ma_\infty^{\,2}}\left[\left(\frac{1+[(\gamma-1)/2]Ma_\infty^2}{1+[(\gamma-1)/2]Ma^2}\right)^{\gamma/(\gamma-1)} - 1\right] \tag{8-43}$$

假设，流动过程中马赫数到达 O 点恰好为 1，此时的来流马赫数即为临界马赫数，O 点的压力系数可定义为临界压力系数

$$C_{p,cr} = \frac{2}{\gamma Ma_{cr}^2}\left[\left(\frac{1+[(\gamma-1)/2]Ma_{cr}^2}{1+(\gamma-1)/2}\right)^{\gamma/(\gamma-1)} - 1\right] \tag{8-44}$$

上式表明，临界马赫数与临界压力系数存在一一对应的关系。实际上，翼型表面总存在最小压力点(与最大马赫数点相对应)，翼型表面流动速度达到声速时必然是该点马赫数首先到达 1。假设 O 点为最小压力点，首先可在低速不可压缩流动工况下计算得到 O 点压力系数，给定来流马赫数情况下运用普朗特-葛劳渥法则或公式(8-41)、(8-42)估算 O 点的压力系数，进而可作出压力系数随来流马赫数的变化曲线。根据式(8-44)可作出临界压力系数随临界马赫数的变化曲线。上述两条曲线的交点对应的马赫数即为估算得到的临界马赫数。

　　图 8-3 给出了典型厚翼型和薄翼型的临界马赫数计算曲线。可以发现相对厚翼型，薄翼型表面压力系数随来流马赫数的增大而增加得更为缓慢，因此具有更高的临界马赫数。

　　上述计算过程中，式(8-44)是基于等熵过程推导获得的关系式，是理论上存在的。可压缩流动中翼型表面压力系数的计算采用了近似理论，因此，求解得到的临界马赫数是一种估算值，并不是准确的，但该估算方法在工程应用中有着广泛的应用。

　　根据前面的介绍，我们已经知道所谓的临界马赫数就是流场开始出现激波的马赫数。对于激波的产生，必然伴随着激波阻力的产生，尤其是强的正激波，会引起较大的激波阻力，所以在临界马赫数之外还有阻力发散马赫数的概念。所谓阻力发散马赫数，就是指阻力突然开始增大的来流马赫数。

　　图 8-4 为典型翼型阻力系数随来流马赫数的变化关系。

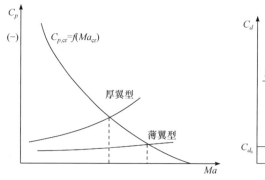 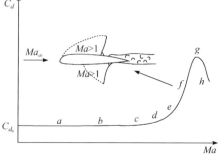

　　　　图 8-3　临界马赫数计算曲线　　　　　图 8-4　阻力随来流马赫数的变化关系

　　可以发现，在来流马赫数较低时翼型阻力系数并不会随着马赫数的增大而发生明显变化。到达 c 点时，来流马赫数达到临界马赫数，这个时候翼型开始承受额外的激波阻力，阻力系数开始增大。随着来流马赫数进一步增大，激波强度增强，激波阻力增大，阻力系数随之增大。到达 e 点时，翼型表面开始出现较强的正激波，阻力系数开始快速增大，此时的来流马赫数即为阻力发散马赫数。之后来流马赫数的增大，会使阻力系数急剧增大，这时的阻力一方面来源于翼型上下表面较强的正激波，另一方面与激波/附面层干扰引起的翼型尾缘流动分离也直接相关(f 点流动情况)。到达 g 点时，翼型阻力系数达到最大，可达低速时翼型阻力系数的 10 倍以上。在 g 点之后，翼型上下表面正激波会被来流推向尾缘，形成斜激波，激波阻力下降，翼型阻力系数也开始下降。

　　从上面的讨论可以看出，增大临界马赫数，推迟阻力发散马赫数的出现并降低跨声速时的激波阻力对于提升飞机气动性能具有重要意义。那么如何增大临界马赫数呢？比较典型的手段是采用较薄的翼型(原理如图 8-3 所示)，还可以采用后掠机翼，这部分知识大家在后面还会进一步学习。在跨声速飞行器发展过程中，美国国家航空航天局(National Aeronautics and Space Administration，NASA)的 Richard T. Whitcomb 提出了跨声速飞行器设计的面积率和超临界翼型，对于提升跨声速飞行器的气动性能具有里程碑的意义，可将跨声速过程中的最大阻力系数由低速时的 10 倍降到 2 倍左右，其本质上都是通过合理设计飞机气动外形，增大临界马赫数，并控制跨声速飞行时的激波发展。这部分知识在跨声速翼型/机翼部分还要作深入讨论。

习　题

1. 假设气流由马赫数 5、3、1、0.5 减为 0，估算气流温度的升高。

2. 为什么超/跨声速流动不能运用低速流动通过相似变换进行求解？

3. 如何理解翼型的亚声速绕流特性？

4. 分析翼型的压力中心随马赫数的变化规律。

5. 在低速不可压工况下，在某翼型一点上的压力系数为-0.54。当来流马赫数变为 0.58 时，试计算该点的压力系数。

6. 根据等熵流动理论，推导公式(8-43)。

7. 试分析压力系数沿亚声速翼型表面的变化规律。

8. 在低速不可压工况下，翼型表面最小压力系数为-0.41，试估算该翼型的临界马赫数。

9. 试列举几种增大阻力发散马赫数的手段。

第9章 翼型和机翼的超/跨声速气动特性

超声速流动的物理本质与亚声速完全不同，超声速飞行时翼型与机翼升力和阻力的计算与低速不同，机翼的超声速绕流特点及其气动特性的计算是本章重点。跨声速流场兼具亚声速和超声速流动特点，跨声速流场的理论分析相当困难。本章从二维翼型绕流流场的特点出发，介绍薄翼型超声速气动特性的一级近似理论，进而分析三维机翼与二维翼型超声速绕流特点的异同，给出超声速薄翼气动特性的计算方法。本章最后介绍跨声速翼型的局部激波的产生与发展以及机翼的跨声速气动特性。

9.1 翼型的超声速气动特性

超声速运动的飞机机翼，承受着激波阻力的作用，这使得机翼的超声速空气动力特性和亚声速空气动力特性存在质的差别。

9.1.1 翼型的超声速绕流特点

从试验可以看到，超声速气流流过物体时，如果物体钝粗，在物体前面将有脱体激波产生。脱体激波中有一段强度较大的正激波，使物体承受较大的激波阻力(波阻)，从减小波阻角度看，超声速翼型前缘最好做成尖的，如菱形、四边形和双弧形等尖前缘，但超声速飞机也必然要经历起飞、着陆等的低速阶段，尖头翼型在低速绕流时，较小迎角的气流就有可能在前缘产生分离，使翼型的气动特性变坏。因此，为兼顾超声速飞机高速飞行的低速特性，目前低超声速飞机的翼型，其形状大都为圆头对称薄翼型。

下面以双弧形翼型为例，说明超声速翼型的绕流特点。

图 9-1(a)是超声速风洞中所见到的超声速气流以小迎角 α 绕双弧翼型流动的示意图。如果 α 小于薄翼型前缘半顶角 θ，则气流流过翼型上下表面时，在前缘处都相当于绕凹角流动，因此，前缘上下表面处将产生两道附体的斜激波。因有 α 存在，上下翼面气流相对于来流的偏转角不同，因此上、下翼面的激波强度和倾角也不相同。

靠近翼面的气流，通过激波后，将偏转到与前缘处翼型的切线方向一致，随后气流沿翼型表面的流动相当于绕凸曲面的流动,通过一系列膨胀波而连续膨胀。

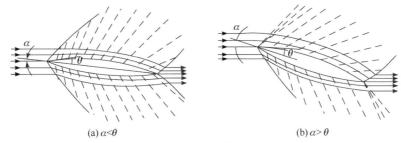

(a) $\alpha<\theta$　　　　　　　　　　　(b) $\alpha>\theta$

图 9-1　翼型表面的激波和膨胀波

从图 9-1(a)中看出，从翼型前部所发出的膨胀波，将与头部激波相交，激波强度受到削弱，使激波相对于来流倾角逐渐减小，最后退化为马赫波。

当上、下翼面的超声速气流流到翼型的后缘时，由于上下气流的指向不一致(两者之差为后缘角)，且压力一般也不相等，故根据来流迎角情况，在后缘上下必产生两道斜激波(或一道斜激波和一组膨胀波)，以使在后缘汇合的气流具有相同的指向(近似地认为等于前方来流的方向)和相等的压力。后缘激波同样也要被翼面的膨胀波所削弱，最后退化为马赫波。

翼面压力在激波后为最大，以后沿翼面经一系列膨胀波而顺流逐渐下降。由于翼面前半部的压力大于后半部的压力，因而翼面上压力的合力，在来流的方向将有一向后的分力，此即激波阻力，简称波阻。

当翼型处于小的正迎角时，由于上翼面前缘的切线相对于来流所组成的凹角较下翼面的小，故上翼面的激波较下翼面弱，其波后马赫数较下翼面大，波后压力较下翼面低，所以上翼面的压力将小于下翼面的压力，压力的合力在与来流相垂直的方向上将有一分力，即为升力。

如果翼型的迎角大于翼型前缘的半顶角：$\alpha>\theta$(参见图 9-1(b))，则气流绕上翼面前缘的流动就相当于绕凸角流动，上翼面前缘处将产生一组膨胀波，下表面仍为激波；同时在后缘的上表面形成斜激波，而下表面则为一组膨胀波。

试验结果表明，在薄翼型、小 α 的情况下，除后缘附近外，粘性对翼型的波系和压力分布影响不大，可用理想位流求解。

9.1.2　薄翼型超声速气动特性的线化理论

为减小波阻，超声速飞机机翼的翼型一般为厚度、弯度都很小的薄翼型，如果来流迎角也不大，则小扰动假设成立。以 $\mathrm{d}\delta$ 角表示来流 v_∞ 方向与翼面任一点的切线夹角，小扰动下它是小量，因此激波强度较弱，可近似为马赫波。由第 4 章式(4-44)得压力系数的表达式为

$$\bar{p}=-\frac{2\mathrm{d}\delta}{\sqrt{Ma_\infty^2-1}}=-\frac{2\mathrm{d}\delta}{B} \tag{9-1}$$

由于翼型较薄, 翼面上各点 $\mathrm{d}\delta$ 较小, 故 $\mathrm{d}\delta$ 可近似用翼面上某点斜率 $\mathrm{d}y/\mathrm{d}x$ 代表, 因此

$$\bar{p}_{\mathrm{d}}^{\mathrm{u}} = \pm \frac{2}{B}\frac{\mathrm{d}y}{\mathrm{d}x} \tag{9-2}$$

式中: u 和 d 分别表示翼型的上表面和下表面。注意这里 x 轴平行于来流方向, y 轴垂直于 x 轴(风轴系)。应用小迎角 α 下风轴系与体轴系的转化关系(见图 9-2)

$$\frac{\mathrm{d}y}{\mathrm{d}x} = \frac{\mathrm{d}y_1}{\mathrm{d}x_1} - \alpha = \left(\frac{\mathrm{d}y}{\mathrm{d}x}\right)_b - \alpha \tag{9-3}$$

上式代入式(9-2)得

$$\bar{p}_{\mathrm{d}}^{\mathrm{u}} = \pm \frac{2}{B}\left[\left(\frac{\mathrm{d}y}{\mathrm{d}x}\right)_b - \alpha\right] = \pm \frac{2}{B}\frac{\mathrm{d}y_f}{\mathrm{d}x} + \frac{2}{B}\frac{\mathrm{d}y_c}{\mathrm{d}x} \mp \frac{2}{B}\alpha \tag{9-4}$$

因此, 超声速薄翼型绕流像低速一样可以分解为迎角、弯度和厚度问题, 分别求解, 然后叠加, 即得整个绕流解。

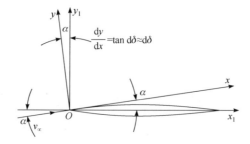

图 9-2　风轴系 Oxy 与体轴系 Ox_1y_1 的关系

9.1.2.1　迎角问题

迎角问题是翼型弦线构成的平板在 $\alpha \neq 0$ 时的超声速流动问题, 如图 9-3 所示。

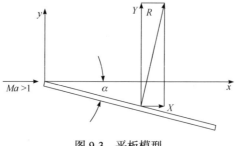

图 9-3　平板模型

平板 $y_c = y_f = 0$, 由式(9-4)得

$$\bar{p}_{d}^{u} = \mp \frac{2}{B}\alpha$$

则

$$\Delta \bar{p}_{\alpha} = \bar{p}_{d} - \bar{p}_{u} = \frac{4}{B}\alpha$$

于是平板上所受的空气动力系数为

$$C_{R\alpha} = \frac{R}{q_{\infty} \cdot b} = \int_{0}^{b} \frac{p_{d} - p_{u}}{q_{\infty}} \cdot \frac{dx}{b} = \int_{0}^{1} \Delta \bar{p}_{\alpha} d\bar{x} = \frac{4}{B}\alpha \tag{9-5}$$

所以

$$C_{R\alpha}^{\alpha} = \frac{4}{B} = \frac{4}{\sqrt{Ma_{\infty}^{2} - 1}} \tag{9-6}$$

垂直来流的升力系数及其斜率分别为

$$C_{y\alpha} = C_{R\alpha} \cos\alpha = \frac{4}{B}\alpha \tag{9-7}$$

$$C_{y\alpha}^{\alpha} = \frac{4}{B} \tag{9-8}$$

$C_{R\alpha}$ 在来流方向上的分量称为迎角波阻系数，其值为

$$C_{xw\alpha} = C_{R\alpha} \sin\alpha = \frac{4}{B}\alpha^{2} = \frac{4\alpha^{2}}{\sqrt{Ma_{\infty}^{2} - 1}} \tag{9-9}$$

绕前缘点的力矩系数为

$$(m_{z})_{\alpha} = \frac{(M_{z})_{\alpha}}{q_{\infty} \cdot b^{2}} = \int_{0}^{1} \frac{p_{d} - p_{u}}{q_{\infty}} \cdot \frac{x}{b} \cdot d\frac{x}{b} = -\int_{0}^{1} (\Delta \bar{p}_{\alpha})\bar{x}d\bar{x} = -\frac{2}{B}\alpha = -\frac{C_{y\alpha}}{2} \tag{9-10}$$

压力中心(焦点)位置是

$$\bar{x}_{P} = \bar{x}_{F} = -\frac{m_{z}}{C_{y}} = \frac{1}{2} \tag{9-11}$$

由式(9-7)、式(9-9)、式(9-11)看出，当来流为超声速流动($Ma_{\infty} > 1$)时， $C_{y\alpha}$ 和 $C_{xw\alpha}$ 均随 Ma_{∞} 的增大而减小；其平板翼型的焦点位置从低速的 1/4 后移至 1/2。

9.1.2.2　弯度问题

弯度问题是翼型中弧线弯板在 $\alpha = 0$ 时的超声速流动问题，见图 9-4。

弯度问题 $y_{c} = \alpha = 0$ ，由式(9-4)得

$$\bar{p}_{d}^{u} = \pm \frac{2}{B} \frac{dy_{f}}{dx}$$

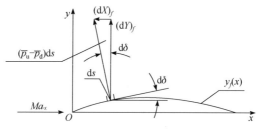

图 9-4　弯度翼型

$$\Delta \bar{p}_f = \bar{p}_d - \bar{p}_u = -\frac{4}{B}\frac{dy_f}{dx}\qquad(9\text{-}12)$$

而升力系数

$$C_{yf} = \int_0^1 \Delta\bar{p}_f \frac{ds\cos d\delta}{b} = \int_0^1 \Delta\bar{p}_f d\bar{x} = -\int_0^1 \frac{4}{B}\frac{dy_f}{dx}d\bar{x}$$

$$= -\int_0^1 \frac{4}{B}\frac{d\bar{y}_f}{d\bar{x}}d\bar{x} = \frac{4}{B}\bar{y}_f\Big|_0^1 = 0\qquad(9\text{-}13)$$

式(9-13)说明一级近似下弯度无升力贡献。

平行于来流的阻力系数叫弯度波阻系数 C_{xwf}

$$C_{xwf} = -\int_0^1 \Delta\bar{p}_f \frac{ds\sin d\delta}{b} = -\int_0^1 \Delta\bar{p}_f \frac{d\bar{x}}{\cos d\delta}\sin d\delta$$

$$= -\int_0^1 \Delta\bar{p}_f \frac{d\bar{y}_f}{d\bar{x}}d\bar{x} = \frac{4}{B}\int_0^1\left(\frac{d\bar{y}_f}{d\bar{x}}\right)^2 d\bar{x}\qquad(9\text{-}14)$$

式(9-14)说明一级近似下弯度对波阻有贡献。由此可见超声速翼型应选用无弯度的对称翼型。对弯度前缘的俯仰力矩系数

$$(m_z)_f = m_{z0} = \frac{m_{zf}}{q_\infty b^2} = -\int_0^1 \Delta\bar{p}_f \bar{x}d\bar{x}$$

$$= \frac{4}{B}\int_0^1 \frac{d\bar{y}_f}{d\bar{x}}\bar{x}d\bar{x} = \frac{4}{B}\int_0^1 \bar{x}d\bar{y}_f = -\frac{4}{B}\int_0^1 \bar{y}_f d\bar{x}\qquad(9\text{-}15)$$

式(9-15)说明，当正弯度 $\bar{y}_f > 0$ 时，$(m_z)_f = m_{z0} < 0$，但绝对值通常较小。

9.1.2.3　厚度问题

厚度问题是厚度分布函数为原来 $y_c(x)$ 时的对称翼型在 $\alpha = 0$ 时的超声速流动问题，见图 9-5。

因为 $y_f = \alpha = 0$，则由式(9-4)得

$$\bar{p}_d^u = \frac{2}{B}\frac{dy_c}{dx}$$

由于 $\bar{p}$ 分布上下对称，所以厚度在一级近似下无升力和俯仰力矩贡献，但因压力分布前后不对称要产生压差阻力，称为厚度波阻或零升厚度波阻。由图 9-5 可见，微段 $\mathrm{d}s$ 上压力造成的波阻

$$\mathrm{d}X_{wc} = 2p\mathrm{d}s\sin\mathrm{d}\delta = 2p\frac{\mathrm{d}x}{\cos\mathrm{d}\delta}\sin\mathrm{d}\delta = 2p\frac{\mathrm{d}y_c}{\mathrm{d}x}\mathrm{d}x$$

而总的厚度波阻

$$\begin{aligned} X_{wc} = \int_0^b \mathrm{d}X_{wc} &= 2\int_0^b p\frac{\mathrm{d}y_c}{\mathrm{d}x}\mathrm{d}x \\ &= 2\int_0^b (p-p_\infty)\frac{\mathrm{d}y_c}{\mathrm{d}x}\mathrm{d}x + 2p_\infty\int_0^b \mathrm{d}y_c \\ &= 2\int_0^b (p-p_\infty)\frac{\mathrm{d}y_c}{\mathrm{d}x}\mathrm{d}x \end{aligned}$$

厚度波阻系数

$$C_{xwc} = \frac{X_{xwc}}{q_\infty b} = 2\int_0^1 \bar{p}_c \frac{\mathrm{d}\bar{y}_c}{\mathrm{d}\bar{x}}\mathrm{d}\bar{x} = \frac{4}{B}\int_0^1 \left(\frac{\mathrm{d}\bar{y}_c}{\mathrm{d}\bar{x}}\right)^2 \mathrm{d}\bar{x} \tag{9-16}$$

菱形翼型 $\dfrac{\mathrm{d}y_c}{\mathrm{d}x} = \bar{c}^2$ 厚度波阻系数

$$(C_{xwc})_{r.w.s} = \frac{4}{B}\bar{c}^2 \tag{9-17}$$

包括菱形在内的五种对称翼型的厚度波阻系数 C_{xwc} 一级近似理论值见表 9-1。

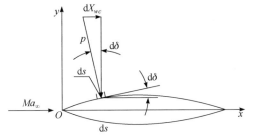

图 9-5　厚度翼型

表 9-1　几种对称翼型的厚度波阻系数

翼型形状					
C_{xwc}	0	$\dfrac{16}{3}\dfrac{\bar{c}}{B}$	$\dfrac{4}{B}\bar{c}^2$	$\dfrac{4}{1-a}\dfrac{\bar{c}^2}{B}$	$\dfrac{1}{\bar{x}_c(1-\bar{x}_c)}\dfrac{\bar{c}^2}{B}$
K	0	4/3	1	$\dfrac{1}{1-a}$	$\dfrac{1}{4\bar{x}_c(1-\bar{x}_c)}$

由此可见，翼型的超声速升力特性只取决于 α 和 Ma_∞，而与翼型厚度、弯度无关，但是对波阻来说，即使是初步计算，厚度、弯度的影响也不能忽略。

在一级近似理论的基础上，对称翼型波阻系数可用下式计算

$$C_{xw} = C_{x0w} + C_{xiw} = \frac{4K\overline{c}^2}{\sqrt{Ma_\infty^2 - 1}} + \frac{\sqrt{Ma_\infty^2 - 1}}{4}C_y^2 \tag{9-18}$$

式中：C_{x0w} 称为厚度波阻系数或零升波阻系数，它与翼型的形状和厚度有关，K 为形状修正系数，可由表 9-1 查到，第二项为诱导波阻系数，与升力系数(迎角)有关。

减小零升波阻是超声速翼型设计的重要课题。理论和试验表明，最大厚度在翼弦的 50%处的尖前缘、小厚度的对称翼型的零升波阻较小，因而超声速飞机多采用此种翼型。

9.2　机翼的超声速气动特性

9.2.1　基本概念

9.2.1.1　前、后马赫锥

如图 9-6 所示，超声速流场内，从任意点 P 作两个轴线与来流方向相平行的马赫锥，一个锥底迎着来流，另一个背着来流，前者称为 P 点的前马赫锥，后者称为 P 点的后马赫锥。马赫锥的半顶角为 μ，$\mu = \arcsin(1/Ma_\infty)$，称为来流马赫角。前马赫锥所围的区域 B 内任意一扰动源都能对 P 点产生影响，而不在 B 区域内的扰动源，其后马赫锥一定不包含 P 点，因此前马赫锥所围的区域 B 称为 P 点的依赖区；在后马赫锥内的区域 A 都将受到 P 点扰动的影响，因此，后马赫锥所围的区域 A 称为 P 点的影响区。

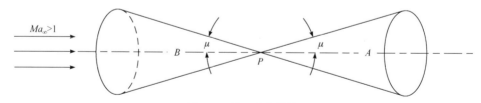

图 9-6　前、后马赫锥

9.2.1.2　超声速前缘与亚声速前缘

超声速机翼本身的不同边缘对机翼的绕流性质有很大的影响，从而影响机翼的气动特性。一般一个任意平面形状的机翼，其整个边缘可分为前缘、侧缘和后缘三部分。机翼与来流方向平行的直线段交于第一点的机翼边缘，称为机翼的前

缘；交于第二点的机翼边缘，称为机翼后缘；与来流方向平行的机翼边缘，称为侧缘。

如果来流相对于机翼前(后)缘的法向分速 $v_n < v_\infty$ (即 $Ma_{\infty n} < 1$)，称该前(后)缘为亚声速前(后)缘；如 $v_n > v_\infty$ ($Ma_{\infty n} > 1$)，称为超声速前(后)缘；如 $v_n < v_\infty$ ($Ma_{\infty n} = 1$) 称为声速前(后)缘。但机翼平面形状给定，前、后缘属于哪一种则是要随 Ma_∞ 的大小而变化的。下面以直边梯形后掠翼的前缘为例加以说明，见图 9-7。

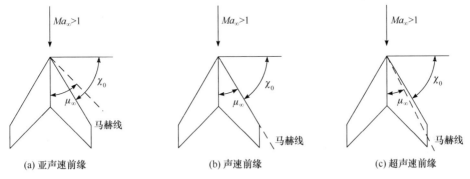

(a) 亚声速前缘　　　　　　(b) 声速前缘　　　　　　(c) 超声速前缘

图 9-7　直边梯形后掠翼的前缘

来流 v_∞ 在垂直前缘的分速是

$$v_n = v_\infty \cos \chi_0 = v_\infty \sin\left(\frac{\pi}{2} - \chi_0\right)$$

而 v_∞ 在垂直于马赫线上分速即为 a_∞

$$a_n = v_\infty \sin \mu_\infty$$

对于亚声速前缘，$v_n < a_\infty$ ($Ma_n < 1$)，有

$$\left(\frac{\pi}{2} - \chi_0\right) < \mu_\infty \tag{9-19}$$

对于超声速前缘，$v_n > a_\infty$ ($Ma_n > 1$)，有

$$\left(\frac{\pi}{2} - \chi_0\right) > \mu_\infty \tag{9-20}$$

对于声速前缘，$v_n = a_\infty$ ($Ma_n = 1$)，有

$$\left(\frac{\pi}{2} - \chi_0\right) = \mu_\infty \tag{9-21}$$

这样，为判断前缘是哪种，可从顶点画出一条马赫线。当前缘线在马赫线后时，为亚声速前缘；当前缘线与马赫线重合时，为声速前缘；当前缘线在马赫线前时，为超声速前缘。

为计算方便，不妨将上述结论引用参数

$$B = \sqrt{Ma_\infty^2 - 1} = \cot \mu_\infty \tag{9-22}$$

$$K_0 = \tan \chi_0 = \cot\left(\frac{\pi}{2} - \chi_0\right) \tag{9-23}$$

令

$$m_0 = \frac{B}{K_0} = \frac{\cot \mu_\infty}{\cot\left(\dfrac{\pi}{2} - \chi_0\right)} = \frac{\tan\left(\dfrac{\pi}{2} - \chi_0\right)}{\tan \mu_\infty} \tag{9-24}$$

显然，亚声速前缘 $B < K_0$, $m_0 < 1$ ；

超声速前缘 $B > K_0$, $m_0 > 1$ ；

声速前缘 $B = K_0$, $m_0 = 1$。

上述这种判断方法同样适用于后缘。

9.2.1.3　二维流区和三维流区

在超声速三维机翼中，往往可以找到一些区域，在这些区域中的流场，与二维机翼(包括无限翼展直机翼或无限翼展斜置机翼)的流场一样，仅受单一前缘的影响，这些区域称为二维流区，如图 9-8 中的阴影线所示的区域。若区内任一点的依赖区与二维机翼不同，则是三维流区。显然二维流区的特点是，流动参数仅与翼型有关，亦即在二维流区中，可将机翼看成无限翼展直机翼，如图 9-8(a)中的二维流区，或将机翼看成无限翼展斜置机翼，如图 9-8(b)中的二维流区；而机翼的三维流区，其流动参数不仅与翼型有关，还受到机翼平面形状的影响。

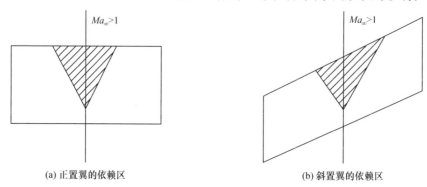

(a) 正置翼的依赖区　　　　　　　　　　(b) 斜置翼的依赖区

图 9-8　机翼的依赖区

图 9-9 给出了三种平面形状机翼的二维流区和三维流区。从图可见，矩形翼的二维流区为倒梯形。三维流区为左右两个翼尖直角三角形区，区内任一点的依赖区包括

前缘和侧缘；超声速前缘三角翼的翼根三维流区，区内任一点的依赖区包括两个前缘，三维流区外左右各有一块二维流区，区内任一点的依赖区和无限翼展斜置翼一样只包括一个前缘；梯形后掠翼的三维区包括翼根和翼尖两部分，其余才是二维流区。

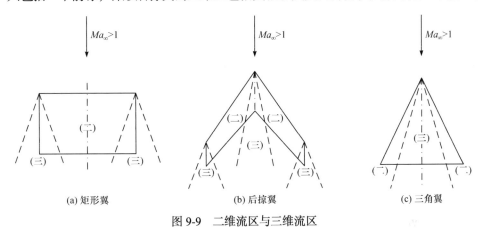

图 9-9　二维流区与三维流区

可见，对某一具体平面形状机翼是否有二维流区，以及二维流区和三维流区的大小与来流马赫数的值的大小密切相关。

9.2.2　薄机翼超声速绕流特点

下面根据前述的几个基本概念，以梯形平板后掠翼为例，来分析三维机翼的超声速绕流特点。

对一个确定的梯形平板后掠翼，随 Ma_∞ 从大变到小，其前后缘将顺序出现超声速前缘超声速后缘、亚声速前缘超声速后缘、亚声速前缘亚声速后缘。对常用机翼，一般 $\eta \geqslant 1$，$\chi_1 \leqslant \chi_0$，因此不会出现超声速前缘亚声速后缘这种情况。

9.2.2.1　超声速前缘和超声速后缘情况

如图 9-10 所示，此时流动特点为：

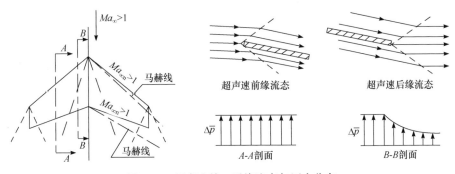

图 9-10　超声速前、后缘流态与压力分布

第一，翼面上有三维流区，三维流区包括翼梢影响区和翼根影响区；

第二，因为前后缘 $Ma_{\infty n}>1$，上下翼面气流不会通过前后缘而相互影响；

第三，在垂直前后缘的截面上看前后缘载荷均为有限值。

完全处于二维流区的弦向 *A-A* 剖面上的压力分布可按无限翼展斜置翼来计算，与机翼平面形状无关。部分处于三维流区的 *B-B* 剖面上，二维流区那段与二维斜置翼法向超声速特性相同。但在顶点马赫线后处于翼根三维流区，要受到部分右翼面的影响而出现与平面形状有关的三维效应。计算结果表明，$\Delta p(三)<\Delta p(二)$。最后因是超声速后缘，后缘载荷仍不为零。

9.2.2.2 亚声速前缘和超声速后缘情况

如图 9-11 所示，亚声速前缘和超声速后缘情况的特点：一是翼面上不存在二维流区，全部是三维流区；二是前缘上的点要受到一部分翼面的影响，且在垂直前缘截面上看前缘具有亚声速无激波绕流特性。图中 *A-A* 剖面弦向载荷特点是 $\Delta p_{ah}\to\infty$，Δp_{ah} 为有限值。

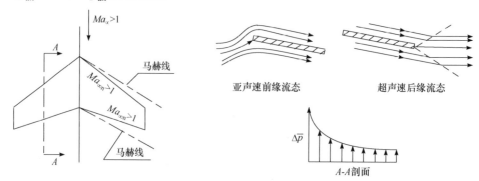

图 9-11 亚声速前缘和超声速后缘流态与压力分布

9.2.2.3 亚声速前缘和亚声速后缘情况

亚声速前缘和亚声速后缘情况的绕流特点如图 9-12 所示。此种情况最显著的特点是后缘也要影响翼面上的流动且上下翼面通过后缘流动汇合而互相影响。在垂直后缘截面上看气流应满足后缘载荷为零的条件。*A-A* 剖面弦向载荷分布特点是 $\Delta p_A\to\infty$，$\Delta p_B\to\infty$，$\Delta\overline{p}_C$ 因受马赫线影响而出现导数不连续。

由上述分析可见，前后缘是超声速的还是亚声速的对三维薄翼的流态和载荷分布有很大影响。在计算三维机翼气动特性时必须针对前后缘具体情况分别考虑。

9.2.3 机翼的超声速相似律

类似于机翼的亚声速相似律，也有机翼的超声速相似律。它只需在亚声速相

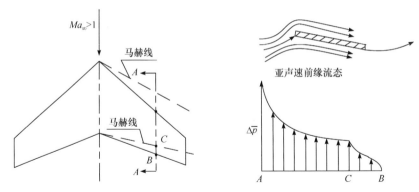

图 9-12　亚声速前缘和亚声速后缘流态与压力分布

似律中把 β 变为 B，把不可压流的 $Ma=0$ 变为 $Ma=\sqrt{2}$，即得

$$(\bar{p})_{Ma_\infty,\lambda,\eta,\tan\chi} = \frac{1}{B}(\bar{p})_{\sqrt{2},\beta\lambda,\eta,\frac{1}{B}\tan\chi} \tag{9-25}$$

$$\frac{C_y^\alpha}{\lambda} = F\left(B\lambda,\eta,\lambda\tan\chi\right) \tag{9-26}$$

9.2.4　超声速薄翼气动特性

9.2.4.1　升力特性

按照式(9-26)的机翼超声速相似律,可对不同平面形状的机翼用理论和试验的方法整理出一套 C_y^α 随 $\lambda\sqrt{Ma^2-1}$ 的变化曲线,根据机翼的几何参数 λ、$\tan\chi_{0.5}$、η,从中可查出 C_y^α 的数值。

9.2.4.2　阻力特性

按线化理论,与超声速翼型气动特性分析相仿,一个具有厚度和迎角的对称机翼亦可以分解成厚度问题和迎角问题来处理。在厚度问题中相当于超声速气流以零迎角流过一个具有对称翼型的机翼,这时只产生波阻力而没有升力,因此称此波阻力为厚度波阻或零升力波阻;在迎角问题中,相当于超声速气流以迎角 α 流过一个无厚度的平板机翼,这时既要产生升力,又要产生阻力,此阻力称为诱导阻力。理论和试验表明,在全部波阻中,零升力波阻占主要地位。

除了零升波阻和诱导阻力外,还存在与粘性有关的型阻力,故超声速薄翼阻力可表示为

$$C_x = C_{x0\omega} + C_{xi} + C_{xp} \tag{9-27}$$

超声速机翼的型阻系数 C_{xp} 与亚声速机翼计算一样,这里只介绍零升波阻系

数 C_{x0w} 和诱导阻力系数 C_{xi} 的计算方法。

1) 零升波阻系数

机翼的零升波阻除与 $B\lambda$ 、$\lambda\tan\chi$ 、η 有关外，还与机翼的剖面形状相关，因此超声速机翼的零升波阻系数可表示为

$$\frac{C_{x0w}}{\lambda\overline{c}^2} = f(B\lambda,\eta,\lambda\tan\chi,\text{剖面形状}) \tag{9-28}$$

也就是说，对超声速机翼，如果它们的 $B\lambda$ 、η 、$\lambda\tan\chi$ 以及剖面形状相同，则它们的 $\dfrac{C_{x0w}}{\lambda\overline{c}^2}$ 值就相同。

任意剖面形状的机翼零升波阻系数 C_{x0w} 可从菱形剖面机翼零升波阻系数 C_{x0wr} 的基础上修正而得，即

$$C_{x0w} = C_{x0wr}[1+\varphi(K-1)] \tag{9-29}$$

式中：K 为形状修正系数，可从表 9-1 查得；φ 为修正因子，它与最大厚度线性质有关，对亚声速最大厚度线，$\varphi=0$ ；对超声速最大厚度线，φ 值按图 9-13 确定。

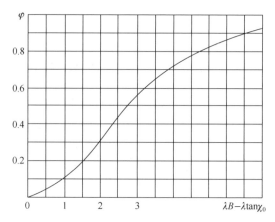

图 9-13　$\varphi-(\lambda B-\lambda\tan\chi_0)$ 曲线

2) 诱导阻力系数

这里讲的诱导阻力系数包括全部与升力有关的阻力，即升致阻力。

对超声速前缘机翼，前缘绕流具有超声速性质，则诱导阻力系数为

$$C_{xi} = C_y\tan\alpha \tag{9-30}$$

对亚声速前缘机翼，机翼前缘绕流具有亚声速性质，机翼前缘附近负压很大，有前缘吸力 F_{su} (其吸力系数 $C_{su} = \dfrac{F_{su}}{\rho v_\infty^2 S/2}$)存在，使得诱导阻力系数比超声速前缘时小。

C_{su} 与机翼升力系数的平方 C_y^2 成正比。图 9-14 给出了 $1/\tan\chi_0$ 随 $m = B/\tan\chi_0$ 变化的理论曲线。该曲线是对根梢比 $\eta = \infty$ 作出的，但对有限根梢比机翼，曲线也近似适用。从图 9-14 可见，随 χ_0 减小(m 增大)，C_{su}/C_y^2 减小。这是因为 χ_0 减小时前缘向声速前缘靠近。当 $m = 1$ 时，前缘变为声速前缘，$C_{su} = 0$。

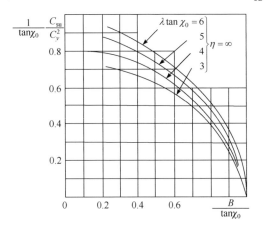

图 9-14 　$\dfrac{1}{\tan\chi_0}\dfrac{C_{su}}{C_y^2} - \dfrac{B}{\tan\chi_0}$ 曲线

试验表明，C_{su} 的理论值偏高，这可能是由于前缘附近气流发生局部分离所致。前缘曲率半径越小，这种现象越明显。C_{su} 试验值与理论值之比 ζ 称为修正因子，如图 9-15 所示。亚声速前缘时，在 $\alpha < \alpha_{cr}$ 范围内，诱导阻力系数 C_{xi} 的一般表达式可写成

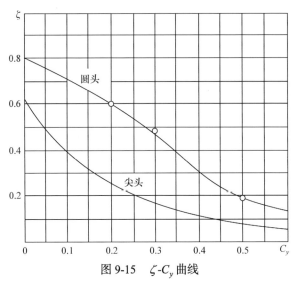

图 9-15 　$\zeta\text{-}C_y$ 曲线

$$C_{xi} = C_y \tan\alpha - \left(\frac{C_{su}}{C_y^2}\right)C_y^2 \zeta \tag{9-31}$$

综上所述，为减小超声速机翼阻力，在翼型的选择上应遵循下述原则：

第一，在亚声速最大厚度线时，应选择圆头薄翼型(使 C_{xi} 最小)；

第二，在超声速最大厚度线，亚声速前缘时，应采用小圆头薄型(使 $C_{xi}+C_{x0w}$ 最小)；

第三，在超声速前缘时，应选用 $\bar{\chi}_0=0.5$ 的尖头翼型(使 C_{x0w} 最小)。

同时，我们还可看出后掠翼的基本作用在于降低气流的有效分速，使机翼具有亚声速前缘，降低高速飞行时的波阻。

9.3　翼型的跨声速气动特性

跨声速流场是一个既具有亚声速流又具有超声速流的混合可压流场，即使在来流迎角不大的情况下，激波和附面层的相互干扰也会使粘性影响相当显著。从而跨声速流场的理论分析相当困难，试验上也存在不少需要进一步研究和解决的问题。

飞机飞行马赫数超过临界马赫数 Ma_{cr} 后，使得翼型表面出现局部激波，导致空气动力特性发生急剧变化。因此，要研究翼型的跨声速空气动力特性，必须在阐明局部激波的基础上进行。

9.3.1　局部激波产生和发展

当 $Ma_\infty = Ma_{cr}$ 时，翼型上表面首先出现等声速点；当 $Ma_\infty > Ma_{cr}$ 时，等声速点后面，由于翼型连续外凸，流管扩张，空气膨胀加速，出现超声速区。超声速区内，压力下降，比大气压小，而翼型后缘处的压力接近于大气压，当超声速气流冲入高压区时，就会产生激波，并稳定在气流速度等于激波传播速度 $v_s = \sqrt{\frac{\Delta p}{\Delta \rho}\frac{\rho+\Delta\rho}{\rho}}$ 的位置上，由于激波是局部超声速气流引起的，故称为局部激波。气流通过该局部激波后变为亚声速气流向后流去。

某翼型跨声速局部激波的发展情况如图 9-16 所示。

第一，当 $Ma_\infty = 0.75$ 时，翼型上表面只有很小的超声速区，但尚未形成局部激波，见图 9-16(a)。当 Ma_∞ 稍大于 0.75 时，在机翼上表面形成局部激波。随 Ma_∞ 的增大，等声速点前移，局部超声速扩大，激波前气流速度 v_1 增大，迫使局部激波后移，强度增大。当 $v_s = v_1$ 时，则局部激波又稳定在该位置上，如图 9-16(b)、(c)所示。

第二，Ma_∞ 由 0.81 增至 0.89 的过程中，翼型的下表面也出现局部激波。但下表面最低压力点较靠后，且流管变化较小，所以下表面局部激波一旦形成后，位置也较靠后，但随 Ma_∞ 的增大，迅速移至后缘，如图 9-16(c)所示。

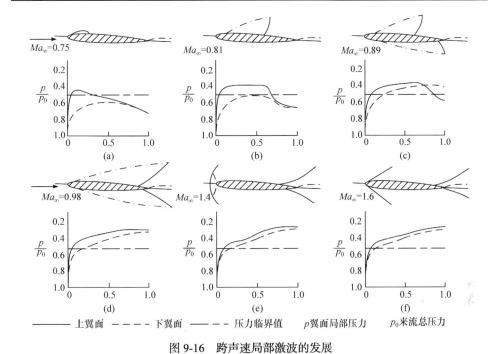

图 9-16 跨声速局部激波的发展

第三，Ma_∞ 继续增大至 0.98 时，上表面激波继续后移，直至后缘处，如图 9-16(d) 所示。

第四，Ma_∞ 再增大，将出现头部激波，如图 9-16(e)所示。

第五，Ma_∞ 再增大，头部激波附体，跨声速范围到此结束，整个流场变为单一的超声速流场，如图 9-16(f)所示。

9.3.2 翼型的跨声速气动特性

9.3.2.1 升力系数随来流马赫数的变化

图 9-17 为翼型 C_y 随 Ma_∞ 变化的典型曲线。图中 A、B、C、D、E 分别对应图 9-16 中的(a)、(b)、(c)、(d)、(e)。从图上可以看出，当 α 固定时，C_y 随 Ma_∞ 在跨声速阶段的变化特点是为"两起两落"。

在 A 点以前：$Ma_\infty < 0.75$，翼型表面全部是亚声速流动，其变化规律是随 Ma_∞ 增大，C_y 增大，$C_y \approx \pi\alpha / \sqrt{1-Ma_\infty^2}$。

从 A 点到 B 点，C_y 随 Ma_∞ 的增大而迅速增大。这是由于气流 Ma_∞ 从 0.75 增大至 0.81 的过程中，翼型上表面出现局部超声速区，并不断扩大，使上表面吸力不断增大，故 C_y 也迅速增加。

从 B 点到 C 点，C_y 又随 Ma_∞ 增大而迅速减小。这是由于 Ma_∞ 从 0.815 增至

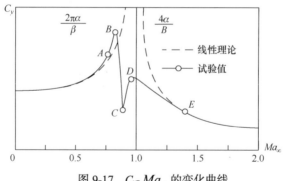

图 9-17 C_y-Ma_∞ 的变化曲线

0.89 时，下表面出现超声速区而导致压力下降，以及上表面附面层分离形成激波失速，致使上表面尾部压力较高，以上两种情况使 C_y 下降。

从 C 点到 D 点，C_y 随 Ma_∞ 的增大而有所回升。这是因为下翼面激波移至后缘，不再移动，而上翼面激波仍继续后移，超声速区有所扩大，压力继续下降，使 C_y 有所回升。

从 D 点到 E 点，C_y 随 Ma_∞ 的增大又逐渐下降。原因是：该时 $Ma_\infty \approx 1$，翼型前方出现脱体激波，在脱体激波未附体之前，上下翼面压力分布基本不随 Ma_∞ 而变(即所谓流场冻结)，但 Ma_∞ 增大使气流动压增大，所以升力系数仍随 Ma_∞ 的增大而下降。

E 点以后，激波附体，C_y 按超声速流动规律 $C_y = 4\alpha \big/ \sqrt{Ma_\infty^2 - 1}$ 变化。

9.3.2.2 阻力系数随 Ma_∞ 的变化

试验指出，气流 $Ma_\infty > Ma_{cr}$ 后，阻力急剧增加。这是因为在翼型表面上产生了局部激波。由于出现局部激波而产生的那部分阻力称为波阻，相应的阻力系数叫波阻系数。

1) 波阻产生的原因

波阻产生的原因有两个：一是超过临界马赫数以后，翼型表面上出现局部超声速区和局部激波，局部超声速区吸力增大，吸力增大的地方大部分位于翼型中、后段，使得翼型前后的压力差额外增加，见图 9-18；二是局部激波发展到一定程度时，引起附面层气流分离，在分离点后面的涡流区内，平均压力降低，使得翼型前后的压力差更为增加，导致波阻增大。

2) 阻力系数随 Ma_∞ 的变化

试验和理论表明，在翼型和迎角固定的条件下，阻力系数 C_x 随气流马赫数变化的大致趋势是：临界马赫数以前，C_x 基本不随 Ma 变化；接近 Ma_{cr} 时 C_x 才稍有增加，如图 9-19 中曲线 AB 段所示；超过 Ma_{cr} 以后，C_x 起初缓慢增大，随后急剧增

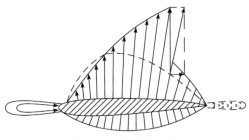

图 9-18　波阻的产生

大(图 9-19 中曲线 BC 段)；$Ma_\infty > 1$ 以后，C_x 逐渐下降(图 9-19 中曲线 CD 段)。亚声速阶段，空气压缩性对阻力系数的影响已作分析，现对跨声速阶段 C_x 变化说明如下。

当 $Ma_\infty > Ma_{cr}$ 后，翼型表面产生局部激波，出现波阻，C_x 增大，但最初激波并不是很强，而且激波分离还没有开始，C_x 增加不是很剧烈。当马赫数增加到一定程度时，激波强度增强，并出现激波分离，波阻便急剧增大，C_x 也迅速增加。这种 C_x 迅速增加时的马赫数通常称为阻力临界马赫数，用 Ma_D 表示。理论和试验表明，当 $Ma_\infty < 1$ 时，翼型的波阻系数大致随 $(Ma_\infty - Ma_D)^3$ 呈正比例变化，即

$$C_{xw} = A(Ma_\infty - Ma_D)^3 \tag{9-32}$$

式中：A 的值由翼型和迎角决定，对薄翼型，可近似取平均值 $A=11$。

当 $Ma_\infty > 1$ 时，上下翼面压力分布基本不受 Ma_∞ 影响，但随 Ma_∞ 的增大，q_∞ 增大，导致 C_x 下降。

3) 压力中心随来流 Ma_∞ 的变化

如图 9-20 所示，在亚声速流中，压力中心位置 $\bar{x}_P$ 几乎不随 Ma_∞ 变化，进

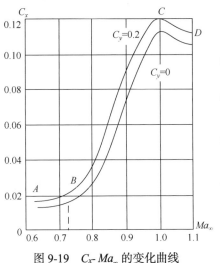

图 9-19　C_x-Ma_∞ 的变化曲线

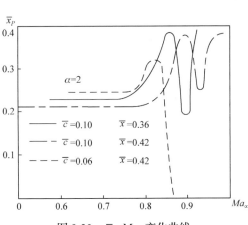

图 9-20　$\bar{x}_P$-Ma_∞ 变化曲线

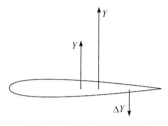

图 9-21　压力中心的变化

入跨声速段，由于上翼面出现局部超声速区并向后发展，翼型后半部分产生附加升力，压力中心后移。

以后又由于下翼面也出现超声速区，并以更快的速度迅速后移，这相当于在翼型后半部分增加一个负升力(图 9-21)，使压力中心前移。此后因为上翼面超声速区扩大到后缘，压力中心又后移。

9.4　机翼的跨声速气动特性

9.4.1　薄翼跨声速相似律

通过理论推导和试验表明，包括翼型的相对厚度 $\bar{c}$ 的影响在内，机翼跨声速相似参数除了 $\lambda\sqrt{\left|1-Ma_\infty^2\right|}$ 和 $\lambda\tan\chi$ 以外，$\lambda\sqrt[3]{\bar{c}}$ 将对机翼的跨声速气动特性起着决定作用，其升力系数和零升波阻系数分别可写成如下形式

$$\frac{C_y^\alpha}{\lambda}=f(\lambda\sqrt[3]{\bar{c}},\lambda\tan\chi,\lambda\sqrt{\left|1-Ma_\infty^2\right|}) \tag{9-33}$$

$$\frac{C_{x0w}}{\lambda\bar{c}^2}=g(\lambda\sqrt[3]{\bar{c}},\lambda\tan\chi,\lambda\sqrt{\left|1-Ma_\infty^2\right|}) \tag{9-34}$$

9.4.2　小展弦比机翼阻力特性比较

目前，我国常用的小展弦比飞机机翼平面形状大都采用后掠翼、三角翼。因此比较同样展弦比的直机翼、三角翼和 $\eta=1$ 的后掠翼(后两机翼的前缘后掠角相同)对我们正确认识这些飞机的气动特性是有帮助的。通过对三者的比较，可得出如下规律：

第一，直机翼的 Ma_{cr} 最小，三角翼次之，后掠翼最大；

第二，直机翼的 C_{x0} 峰值出现最早，如图 9-22 所示，对应的马赫数为 1 左右($Ma\approx1$)，三角翼在 $Ma>1$ 的亚声速前缘时出现 C_{x0} 的峰值(图 9-22 中马赫数约等于 1.1 处)，后掠翼的 C_{x0} 峰值出现最晚，对应于声速最大厚度线的 Ma；

第三，直机翼的 C_{x0} 峰值最大，三角翼次之，后掠翼最小；

第四，随着 Ma 的增大，直机翼的 C_{x0} 下降最快，三角翼次之，后掠翼最慢。

造成上述特点的主要原因是：直机翼有效分速最大，局部激波产生较早，发展较快；后掠翼的有效分速较小，局部激波产生较晚，发展较慢；三角翼的前缘与后掠翼类似，其后缘又和直机翼一样，因此其阻力特性介于直机翼与后掠翼之间。

由此可见，后掠翼较适用于跨声速和低 Ma 的超声速飞行，小展弦比直机翼适用于高 Ma 的超声速飞行；三角翼既适用于跨声速飞行，又适用于高 Ma 的超声速飞行。

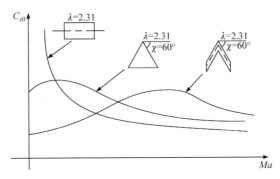

图 9-22　直机翼、三角翼和后掠翼的 C_{x0}-Ma 曲线
各机翼剖面均为菱形，$\bar{c}=0.05$，$x_{\bar{c}}=0.5$

习　　题

1. 为什么超声速飞机的翼型一般大都采用圆头对称薄翼型？
2. 分析跨声速翼型的升力系数随马赫数的变化规律。
3. 分析翼型的压力中心随马赫数的变化规律。
4. 比较小展弦比直机翼、三角翼和后掠翼的阻力特性。
5. 为什么超声速翼型通常选用具有较尖前缘的薄对称翼型？
6. 飞机在飞行中所产生阻力的类型及原因。
7. 试分析跨声速流场中翼型阻力系数随来流马赫数的变化规律和原因。
8. 已知某飞机飞行马赫数 $Ma_{\infty}=2.0$，机翼前缘后掠角 $\chi_0=35°$，问这时的机翼前缘是超声速前缘，亚声速前缘，还是声速前缘？

第10章　全机的空气动力特性

机身的基本作用是承受飞机的有效载荷，还可用于连接机翼、尾翼、起落架等其他构件，是飞机的一个重要部件，本节将讨论机身的空气动力特性。

10.1　机身的几何参数与绕流特点

10.1.1　机身的几何参数

机身的基本作用是承受飞机的有效载荷，要求机身在给定体积条件下必须具有尽可能小的阻力，这样就决定了机身的外形一般都是细长的旋成体或接近旋成体。所谓旋成体就是由一条母线(光滑曲线或折线)围绕某轴回转而成的物体，该轴线称为旋成体的体轴。

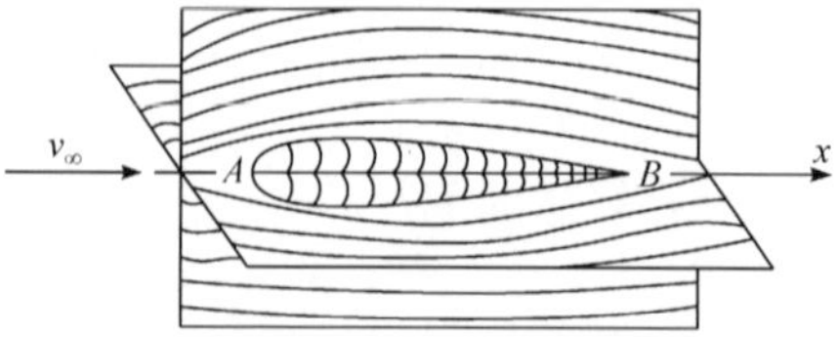

包含体轴在内的任一平面称为旋转体的子午面，见图 10-1。旋成体边界与任一子午面的交线即为母线。在任一子午面内，旋成体边界形状都是相同的。

图 10-1　子午面概念

一般机身旋成体有圆锥(或弹头)头部加圆柱中间部分再加船尾形尾段，见图 10-2。

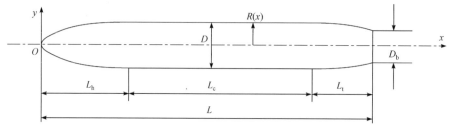

图 10-2　旋成体外形及主要参数

其主要参数有：

$R(x)$——旋成体半径沿体轴的分布；

L——旋成体全长；

L_h、L_c、L_t——分别为旋成体头部、圆柱段、尾部长度；

D——旋成体最大直径；

D_b——旋成体底圆直径；

λ——旋成体长细比，$\lambda = L/D$；

λ_h——旋成体头部长细比，$\lambda_h = L_h/D$；

λ_c——旋成体圆柱段长细比，$\lambda_c = L_c/D$；

λ_t——旋成体尾部长细比，$\lambda_t = L_t/D$；

η_t——旋成体尾部收缩比，$\eta_t = D_b/D$；

S_f——旋成体最大横截面积。

10.1.2　机身的绕流特点

先看旋成体的轴对称流动，即直匀流以零迎角(直匀流与旋成体轴之间的夹角，定义为迎角)流过旋成体，如图 10-1 所示。这种轴对称流动具有以下特点：

第一，流体流动是在通过体轴 x 的平面内运动。

第二，所有通过子午面内的流动，其性质都是相同的。旋成体的低、亚声速轴对称流动，其绕流特点与流过零迎角的对称翼型的低、亚声速流动相似。与翼型厚度对气流的作用一样，旋成体本身在轴对称流动中，把迎面流来的流体微团向四周推开，如图 10-3(a)所示。其作用与放置在轴线上的点源将迎面流来的流体微团向四周推开一样，见图 10-3(b)。因此，这时旋成体的轴向流动可以用源(汇)来替代，其绕流的气动特性可以用源汇法求解。但是，由于旋成体绕流的三维流动特性，在相同的相对厚度和 Ma_∞ 下，旋成体对气流所产生的扰动将小于对称翼型对气流所产生的扰动。

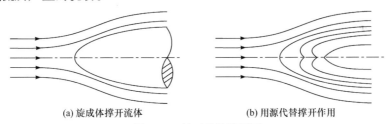

(a) 旋成体撑开流体　　　　　　　　(b) 用源代替撑开作用

图 10-3　轴对称绕流图画

超声速轴对称流动，在流场中要出现激波和膨胀波，图 10-4 表示了这种绕流的流动图画。当头部是圆锥时，如第 4 章所述，将产生圆锥激波，其激波要比同

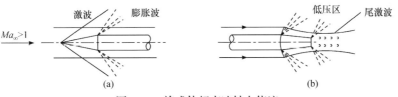

图 10-4　旋成体超声速轴向绕流

一来流马赫数流过同一顶角的楔形体时的激波弱。

当来流有迎角绕过旋成体时，只要迎角不大，其绕流图画仍类似于轴对称流动图画，但流动不再对称。图 10-5 为低、亚声速来流迎角为 α 绕过旋成体的流动。当迎角较大时，与机翼一样，旋成体上表面将发生附面层分离，而有旋涡产生，如图 10-6 所示，此旋涡为脱体涡。

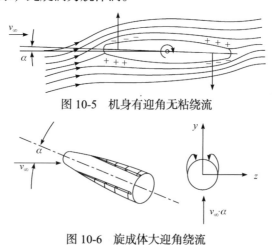

图 10-5　机身有迎角无粘绕流

图 10-6　旋成体大迎角绕流

10.2　机身的气动特性

机身的绕流问题有多种解法，本节将不展开讨论，而只是根据线化位流理论和风洞试验给出一些结论性结果。

气流以正迎角流过机身，在机身头部会产生正升力，在尾部产生负升力，见图 10-5，其结果为一个很小的正升力和绕形心的抬头力矩。由于机身产生的升力很小，一般可忽略不计，这里只讨论机身的阻力特性。

由于机身的升力可以忽略，因此机身的诱导阻力也可以忽略不计，整个机身的阻力系数 C_{xF} 可表示为

$$C_{xF} \approx C_{x0F} = C_{xf} + C_{xh} + C_{xt} + C_{xb} \tag{10-1}$$

式中：C_{xf} 为机身的摩擦阻力系数；C_{xh} 为头部压差阻力系数；C_{xt} 为尾部压差阻力系数；C_{xb} 为底部阻力系数。而

$$C_{xF} = \frac{X_F}{\frac{1}{2}\rho v_\infty^2 S_f}$$

10.2.1　机身摩擦阻力系数

计算机身摩擦阻力系数时，可以设想将旋成体展开为平板，用第 5 章所述的

计算平板摩擦阻力的方法来计算

$$C_{xf} = \frac{X_f}{\frac{1}{2}\rho_\infty v_\infty^2 \cdot S_f} = \frac{(C_{xf})_p \cdot \frac{1}{2}\rho_\infty v_\infty^2 \cdot S_F}{\frac{1}{2}\rho_\infty v_\infty^2 \cdot S_f} \tag{10-2}$$

式中：X_f 为机身的摩擦阻力；$(C_{xf})_p$ 为平板的摩擦阻力系数，可按用机身长度计算的雷诺数及 $\bar{x}_T = 0$ 来计算，同时还要考虑压缩性修正；S_F 为气流浸湿机身表面积(不包括底部面积)，$S_F = 2\pi \int_0^L R(x)\mathrm{d}l$。

10.2.2 头部压差阻力系数

机身头部的压差阻力系数定义为

$$C_{xh} = \frac{X_h}{\frac{1}{2}\rho_\infty v_\infty^2 S_f} \tag{10-3}$$

式中：X_h 为头部压差阻力。

机身头部可分为带进气道和不带进气道两种形式。

对不带进气道的头部，若母线形状为抛物线 $\dfrac{y}{D/2} = 2\dfrac{x}{L_h} - \left(\dfrac{x}{L_h}\right)^2$，其 $C_{xh}\text{-}Ma$ 曲线如图 10-7 所示；若机身头部为锥形，其 $C_{xh}\text{-}Ma$ 曲线如图 10-8 所示。

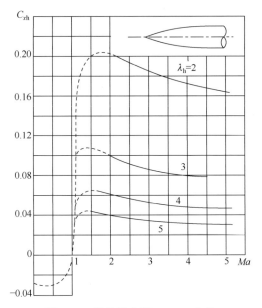

图 10-7 抛物线头部 $C_{xh}\text{-}Ma$ 曲线

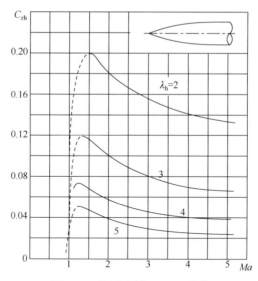

图 10-8　锥形头部 C_{xh}-Ma 曲线

对带进气道的机身，当来流为亚声速时，$C_{xh} \approx 0$。当气流为超声速时，头部要产生激波，见图 10-9，形成正的头部阻力。当流量系数 $\varphi = F_0 / F_i = 1$ 时，C_{xh} 可由图 10-10、图 10-11 查出。图中 $\eta_h = D_h / D$，表示头部收缩比，D_h 为头部圆直径。

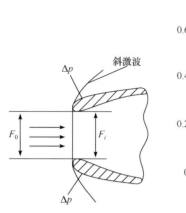

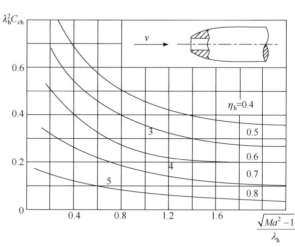

图 10-9　头部激波的产生　　图 10-10　母线为抛物线带进气道的旋成体 $\varphi = 1$ 时的头部
阻力系数

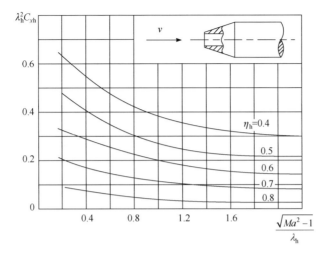

图 10-11 母线为直线带进气道的旋成体 $\varphi = 1$ 时的头部阻力系数

10.2.3 尾部压差阻力系数

尾部压差阻力是指机身尾部表面上的吸力沿来流方向的合力。尾部压差阻力系数的定义为

$$C_{xt} = \frac{X_t}{\frac{1}{2}\rho_\infty v_\infty^2 S_f} \tag{10-4}$$

其大小可由图 10-12、图 10-13 查到。

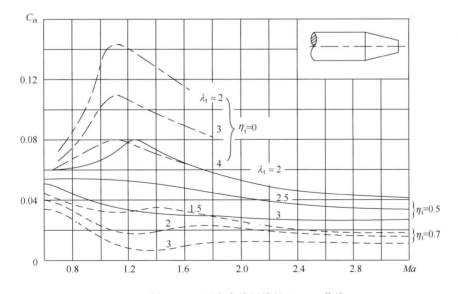

图 10-12 具有直线母线的 C_{xt}-Ma 曲线

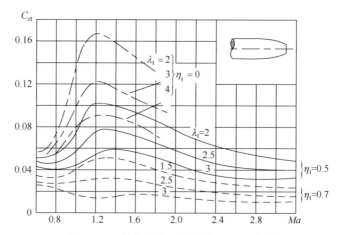

图 10-13 具有抛物线母线的 C_{xt}-Ma 曲线

10.2.4 底部阻力系数

旋成体的底部阻力 X_b 定义为

$$X_b = \int_{S_b} (p_\infty - p_b) \mathrm{d}S_b \tag{10-5}$$

式中：S_b 为底部面积，p_b 为底部压力。

对于尖尾旋成体，$S_b = 0$，则 $x_b = 0$。对于切尾旋成体 $S_b \neq 0$，且 $p_b < p_\infty$，p_b 的大小决定于来流马赫数、尾部形状、有无喷气、旋成体长度及附面层类型等。

根据试验结果，旋成体底部阻力系数可用下式计算

$$C_{xb} = \frac{X_b}{\frac{1}{2}\rho_\infty v_\infty^2 S_f} = \left(-\overline{p}_b\right)_{\eta_t=1} K_\eta \frac{S_b}{S_f} \tag{10-6}$$

式中：$(-\overline{p}_b)_{\eta_t=1}$ 按图 10-14 确定，K_η 可按图 10-15 确定。

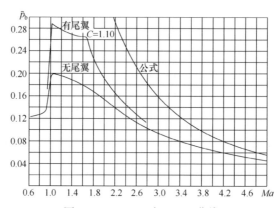

图 10-14　$\eta_t = 1$ 时 $\overline{p}_b$-Ma 曲线

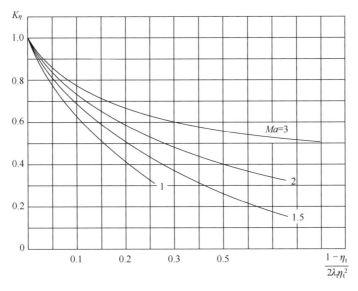

图 10-15　旋成体底部 K_{η}-η 曲线

10.3　机身-机翼-尾翼组合体的气动特性

前面几节我们主要研究飞机各单独部件(机翼、机身)气动特性，但飞机总是以组合体出现，而组合体的流场以及组合体各部件所承受的空气动力，由于各部件间的相互干扰作用，与单独部件的空气动力性质是不同的。本节主要讨论机身、机翼和尾翼的相互干扰作用及全机的气动特性。

10.3.1　机身-机翼-尾翼组合体的几何参数

图 10-16 是常规式机身-机翼-尾翼组合体示意图。机翼根弦与机身轴线的夹角 ϕ_w 称为机翼安装角。水平尾翼与机身轴线的夹角 ϕ_t 称为水平尾翼安装角。

图 10-17 是机翼-机身组合体(简称翼身组合体)的俯视图。暴露在气流中的机翼叫外露机翼，其面积 $S_0 = 2S_1$。若将外露的两个半翼对接起来，则空气动力记作 Y_{wa}(升力)和 X_{wa}(阻力)。延长外露机翼前、后缘主对称面上相交，这样构成的机翼称为全机翼或原始机翼，其面积 $S = S_2 + 2S_1$，空气动力记作 Y_w，X_w。机身在全机翼的部分称为翼段；在全机翼前面部分称为前体；在全机翼后面的部分称为后体。翼身组合体的空气动力记作 Y_{wf} 和 X_{wf}。在翼身组合体中，全机翼的空气动力(包括机翼在机身上诱起的空气动力)记作 Y_{ws} 和 X_{ws}；机翼外露部分的空气动力记作 Y_{w0} 和 X_{w0}。

在翼身组合体中，机翼根弦水平面与通过机身轴线水平面之间的垂直距离

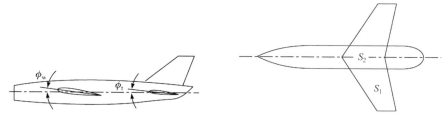

图 10-16　正常式机身-机翼-尾翼组合体　　　　图 10-17　机翼-机身组合体

称为机翼高度 h_w。按机翼高度的不同情况，可分为中单翼、上单翼和下单翼，见图 10-18。

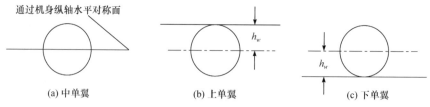

(a) 中单翼　　　　　　　(b) 上单翼　　　　　　　(c) 下单翼

图 10-18　中单翼、上单翼、下单翼

　　水平尾翼根弦水平面相对于机身轴线水平面的位置，也可具有与机翼相同的几种情况。当然，水平尾翼还可安装在垂直尾翼上，它与机身轴线之间的高度称为水平尾翼高度 h_{ht}。

10.3.2　机翼和机身之间的干扰对气动特性的影响

　　1) 对升力的影响

　　图 10-19 给出了某中单翼的试验结果，图中实线是翼身组合体剖面的升力系数(仅包含机身翼段范围内的升力)，虚线则是单独全机翼的。

　　由图 10-19 可见，机身使机翼外露部分的升力增大，而使被机身遮蔽部分的升力减小。机身使机翼外露部分升力增大的原因是：当迎角为正时，在机身周围会出现自下而上的侧面绕流，在机翼外露部分形成上洗速度 v_y，见图 10-20，使其有效迎角增大，升力增大。机身破坏了机翼被遮蔽部分的流动状态，使这部分升力减小。

　　图 10-21 给出了中单翼组合体中机身升力的轴向分布图。图中实线为组合体的升力系数，虚线为单独机身的升力系数。由图 10-21 可见，机翼对机身的干扰使机身的升力增大，特别是在翼段范围内增加得更多一些。这一方面是因为机翼附着涡在机身上引起上、下洗速度 v_y'(图 10-22)改变了机身的局部迎角；另一方面机翼在机身上引起 x 方向的诱导速度 v_x'，见图 10-23，在 v_x' 的作用下，机身上部速

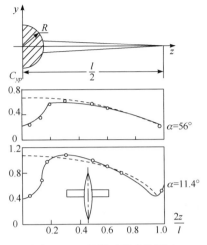

图 10-19 机翼对机身的影响

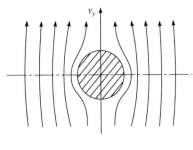

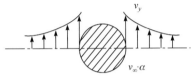

图 10-20 机身引起的上洗速度分布

度增大，压力减小，机身下部速度减小，压力升高。在 v'_y 和 v'_x 的共同作用下使机身升力增大，尤其是在翼段部分。

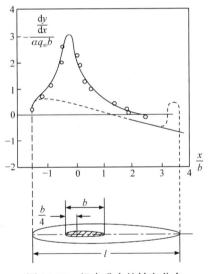

图 10-21 机身升力的轴向分布

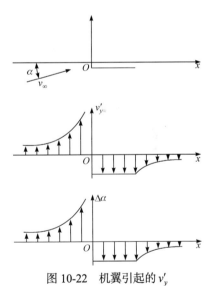

图 10-22 机翼引起的 v'_y

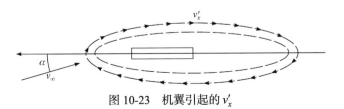

图 10-23 机翼引起的 v'_x

综合机翼机身的相互干扰，对中等以上展弦比机翼，可认为翼身组合体升力和单独全机翼升力相等，即

$$Y_{wf} \approx Y_{ws} \approx Y_w$$

2) 对阻力的影响

(1) 对压差阻力的影响。

在翼身结合处，一方面因附面层增厚(图 10-24)；另一方面，因结合处流管后半部分呈扩散形(图 10-25(a))，逆压梯度增大，导致翼身结合处的附面层提前分离，使压差阻力增大，见图 10-26。这一部分增大的阻力通常称为干扰阻力。为减小干扰阻力，在翼身结合处，通常装有整流罩，见图 10-25(b)。图 10-27 给出了单独机翼(曲线 1)、无整流罩翼身组合体(曲线 2)及带整流罩翼身组合体(曲线 3)的型阻系数曲线，由图可见，整流罩对减少阻力的作用是很大的。

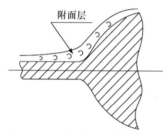

图 10-24　翼身结合处的附面层

图 10-25　机身结合处的流管及整流罩

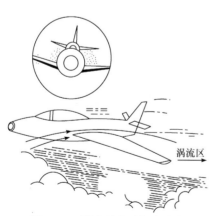

图 10-26　翼身结合处气流分离

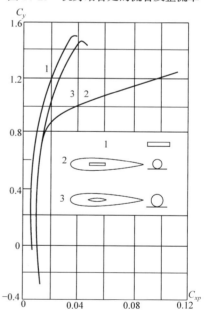

图 10-27　单独机翼及有无整流罩翼身组合体的型阻系数曲线

(2) 对波阻的影响。

机翼机身的相互干扰，使翼身结合处局部流速增大，临界马赫数降低，波阻增大。

图 10-28 给出了单独机身(曲线 1)、翼身组合体(曲线 2)及蜂腰状翼身组合体(曲线 3)的 C_{x0}-Ma 及 C_{x0w}-Ma 曲线。由图 10-28 可见，采用蜂腰状翼身组合体可以明显降低组合体的跨声速波阻。这是因为这种组合形状会使翼身之间形成有利的干扰，在零迎角下，当跨声速气流流过单独机翼时，局部超声速区主要在机翼最大厚度线之后，因此在机翼最大厚度线以后的翼面压力较低，以"–"号表示；最大厚度线以前的翼面相对压力较高，以"+"号表示，见图 10-29。当跨声速气流

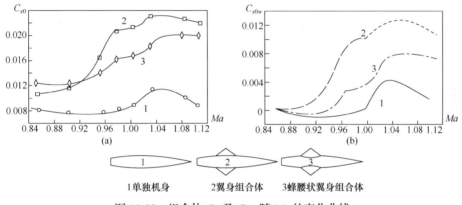

图 10-28　组合体 C_{x0} 及 C_{x0w} 随 Ma 的变化曲线

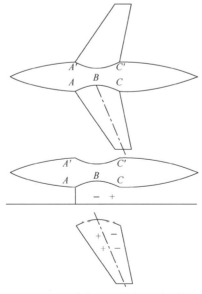

图 10-29　跨声速时翼身有利干扰

在 BC 段内因流管截面积缩小，速度减小，压力增大，以"+"号表示，见图 10-29。将此机翼和机身组合在一起，机翼和机身上高、低压区的压力互相抵消一部分，从而减小了波阻。

　　进一步的理论研究和试验表明，只要组合体的横截面积沿机身轴线分布是光滑变化的，且接近于单独机身横截面积的分布，见图 10-30，则组合体在跨声速时得到较小的波阻，这一规律称为跨声速面积律，这一规律被广泛地应用于跨声速飞机设计中。

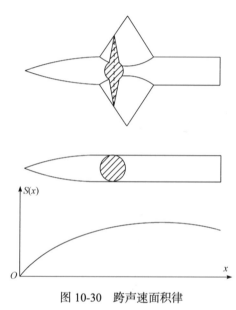

图 10-30　跨声速面积律

10.3.3　机翼机身对尾翼的干扰

　　机翼和机身对尾翼的干扰主要表现在两个方面：一是阻滞作用，二是下洗作用。

1) 阻滞作用

　　当气流流过机翼机身后，因粘性作用气流要损失一部分能量，使气流受到阻滞。这样流到飞机尾翼的气流速度就要小于流过飞机机翼的速度 v_∞，其关系为

$$v_t^2 = K_q v_\infty^2 \tag{10-7}$$

式中：K_q 称为速度阻滞系数，其大小与尾翼位置有关，一般由试验确定，近似计算中可取 $K_q = 0.85$。

2) 下洗作用

　　亚声速时，由于翼尖旋涡的诱导，超声速时，由于存在三维流区，都会使得尾翼处的气流下洗，尾翼有效迎角减小。迎角减小量

$$\Delta \alpha_t = \varepsilon^\alpha \cdot \alpha \tag{10-8}$$

式中：ε^α 为下洗角对迎角的导数。

10.4 全机的气动特性

10.4.1 升力特性

对于中等以上展弦比机翼，由于机身和水平尾翼产生的升力相对较小，可以忽略不计。因而全机的升力就等于翼身组合体的升力，也等于单独全机翼的升力，即

$$Y = Y_{wf} = Y_{ws} = Y_w \tag{10-9}$$

从而全机的升力系数也等于单独全机翼的升力系数

$$C_y = C_{yw} \tag{10-10}$$

对于小展弦比机翼，则应计及机身和水平尾翼的升力(全机翼+机身+平尾)：

$$\begin{aligned} Y &= Y_{wf} + Y_{ht} \\ &= Y_{ws} + Y_f + Y_{ht} \end{aligned} \tag{10-11}$$

式中：Y_f 为机身升力；Y_{ht} 为水平尾翼升力。

机身的升力系数为

$$C_{yf} = \frac{Y_f}{\frac{1}{2}\rho v_\infty^2 S_f} \tag{10-12}$$

组合体中全机翼升力系数为

$$C_{yws} = \frac{Y_{ws}}{\frac{1}{2}\rho v_\infty^2 S} \tag{10-13}$$

水平尾翼的升力系数为

$$\begin{aligned} C_{yht} &= \frac{Y_{ht}}{\frac{1}{2}\rho v_{ht}^2 S_{ht}} \\ &= \frac{Y_{ht}}{K_q \frac{1}{2}\rho v_\infty^2 S_{ht}} \end{aligned} \tag{10-14}$$

式中：S_{ht} 为水平尾翼面积。

根据式(10-9)～式(10-14)可得全机升力系数

$$C_y = C_{yws} + C_{yf} \frac{S_f}{S} + C_{yht} \cdot \frac{S_{ht}}{S} \tag{10-15}$$

式中：C_{yws}、C_{yf} 及 C_{yht} 的计算方法参见相应的文献。

10.4.2　阻力特性

对中等以上展弦比机翼的飞机，可以认为全机的零升阻力在考虑相互干扰影响时，应等于各部件零升阻力放大 1.1 倍，即

$$X_0 = 1.1(X_{0wa} + X_{0f} + X_{0ht} + X_{0vt} + X_{0d}) \tag{10-16}$$

式中：X_{0ht} 为水平尾翼零升阻力；X_{0vt} 为垂直尾翼零升阻力；X_{0d} 为附加物阻力。

写成系数形式为

$$C_{x0} = 1.1\left(C_{x0wa} \frac{2S_1}{S} + C_{x0f} \frac{S_m}{S} + C_{x0ht} \frac{S_{tw}}{S} + C_{x0vt} \frac{S_{vt}}{S} + \sum \frac{S_{ad}}{S} \cdot C_{xad}\right) \tag{10-17}$$

式中：S_{tw}、S_{tv}、S_{ad} 分别为水平尾翼、垂直尾翼外露部分面积及附加物最大迎风面积。

一般飞机 C_{x0} 是马赫数和雷诺数的函数，常画成用高度 H 为参数的 C_{x0}-Ma_∞ 曲线，如图 10-31 所示。

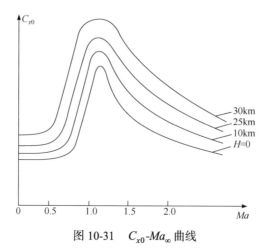

图 10-31　C_{x0}-Ma_∞ 曲线

全机的诱导阻力可近似认为和单独全机翼相等，写为系数形式

$$C_{xi} = C_{xiw} \tag{10-18}$$

对小展弦比机翼飞机，其零升阻力系数可仍按式(7-62)计算，但诱导阻力需考虑组合体中全机翼的诱导阻力和机身诱导阻力。写成系数形式

$$C_{xi} = C_{xi\omega s} + C_{xif} \frac{S_f}{S} \tag{10-19}$$

10.4.3 飞机极曲线

在计算飞机飞行性能时经常要使用飞机极曲线，即飞机的 C_y-C_x 曲线。极曲线是已知不同马赫数下飞机的 C_x 和 C_y 后，建立 C_x 和 C_y 的函数关系 $C_x = f(C_y)$，一般可写为

$$C_x = C_{x0} + AC_y^2 \tag{10-20}$$

式中：A 为诱导阻力因子，它与马赫数和升力系数有关，可从飞机技术说明书中查得。

极曲线的形状和马赫数及高度相关，一般均是在某高度下的马赫数为参数给出。极曲线与横轴的交点就是 $C_{x0}(Ma_\infty, H)$。一般 C_{xi} 只是马赫数的函数，而与 H 无关。通过飞机极曲线，可求出飞机升阻比

$$K = \frac{Y}{X} = \frac{C_y}{C_x} \tag{10-21}$$

应指出的是，飞机极曲线是根据平衡状态下 C_x 和 C_y 的关系画出的。

习　题

1. 请简述机身旋成体的绕流特点。
2. 对于机身旋成体而言，其阻力系数的构成有哪些？
3. 请简述机翼和机身对尾翼的干扰主要表现在哪两个方面？
4. 请简述翼身组合体对升力的影响。
5. 请简述翼身组合体对阻力的影响。
6. 对于中等展弦比机翼的飞机，全机升力的构成有哪些？
7. 对于中等展弦比机翼的飞机，全机零升阻力的构成有哪些？

第 11 章　计算流体力学初步

11.1　综　　述

计算流体力学(computational fluid dynamics，CFD)是建立在理论流体力学与数值计算方法基础之上的一门独立学科，通过将时间域和空间域上连续的物理量场用一系列的有限个离散点上的变量值的集合来代替，定量化地描述流场参数的变化情况，达到对流体流动问题研究的目的。

在飞机和导弹的早期设计中，风洞试验是提供气动数据的主要手段，但风洞建设与试验的费用却都是比较高的，且对不同的物理模型不可能在相同的风洞条件下完成。试验数据还会受到洞壁、试验探针的扰动。而计算流体力学在进行流动问题的数值计算时，对流动参数的选择具有很大的灵活性，可以完全控制流体的性质，如流体的密度、粘性系数等，也没有"试验探针"的物理扰动。另外，由于流动问题控制方程的非线性，以及自变量多、计算域几何边界条件复杂的特点，也必须借助于计算流体力学方法进行求解。计算流体力学的另一优点是可以对高温、剧毒、易燃等具有破坏性的流动问题进行零风险研究。因此，CFD 已发展为一门功能强大并不可或缺的流体力学研究方法。

当然，计算流体力学中有限的数值模型只有在网格尺度为零的情况下，才能做到对流场的精确模拟，这一点在有限的数值方法及有限的计算机技术条件下是无法达到的，唯一能做到的只能是通过对计算域的有限离散及对插值格式的有限近似实现对流动问题的离散求解。离散的结果不仅在数量上影响了计算的精度，而且无法反映小尺度或短波长的流动现象。因此，计算流体力学在模拟复杂真实流动时还存在着结果的有效性与精确性问题，还需进行风洞试验的进一步验证。当然，在通过 CFD 对流动特性已基本了解的情况下，试验可仅对典型的情况进行验证，或者在计算结果的指导下，重点对变量变化剧烈的区域进行测量，从而可达到节约试验费用的目的。

从 CFD 方法的建立到今天的广泛应用，CFD 大体经历了三种不同方法的发展阶段：有限差分法(finite difference method，FDM)、有限元法(finite element method，FEM)及有限体积法(finite volume method，FVM)。有限差分法是应用最早、发展最为成熟的 CFD 方法，它是以差商代替导数，将流动问题微分方程转化为代数方程的近似数值方法，其概念简单，便于理解，但它不适用于非均匀和非矩形的网格,对几何上复杂的域难于表达,以及对非线性边界难于引入边界条件。有限元法是 20 世纪 60 年代从计算结构力学引入计算流体力学的方法,其计算网格既可以是结构化的,也可以是非结构化的,甚至可以是由各种同维网格构成的不同形状的混合网格,对微分方程中的导数也可通过对在单元上建立的插值格式求导得到,计算精度较高,但有限元法无论是通过变分法或通过加权剩余法,其离散过程的理论推导都比较抽象,而且对控制方程中对流项变量迎风插值格式的引入也比较麻烦,远没有有限差分法那样直观明了。有限体积法是在对有限差分法与有限元法相结合的基础上发展起来的,既具有有限元法对复杂几何域使用性强的特点,又具有有限差分法数学推导直观,便于引入迎风格式的优点。从 20 世纪 90 年代开始已广泛使用于计算流体力学领域。目前所有的工程计算软件中,基本上都使用了有限体积法。

当然,随着 CFD 的不断发展,有限差分法、有限元法、有限体积法在很大程度上得到了相互借鉴与融通,已很难说哪一种方法绝对优于另一种方法。

本章通过对有限差分法、有限元法、有限体积法的基本描述简要介绍计算流体力学的一般方法。

为简单起见,仅以稳态不可压二维流动为例,其控制方程的通用形式为

$$\mathrm{div}(\rho v \phi) = \mathrm{div}(\Gamma \mathrm{grad}\phi) + S \tag{11-1}$$

或写为常规形式,即

$$\frac{\partial(\rho u \phi)}{\partial x} + \frac{\partial(\rho v \phi)}{\partial y} = \frac{\partial}{\partial x}\left(\Gamma \frac{\partial \phi}{\partial x}\right) + \frac{\partial}{\partial y}\left(\Gamma \frac{\partial \phi}{\partial y}\right) + S \tag{11-2}$$

这里 ϕ 是广义变量, Γ 是相应于 ϕ 的广义扩散系数, S 是与 ϕ 对应的广义源项。 ϕ 、 Γ 、 S 在各控制方程中的对应关系如表 11-1 所示。

表 11-1　通用控制方程中各符号的具体形式

方程	符号		
	ϕ	Γ	S
连续方程	1	0	0
动量方程	v_i	μ	$-\partial p/\partial x_i + S_i$
能量方程	T	λ	$\varPhi$

11.2　网格及其生成方法

网格生成是 CFD 的前提,其目的是在计算域上设定离散的计算点,通过计算

变量在这些离散点上的变化揭示变量在整个计算域上的变化规律。因此，通常将网格生成看成是 CFD 的前置处理。

在早期的 CFD 计算中，人们普遍认为 70%以上的计算精力或经费都花在了网格的生成上。另外，受计算机内存与计算机速度的限制，当所剖分的网格在稀疏分布上与流场分布不一致，达不到满意的计算结果时，还需对网格剖分进行反复的调整工作。可见网格剖分既是一件关乎计算结果的非常重要性的工作，又是一件费时费力又非常枯燥乏味的工作。

网格(grid)由单元(element)和结点(node)组成。构成整个几何域的一个个简单几何体，如平面三角形、四边形，立体四面体、六面体等，分别叫做网格单元，这些简单几何体的角点叫结点。计算域就如同搭积木一般由这些网格单元叠加而成。

依据网格结点的排列方式，网格分为结构网格与非结构网格。如网格中结点排列有序，当给出一个结点的编号后，便可立即得出其相邻结点的编号，则称这种网格为结构网格(structured grid)。结构网格是一种传统的网格形式，网格自身利用了几何体的规则形状。当网格结点以一种不规则方式排列时，这种网格便叫做非结构网格(unstructured grid)。非结构网格生成过程虽然复杂，但可适用于对任何复杂域的剖分。当然非结构网格也有它的不足之处，如对粘性底层网格尺寸的难以控制等。实际应用中，为了提高计算的精度，往往舍弃了非结构网格对其几何边界适应性强的优点，反而采用了工作量大但容易控制网格尺寸的分区结构网格。

某翼身组合体半模外流场贴体网格如图 11-1 所示。

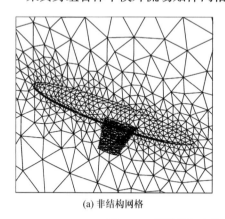 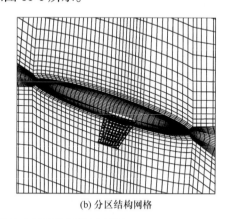

(a) 非结构网格　　　　　　　　　　　　　(b) 分区结构网格

图 11-1　某翼身组合体半模外流场贴体网格示意图

11.2.1　结构网格生成方法

以一维区间$[a,b]$为例，将其剖分为 n 个非均匀网格。设后一网格长度为前一网格长度的 α 倍，则设第一个网格长度为 Δx

$$\Delta x + \alpha \Delta x + \cdots + \alpha^{n-1} \Delta x = b - a \tag{11-3}$$

可得

$$\Delta x = \begin{cases} \dfrac{1}{n}(b-a), & \alpha=1 \\ \dfrac{1-\alpha}{1-\alpha^n}(b-a), & \alpha \neq 1 \end{cases} \tag{11-4}$$

记 $x_0 = a$，$x_n = b$，由(11-4)可得 $[a,b]$ 之间 $n+1$ 个结点的坐标分别为

$$x_i = x_{i-1} + \alpha^{i-1}\Delta x，\quad i=1,2,\cdots,n-1 \tag{11-5}$$

类似地，可生成网格结点的 y 坐标及 z 坐标。

这种方法亦可推广到多连通域情形，从而演变出 O 型网格和 C 型网格，如图 11-2 所示。O 型网格是一个变形的圆，一圈一圈地包围着翼型或绕流物体，C 型网格则像一个变形的 C 字，围在翼型的外面。O 型网格和 C 型网格都属于结构网格。

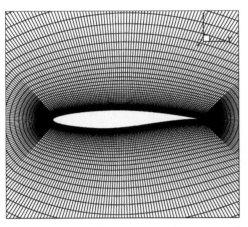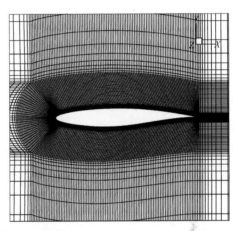

图 11-2　O 型网格与 C 型网格

11.2.2　非结构网格生成方法

非结构网格在程序编制上比较困难，但在程序完成后，对于复杂边界的计算域其网格剖分的适应度却是非常高的。

非结构网格生成方法主要有 Delaunay 法和阵面推进法。

阵面推进法生成非结构网格的基本思想是：

(1) 对于给定的计算域，取一可包含其几何体的背景域，在背景域上生成结构背景网格；

(2) 根据计算域边界网格分布要求，确定背景网格边界条件值；

(3) 根据计算域内部对网格分布的特殊要求，设置适当的点源或线源；

(4) 在背景网格上求解热传导方程

$$\nabla^2 T = S \tag{11-6}$$

得到背景网格点上非结构网格的分布尺度；

(5) 在计算域边界上生成初始阵面，然后以初始阵面上的结点为圆心，以其上对 T 的插值为半径，生成两个圆或三个球面的交点作为新的结点，构成一个新的单元，在生成新单元的过程中，会生成若干个新的阵面，同时必须剔除掉一些旧的阵面，直到阵面个数为零。

非结构网格对二维计算域的剖分多为三角形单元，对三维计算域的剖分多为四面体单元，但也有一些非结构网格对二维采用四边形单元，而对三维问题采用六面体单元，这种剖分相对要复杂些。

目前有许多专门的网格生成软件，既可进行分区结构网格剖分，又可进行非结构网格剖分。应用之，可进行各种计算几何域的网格剖分，从而进行相应的流体动力学计算。

11.3　有限差分法与有限元法

以典型的对流——扩散方程为例，介绍有限差分法与有限元法对控制方程的离散方法。

11.3.1　有限差分法

在一维区间 $[a,b]$ 上插入 $n-1$ 个等距节点，各节点坐标分别为

$$a = x_1 < x_2 < \cdots < x_{n-1} < x_n = b$$

记

$$\Delta x = \frac{x_i - x_{i-1}}{n}, \quad i = 1, 2, \cdots, n$$

根据带余项的泰勒公式，可以写出

$$\phi(x_{i+1}) = \phi(x_i + \Delta x) = \phi(x_i) + \Delta x \frac{\mathrm{d}\phi}{\mathrm{d}x}\bigg|_{x=x_i} + \frac{(\Delta x)^2}{2!}\frac{\mathrm{d}^2\phi}{\mathrm{d}x^2}\bigg|_{x=x_i} + \frac{(\Delta x)^3}{3!}\frac{\mathrm{d}^3\phi}{\mathrm{d}x^3}\bigg|_{x=x_i+\theta\Delta x} \tag{11-7}$$

其中，$0 < \theta < 1$。略去二阶以上小量，可得一阶导数的向前差分式

$$\frac{\mathrm{d}\phi}{\mathrm{d}x}\bigg|_{x=x_i} \approx \frac{\phi(x_{i+1}) - \phi(x_i)}{\Delta x} = \frac{\phi_{i+1} - \phi_i}{\Delta x} \tag{11-8}$$

类似地，由

$$\phi(x_{i-1}) = \phi(x_i - \Delta x) = \phi(x_i) + (-\Delta x)\frac{\mathrm{d}\phi}{\mathrm{d}x}\bigg|_{x=x_i} + \frac{(-\Delta x)^2}{2!}\frac{\mathrm{d}^2\phi}{\mathrm{d}x^2}\bigg|_{x=x_i} + \frac{(-\Delta x)^3}{3!}\frac{\mathrm{d}^3\phi}{\mathrm{d}x^3}\bigg|_{x=x_i-\theta\Delta x}$$

$$\tag{11-9}$$

可得到一阶导数的向后差分式

$$\left.\frac{\mathrm{d}\phi}{\mathrm{d}x}\right|_{x=x_i} \approx \frac{\phi_i - \phi_{i-1}}{\Delta x} \tag{11-10}$$

将式(11-7)与式(11-8)相减，并略去三阶导数，可得一阶导数的中心差分式

$$\left.\frac{\mathrm{d}\phi}{\mathrm{d}x}\right|_{x=x_i} \approx \frac{\phi_{i+1} - \phi_{i-1}}{2\Delta x} \tag{11-11}$$

将式(11-7)与式(11-9)相加，略去三阶以上导数，可得二阶导数的差分式

$$\left.\frac{\mathrm{d}^2\phi}{\mathrm{d}x^2}\right|_{x=x_i} \approx \frac{\phi_{i+1} - 2\phi_i + \phi_{i-1}}{(\Delta x)^2} \tag{11-12}$$

在上述差分公式推导中，式(11-8)与式(11-10)略去的是二阶以上导数，称其为一阶精度差分式，式(11-11)与式(11-12)略去的是三阶以上导数，称其为二阶精度差分式。

对于控制方程中的一阶导数，采用式(11-8)、式(11-10)、式(11-11)中的任一种方法进行离散，而将二阶导数采用式(11-12)进行离散，便可将二阶微分形式的控制方程(11-2)转化为离散的代数方程。

在二维网格中任取一网格点(x_i, y_j)，按照中心差分方法，分别得到

$$\left.\frac{\partial(\rho u\phi)}{\partial x}\right|_{i,j} = \frac{(\rho u\phi)_{i+1,j} - (\rho u\phi)_{i-1,j}}{2\Delta x} \tag{11-13}$$

$$\left.\frac{\partial(\rho v\phi)}{\partial y}\right|_{i,j} = \frac{(\rho v\phi)_{i,j+1} - (\rho v\phi)_{i,j-1}}{2\Delta y} \tag{11-14}$$

$$\left.\frac{\partial}{\partial x}\left(\Gamma\frac{\partial\phi}{\partial x}\right)\right|_{i,j} = \frac{\left(\Gamma\dfrac{\partial\phi}{\partial x}\right)_{i+1/2,j} - \left(\Gamma\dfrac{\partial\phi}{\partial x}\right)_{i-1/2,j}}{\Delta x} \tag{11-15}$$

$$\left.\frac{\partial}{\partial y}\left(\Gamma\frac{\partial\phi}{\partial y}\right)\right|_{i,j} = \frac{\left(\Gamma\dfrac{\partial\phi}{\partial y}\right)_{i,j+1/2} - \left(\Gamma\dfrac{\partial\phi}{\partial y}\right)_{i,j-1/2}}{\Delta y} \tag{11-16}$$

其中，$i-1/2$、$i+1/2$分别表示介于x_{i-1}与x_i、x_i与x_{i+1}之间的点，$j-1/2$、$j+1/2$分别表示介于y_{j-1}与y_j、y_j与y_{j+1}之间的点。再由中心差分，便得式(11-2)的离散方程

$$\frac{(\rho u\phi)_{i+1,j}-(\rho u\phi)_{i-1,j}}{2\Delta x}+\frac{(\rho v\phi)_{i,j+1}-(\rho v\phi)_{i,j-1}}{2\Delta y}$$

$$-\frac{1}{(\Delta x)^2}[\Gamma_{i+1/2,j}(\phi_{i+1,j}-\phi_{i,j})-\Gamma_{i-1/2,j}(\phi_{i,j}-\phi_{i-1,j})]$$

$$-\frac{1}{(\Delta y)^2}[\Gamma_{i,j+1/2}(\phi_{i,j+1}-\phi_{i,j})-\Gamma_{i,j-1/2}(\phi_{i,j}-\phi_{i,j-1})]=S(x_i,y_j) \tag{11-17}$$

因此，有限差分法应用于方程(11-2)就得到了线性代数方程组

$$\left[\frac{(\rho u)_{i+1,j}}{2\Delta x}-\frac{\Gamma_{i+1/2,j}}{(\Delta x)^2}\right]\phi_{i+1,j}-\left[\frac{(\rho u)_{i-1,j}}{2\Delta x}+\frac{\Gamma_{i-1/2,j}}{(\Delta x)^2}\right]\phi_{i-1,j}$$

$$+\left[\frac{1}{(\Delta x)^2}(\Gamma_{i+1/2,j}+\Gamma_{i-1/2,j})+\frac{1}{(\Delta y)^2}(\Gamma_{i,j+1/2}+\Gamma_{i,j-1/2})\right]\phi_{i,j}$$

$$+\left[\frac{(\rho v)_{i,j+1}}{2\Delta y}-\frac{\Gamma_{i,j+1/2}}{(\Delta y)^2}\right]\phi_{i,j+1}-\left[\frac{(\rho v)_{i,j-1}}{2\Delta y}+\frac{\Gamma_{i,j-1/2}}{(\Delta y)^2}\right]\phi_{i,j-1}=S(x_i,y_j) \tag{11-18}$$

在全体网格结点上，这是一个五对角矩阵线性方程组。只要引入边界条件，便可求解得到所有网格结点上关于 ϕ 的分布值。

11.3.2　有限元法

采用 Galerkin 加权剩余法，在计算域 Ω 上对方程(11-2)进行离散。假设 $W_l(x,y)$ 为 Ω 上的分片光滑函数，Ω 被离散为 e 个四边形单元。用权函数 $W_l(x,y)$ 乘以方程(11-2)的两边，并在 Ω 上积分，有

$$\iint\limits_{\Omega}W_l(x,y)\left[\frac{\partial(\rho u\phi)}{\partial x}+\frac{\partial(\rho v\phi)}{\partial y}-\frac{\partial}{\partial x}\left(\Gamma\frac{\partial\phi}{\partial x}\right)-\frac{\partial}{\partial y}\left(\Gamma\frac{\partial\phi}{\partial y}\right)-S\right]\mathrm{d}x\mathrm{d}x=0 \tag{11-19}$$

由 Gauss 定理，有

$$\iint\limits_{\Omega}W_l(x,y)\left[\frac{\partial(\rho u\phi)}{\partial x}+\frac{\partial(\rho v\phi)}{\partial y}-S\right]\mathrm{d}x\mathrm{d}x+\iint\limits_{\Omega}\left[\Gamma\frac{\partial\phi}{\partial x}\frac{\partial W_l}{\partial x}+\Gamma\frac{\partial\phi}{\partial y}\frac{\partial W_l}{\partial y}\right]\mathrm{d}x\mathrm{d}x$$

$$=\int\limits_{L}W_l\left(\Gamma\frac{\partial\phi}{\partial x}\mathrm{d}y-\Gamma\frac{\partial\phi}{\partial y}\mathrm{d}x\right)+\iint\limits_{\Omega}W_l(x,y)S\mathrm{d}x\mathrm{d}x \tag{11-20}$$

其中，L 为 Ω 的边界。

设 $P_1P_2P_3P_4$ 为 $\xi\eta$ 平面的正则四边形单元，如图 11-3 所示，其结点坐标分别为 $P_1(1,1)$、$P_2(-1,1)$、$P_3(-1,-1)$、$P_4(1,-1)$。在 $P_1P_2P_3P_4$ 上建立插值函数

$$\phi=a+b\xi+c\eta+d\xi\eta \tag{11-21}$$

其中，a、b、c、d 为待定常数，依据结点坐标与变量 ϕ 之间的关系，则有

$$\begin{bmatrix} \phi_1 \\ \phi_2 \\ \phi_3 \\ \phi_4 \end{bmatrix} = \begin{bmatrix} 1 & 1 & 1 & 1 \\ 1 & -1 & 1 & -1 \\ 1 & -1 & -1 & 1 \\ 1 & 1 & -1 & -1 \end{bmatrix} \begin{bmatrix} a \\ b \\ c \\ d \end{bmatrix} \qquad (11\text{-}22)$$

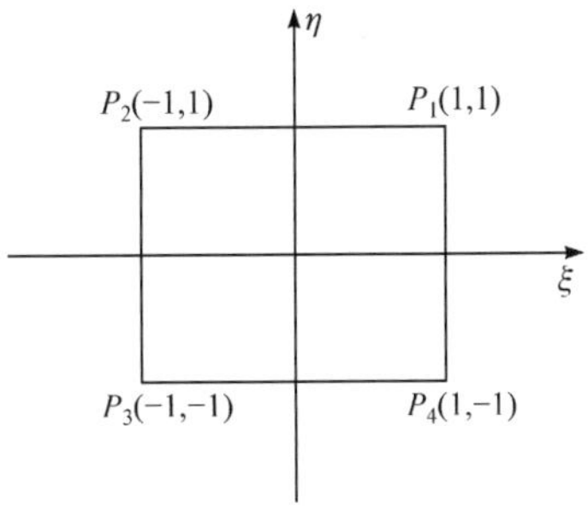

由此得

$$\begin{bmatrix} a \\ b \\ c \\ d \end{bmatrix} = \frac{1}{4} \begin{bmatrix} 1 & 1 & 1 & 1 \\ 1 & -1 & -1 & 1 \\ 1 & 1 & -1 & -1 \\ 1 & -1 & 1 & -1 \end{bmatrix} \begin{bmatrix} \phi_1 \\ \phi_2 \\ \phi_3 \\ \phi_4 \end{bmatrix} \qquad (11\text{-}23)$$

图 11-3　正则四边形单元

代入式(11-21)，得

$$\phi = (1, \xi, \eta, \xi\eta) \begin{bmatrix} a \\ b \\ c \\ d \end{bmatrix} = \frac{1}{4}(1, \xi, \eta, \xi\eta) \begin{bmatrix} 1 & 1 & 1 & 1 \\ 1 & -1 & -1 & 1 \\ 1 & 1 & -1 & -1 \\ 1 & -1 & 1 & -1 \end{bmatrix} \begin{bmatrix} \phi_1 \\ \phi_2 \\ \phi_3 \\ \phi_4 \end{bmatrix} = N_i \phi_i \qquad (11\text{-}24)$$

其中

$$N_1(\xi, \eta) = \frac{1}{4}(1 + \xi + \eta + \xi\eta)$$

$$N_2(\xi, \eta) = \frac{1}{4}(1 - \xi + \eta - \xi\eta)$$

$$N_3(\xi, \eta) = \frac{1}{4}(1 - \xi - \eta + \xi\eta)$$

$$P_i N_4(\xi, \eta) = \frac{1}{4}(1 + \xi - \eta - \xi\eta)$$

叫做插值型函数。令 (ξ_i, η_i) 分别取的坐标值，型函数简记为

$$N_i(\xi, \eta) = \frac{1}{4}(1 + \xi_i \xi)(1 + \eta_i \eta) ， \quad i = 1,2,3,4 \qquad (11\text{-}25)$$

显然，型函数 $N_i(\xi, \eta)$ 满足

$$N_i(\xi_j, \eta_j) = \begin{cases} 1, & i = j \\ 0, & i \neq j \end{cases}$$

对坐标取与变量相同参数的变量变换，即等参变换

$$x = N_i x_i ， \quad y = N_i y_i \qquad (11\text{-}26)$$

可将 xy 坐标面上的任一四边形单元 e 变换为 $\xi\eta$ 坐标面上的正则四边形单元。

由于

$$\frac{\partial N_i}{\partial \xi} = \frac{\partial N_i}{\partial x}\frac{\partial x}{\partial \xi} + \frac{\partial N_i}{\partial y}\frac{\partial y}{\partial \xi}$$

$$\frac{\partial N_i}{\partial \eta} = \frac{\partial N_i}{\partial x}\frac{\partial x}{\partial \eta} + \frac{\partial N_i}{\partial y}\frac{\partial y}{\partial \eta}$$

即有

$$\begin{bmatrix} \dfrac{\partial N_i}{\partial \xi} \\ \dfrac{\partial N_i}{\partial \eta} \end{bmatrix} = \begin{bmatrix} \dfrac{\partial x}{\partial \xi} & \dfrac{\partial y}{\partial \xi} \\ \dfrac{\partial x}{\partial \eta} & \dfrac{\partial y}{\partial \eta} \end{bmatrix} \begin{bmatrix} \dfrac{\partial N_i}{\partial x} \\ \dfrac{\partial N_i}{\partial y} \end{bmatrix}$$

因而

$$\begin{bmatrix} \dfrac{\partial N_i}{\partial x} \\ \dfrac{\partial N_i}{\partial y} \end{bmatrix} = \begin{bmatrix} \dfrac{\partial x}{\partial \xi} & \dfrac{\partial y}{\partial \xi} \\ \dfrac{\partial x}{\partial \eta} & \dfrac{\partial y}{\partial \eta} \end{bmatrix}^{-1} \begin{bmatrix} \dfrac{\partial N_i}{\partial \xi} \\ \dfrac{\partial N_i}{\partial \eta} \end{bmatrix} = \frac{1}{\det(\boldsymbol{J})} \begin{bmatrix} \dfrac{\partial y}{\partial \eta} & -\dfrac{\partial y}{\partial \xi} \\ -\dfrac{\partial x}{\partial \eta} & \dfrac{\partial x}{\partial \xi} \end{bmatrix} \begin{bmatrix} \dfrac{\partial N_i}{\partial \xi} \\ \dfrac{\partial N_i}{\partial \eta} \end{bmatrix} \tag{11-27}$$

$\det(\boldsymbol{J}) = \dfrac{\partial x}{\partial \xi}\dfrac{\partial y}{\partial \eta} - \dfrac{\partial x}{\partial \eta}\dfrac{\partial y}{\partial \xi}$ 为 Jacobian 矩阵。而

$$\frac{\partial x}{\partial \xi} = \frac{\partial N_i}{\partial \xi}x_i, \quad \frac{\partial x}{\partial \eta} = \frac{\partial N_i}{\partial \eta}x_i$$

根据 N_i 的取值特点，在式(11-20)中将 W_l 分别用与结点 l 相对应的形函数 N_i 来代替，即在单元 e 上取 $W_l = N_i$，在其他单元上取 $W_l = 0$，这里 l 是网格的总体结点，i 是单元 e 上与 l 对应的局部结点，则由式(11-20)左端可得

$$\iint_\Omega W_l(x,y)\left[\frac{\partial(\rho u\phi)}{\partial x} + \frac{\partial(\rho v\phi)}{\partial y} - S \right]\mathrm{d}x\mathrm{d}x + \iint_\Omega \left[\varGamma\frac{\partial\phi}{\partial x}\frac{\partial W_l}{\partial x} + \varGamma\frac{\partial\phi}{\partial y}\frac{\partial W_l}{\partial y} \right]\mathrm{d}x\mathrm{d}x$$

$$= \sum_e \left[\rho\iint_{\Omega^e} N_i\left(u\frac{\partial N_m}{\partial x} + v\frac{\partial N_m}{\partial y} \right)\mathrm{d}x\mathrm{d}x + \varGamma\iint_{\Omega^e}\left(\frac{\partial N_i}{\partial x}\frac{\partial N_m}{\partial x} + \frac{\partial N_i}{\partial y}\frac{\partial N_m}{\partial y} \right)\mathrm{d}x\mathrm{d}x \right]\phi_m \tag{11-28}$$

为计算简单起见，在式(11-26)中对速度场 (u,v) 直接在每一插值单元 e 的形心点上取值。

将式(11-26)代入式(11-28)，并通过等参变换将任意四边形单元 e 变换为 $\xi\eta$ 面上的正则四边形单元，采用 Gauss-Saidel 积分

$$\iint_{\Omega^e} f(x,y)\mathrm{d}x\mathrm{d}y = \int_{-1}^1\int_{-1}^1 F(\xi,\eta)\,|\boldsymbol{J}|\,\mathrm{d}\xi\mathrm{d}\eta = \sum_{i,j=1}^{N_G} a_i a_j F(\xi_i,\eta_j) \tag{11-29}$$

对式(11-28)进行计算。其中，样本点个数 N_G、样本点坐标 (ξ_i, η_j) 及系数 a_i、a_j 的取值如表 11-2 所示。

表 11-2　高斯–赛德尔积分点个数及其参数

N_G	ξ_i, η_j	a_i, a_j
1	0	2
2	$\pm 1/\sqrt{3}$	1
3	$0, \pm\sqrt{0.6}$	$8/9, 5/9, 5/9$

同理，对于式(11-20)的右端进行离散。

在离散的同时，逐单元对每一 ϕ_m 的系数进行组装，得到关于 ϕ 的线性方程组，再引入边界条件，便可求得计算域网格结点上的变量值。

11.4　有限体积法

有限体积法是目前在 CFD 领域广泛使用的离散化方法，其特点不仅表现在对控制方程的离散结果上，还表现在所使用的网格上。

有限体积法求解问题的基本思路是：将计算域划分为网格，将每一个网格单元的形心点相连，使每一个网格结点有一个有限的控制体。将待解的微分方程在每个控制体上进行积分，从而得到一组离散方程。由于所有控制体互不相交，其全体构成完整的计算几何域。因此，变量在每个单元上积分守恒的结果使其在整个计算域上也是守恒的。

就离散方法而言，有限体积法可以看作是有限差分法和有限元法的中间物，有限差分法只考虑网格点上变量 ϕ 的数值而不考虑 ϕ 值在网格结点之间的变化，有限元法必须假定 ϕ 值在网格结点之间的变化规律(即插值函数)，并将其作为近似解。有限体积法只寻求 ϕ 的结点值，这与有限差分法类似，但在寻求控制体的积分时，必须假定 ϕ 值在网格点之间的分布，这又与有限元法类似。在有限体积法中，插值函数只用于计算控制体的积分，得出离散方程后，便可忘掉插值函数，如果需要的话，可对微分方程中不同的项采取不同的插值函数。

11.4.1　通用控制方程的积分

在控制体 ΔV 上对式(11-1)积分，为

$$\int_{\Delta V} \operatorname{div}(\rho \boldsymbol{v} \phi) \mathrm{d}V = \int_{\Delta V} \operatorname{div}(\Gamma \operatorname{grad}\phi) \mathrm{d}V + \int_{\Delta V} S \mathrm{d}V \tag{11-30}$$

引入 Gauss 定理：

$$\int_{\Delta V} \text{div}(\boldsymbol{a})\mathrm{d}V = \int_{\Delta V}\left(\frac{\partial a_x}{\partial x} + \frac{\partial a_y}{\partial y} + \frac{\partial a_z}{\partial z}\right)\mathrm{d}V$$

$$= \int_{\Delta S}(a_x n_x + a_y n_y + a_z n_z)\mathrm{d}S = \int_{\Delta S} a_i n_i \mathrm{d}S \tag{11-31}$$

则通用方程积分变为

$$\int_{\Delta S}\rho u_i n_i \phi \mathrm{d}S = \int_{\Delta S}\Gamma\frac{\partial \phi}{\partial x_i}n_i \mathrm{d}S + \int_{\Delta V}S\mathrm{d}V \tag{11-32}$$

11.4.2　二维问题的控制体

为使编程上的容易实现，在对 N-S 方程离散时，采用同位的网格存储形式，即将速度变量 v_x、v_y 及压力变量 p 存储在相同的网格结点上。

图 11-4 是一个在二维非结构网格上使用有限体积法的示意图。图中左侧是控

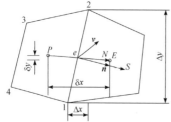

图 11-4　控制体及相邻控制体

制体 P，右侧是控制体 E。为了叙述方便，这里用四边形单元来表示控制体，控制体的各个面(边)可以是任意方向，不要求与坐标轴平行。所有物理量(速度 v_x、v_y，压力 p 等)均在控制体中心结点上定义和存储。在图 11-4 中，控制体 P 和控制体 E 相邻，点 1 到点 2 是两个控制体的界面。

假设控制体 P 是 N_S 多边形，控制体 P 的中心点为 P，控制体 E 的中心点为 E，两个控制体的界面为 e，P、E 的连线为向量 N，$N = \delta x\boldsymbol{i} + \delta y\boldsymbol{j}$，界面 e 的面积向量为 S，$S = \Delta y\boldsymbol{i} - \Delta x\boldsymbol{j}$，其单位法向向量为 $\boldsymbol{n}$，$\boldsymbol{n} = n_x\boldsymbol{i} + n_y\boldsymbol{j}$。在控制体的界面 e 上，假定流速及压力为常量，流速为 $\boldsymbol{v} = u\boldsymbol{i} + v\boldsymbol{j}$。

11.4.3　常用的插值格式

在使用有限体积法建立离散方程时，很重要的一步就是将控制体界面上的物理量及其导数通过结点物理量插值求出，所使用的插值方式通常称为插值格式。最简单的插值格式为中心差分格式，但由于在动量方程中包含有对流项，中心差分格式常常会使得离散方程中出现负系数，因此又有了各种迎风格式。这里仅给出中心差分格式及其一阶迎风格式。

11.4.3.1　中心差分格式

中心差分格式(central differencing scheme)即是对界面上的物理量采用线性插值公式来计算，即

$$\phi_e = \frac{\phi_P + \phi_E}{2} \tag{11-33}$$

对结点 P 的其他控制体界面采用类似的插值方法。

11.4.3.2　一阶迎风格式

当方程(11-1)中扩散系数很小时，对流项对方程的影响将占主导地位。这时，若采用中心差分格式，则控制体界面 e 上的 ϕ 总会同时受到 ϕ_P 和 ϕ_E 的共同影响，且影响因子是相同的。但实际上，无论流动是由左向右或由右向左，e 上的 ϕ 所受上游的影响应更强烈一些。因此，这种插值方式显然是不合适的。为此便有了如下的一阶迎风格式(upwind scheme)。

当 $V_e > 0$ 时，规定

$$\phi_e = \phi_P \tag{11-34}$$

反之，当 $V_e < 0$ 时，规定

$$\phi_e = \phi_E \tag{11-35}$$

即插值点 e 只受上游点的影响。

这里所说的一阶是指插值格式的精度。顾名思义，还应有二阶、三阶等迎风插值格式，将二阶以上的插值格式叫做高阶插值格式。

迎风格式的好坏对计算结果的影响很大，许多人为此进行了大量的研究，建立了各种各样的插值格式，常见的还有混合格式、指数格式以及乘方格式等高阶插值格式，但实际应用上并非阶数越高越好，阶数较高时，一方面会占用大量的计算时间，另一方面还会引起解的振荡以及迭代的不收敛。

11.4.4　对流–扩散方程的控制体积分

参照图 11-4，对式(11-32)中各项进行离散。

(1) 源项

$$\int_{\Delta V} S \mathrm{d}V = (S_C + S_P \phi_P)\Delta V = S_C \Delta V + S_P \phi_P \Delta V \tag{11-36}$$

其中，S_C、S_P 是对源项线性化的系数。

(2) 对流项

$$\int_{\Delta S} \rho \phi v_i n_i \mathrm{d}S = \sum [\rho \phi (u \Delta y - v \Delta x)]_{nb} \tag{11-37}$$

其中，nb 表示与控制体 P 有公共界面的各个相邻控制体；Δx 和 Δy 表示界面的外法线向量的分量。界面处的 ϕ 值要通过迎风格式插值计算。

(3) 扩散项

$$\int_{\Delta S} \varGamma \frac{\partial \phi}{\partial x_i} n_i \mathrm{d}S = \sum \left[\frac{\phi_E - \phi_P}{\sqrt{(\delta x)^2 + (\delta y)^2}} \cdot \varGamma (\Delta y n_x - \Delta x n_y) \right]_{nb} + C_{\mathrm{diff}} \tag{11-38}$$

式中：C_{diff} 是公共界面上的交叉扩散项，当向量 N 与界面垂直(正交)时，通过该界面的交叉扩散项为 0，对于一般的准正交网格，C_{diff} 是小量，可按 0 处理。当网格高度奇异时，该项不可忽略，但又无法准确进行计算，因此，一般应选用正交网格。这里，正交网格是指网格上所有相邻控制体中心点的连线都与它们的界面(线)正交。

将式(11-36)～式(11-38)代入积分控制方程(11-32)，得到动量方程的离散方程

$$a_P \phi_P = \sum a_{nb} \phi_{nb} + b_P \tag{11-39}$$

式中：系数

$$a_P = \sum a_{nb} - S_P \Delta V \tag{11-40}$$

$$b_P = S_C \Delta V \tag{11-41}$$

nb 表示结点 P 的所有相邻结点。

这里不具体讨论方程(11-39)中系数的构成方式，编程时使用者应根据所使用的迎风格式进行推导。

11.4.5　二维流动问题控制方程的离散与求解

11.4.5.1　动量方程的离散

仿照 11.4.4 节中的积分，可得

$$\int_{\Delta V} \left(-\frac{\partial p}{\partial x} \right) \mathrm{d}V = \sum [(p_P - p_E) \Delta y]_{nb} \tag{11-42}$$

$$\int_{\Delta V} \left(-\frac{\partial p}{\partial y} \right) \mathrm{d}V = \sum [(p_P - p_E) \Delta x]_{nb} \tag{11-43}$$

采用与式(11-39)类似的方法，并代入式(11-42)、式(11-43)，可以得到关于二维定常不可压流动问题的动量方程的离散方程

$$a_P^u u_P = \sum a_{nb}^u u_{nb} + \sum \lambda_{nb}^u p_{nb} + b_P^u \tag{11-44}$$

$$a_P^v v_P = \sum a_{nb}^v v_{nb} + \sum \lambda_{nb}^v p_{nb} + b_P^v \tag{11-45}$$

将式(11-44)、式(11-45)改写为

$$u_P = \hat{u}_P + \sum d_{nb}^u p_{nb} \tag{11-46}$$

$$v_P = \hat{v}_P + \sum d_{nb}^v p_{nb} \tag{11-47}$$

其中

$$\hat{u}_P = \frac{\sum a_{nb}^u u_{nb} + b_P^u}{a_P^u} \tag{11-48}$$

$$\hat{v}_P = \frac{\sum a_{nb}^v v_{nb} + b_P^v}{a_P^v} \tag{11-49}$$

叫做结点 P 上的伪速度。而

$$d_{nb}^u = \frac{\lambda_{nb}^u}{a_P^u}, \quad d_{nb}^v = \frac{\lambda_{nb}^v}{a_P^v} \tag{11-50}$$

11.4.5.2　压力离散方程

对连续方程

$$\mathrm{div}\, \boldsymbol{v} = 0 \tag{11-51}$$

在结点 P 的控制体 ΔV 上进行积分，可得

$$\sum (u\Delta y - v\Delta x)_{nb} = 0 \tag{11-52}$$

对于式(11-52)中出现的界面流速,可分别通过式(11-46)和式(11-47)进行插值,
但所引起对压力项的线性插值会带来两
方面的问题:其一,会使得在结点 P 的压
力离散方程中,不仅包含有结点 P 的相邻
结点上的压力项,而且还会包含有这些相
邻结点的相邻结点上的压力项;其二,对
于均匀分布的网格,有可能使得在结点 P
的相邻结点上的压力项系数都为零,而仅
含有这些相邻结点的相邻结点上的压力
项,这样,结点 P 在相邻结点上的压力变
化就不会在结点 P 上反映出来,从而产生
如图 11-5 所示的棋盘式压力场,并保持到
最终的迭代收敛。为避免棋盘式压力场的

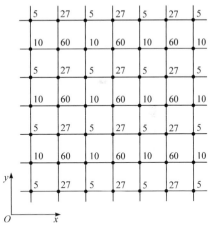

图 11-5　棋盘式压力场

产生,往往采用了对不同变量的交错式网格或不同阶的插值函数,但这些方法却
对计算精度及计算机编程造成了一定的影响。

Rhie 和 Chow 于 1983 年提出了一种动量插值方法(momentum interpolation
method, MIM),有效地解决了产生棋盘式压力场的问题,目前几乎所有基于同位
网格的 N-S 方程数值方法都是以此为基础建立压力离散方程的。

为此,将式(11-44)、式(11-45)改写为

$$a_P^u u_P = \sum a_{nb}^u u_{nb} + \left\langle -\frac{\partial p}{\partial x} \right\rangle_P (\Delta V)_P + b_P^u \tag{11-53}$$

$$a_P^v v_P = \sum a_{nb}^v v_{nb} + \left\langle -\frac{\partial p}{\partial y} \right\rangle_P (\Delta V)_P + b_P^v \tag{11-54}$$

其中，$\langle \cdot \rangle_P$ 表示在结点 P 的控制体上对变量 $\cdot$ 取平均，其计算方法是用结点 P 的各子控制体上的 $\cdot$ 值乘以其子体(面)积后求和再除以整个控制体体(面)积。

进一步，将式(11-53)、式(11-54)改写为

$$u_P = \hat{u}_P + d_P^u \left\langle -\frac{\partial p}{\partial x} \right\rangle_P \tag{11-55}$$

$$v_P = \hat{v}_P + d_P^v \left\langle -\frac{\partial p}{\partial y} \right\rangle_P \tag{11-56}$$

其中，$\hat{u}_P$、$\hat{v}_P$ 分别与式(11-48)、式(11-49)相同，d_P^u、d_P^v 分别为

$$d_P^u = \frac{(\Delta V)_P}{a_P^u}, \quad d_P^v = \frac{(\Delta V)_P}{a_P^v} \tag{11-57}$$

仿照式(11-55)、式(11-56)，得到控制体界面上点 e 的速度表达式

$$u_e = \hat{u}_e + d_e^u \left\langle -\frac{\partial p}{\partial x} \right\rangle_e \tag{11-58}$$

$$v_e = \hat{v}_e + d_e^v \left\langle -\frac{\partial p}{\partial y} \right\rangle_e \tag{11-59}$$

其中，$\hat{u}_e$、$\hat{v}_e$、d_e^u、d_e^v 分别由结点 P、E 上的 $\hat{u}$、$\hat{v}$、d^u、d^v 的线性插值得到，而

$$\left\langle -\frac{\partial p}{\partial x} \right\rangle_e = \frac{p_P - p_E}{\delta x}, \quad \left\langle -\frac{\partial p}{\partial y} \right\rangle_e = \frac{p_P - p_E}{\delta y} \tag{11-60}$$

于是所建立的压力离散方程

$$a_P^p p_P = \sum a_{nb}^p p_{nb} + b_P^p \tag{11-61}$$

就将结点 P 的压力与其相邻结点上的压力联系起来。

11.4.5.3　同位网格上的 SIMPLER 算法

由 Patankar 和 Spalding 于 1972 年提出了一种求解压力耦合方程的半隐方法，即 SIMPLE(semi-implicit method for pressure linked equation)方法。它对各速度分量、压力采用逐次迭代的方法进行求解，无需将速度与压力耦合成大型的矩阵方程。既节约了计算机内存，还可通过适当的亚松弛因子提高迭代的收敛速度，目前已在计算流体力学中得到了广泛应用。SIMPLER 是 Patankar 对 SIMPLE 方法提出的一种修正(SIMPLE-revisde)，其计算步骤为：

(1) 假设一个速度场 u^*、v^*；

(2) 计算动量离散化方程(11-44)、(11-45)中除 λ_{nb}^u、λ_{nb}^v 以外的其他系数及源项，对规定了速度值的边界结点不予考虑；

(3) 由式(11-48)、式(11-49)、式(11-57)计算伪速度场 $\hat{u}$、$\hat{v}$ 及其 d_{nb}^u、d_{nb}^v，对规定了速度值 v_i 的边界结点取 $d_{nb}^v = 0$；

(4) 由 $\hat{u}$、$\hat{v}$ 及 d_{nb}^u、d_{nb}^v 计算压力离散方程(11-61)的系数并求解压力场 p；

(5) 求解式(11-42)、式(11-43)中的系数 λ_{nb}^u、λ_{nb}^v，并将压力场 p 代入，完备动量离散化方程，求解速度场 $\tilde{u}$、$\tilde{v}$；

(6) 用 $\tilde{u}$、$\tilde{v}$ 代替 $\hat{u}$、$\hat{v}$，重新计算压力离散方程(11-61)的系数并得到压力修正场 p'；

(7) 采用 p' 对速度场 $\tilde{u}$、$\tilde{v}$ 进行修正；

(8) 检查解的收敛性，如未收敛，则由

$$v^* = v^* + \alpha(v - v^*) \tag{11-62}$$

对速度场修正后返回(2)，重新计算，其中 α 为迭代的松弛因子。

以上讨论了有限体积法对控制方程的一种离散求解方法，在实际应用中还需对各公式进行详细推导。另外，有限体积法还可分为格点式与格心式两种方法。格点式是指变量直接赋予网格单元的结点上，对每一结点重新建立控制体。而格心式是将变量赋予网格单元的中心，网格单元即可直接作为格心赋值点的控制体。两种方法各有优劣，编程时可根据自己的喜好加以选择。

11.5　算例介绍

11.5.1　翼型

对跨声速翼型 RAE2822 的计算采用图 11-2 中的 O 型结构网格。第一层网格的厚度为弦长的 3×10^{-6} 倍，控制 y^+ 值在 0～1 之间。计算状态为：$Ma = 0.73$，$Re = 6.5 \times 10^6$，$\alpha = 3.19°$。

图 11-6 的压力分布显示计算结果与试验结果吻合良好，压力等值线分布较好地反应了翼型的基本流态。

11.5.2　飞机模型

如图 11-7(a)是一飞机标准模型，所采用的空间网格如图 11-7(b)所示。计算状态为：$Ma = 0.5$，迎角 $\alpha = -5 \sim 100°$，$\Delta\alpha = 5°$；基于 b_A 的雷诺数 $Re = 1.4 \times 10^6$。采用对称半模和 SST 湍流模型，所得纵向气动特性计算结果与试验结果的比较如图 11-8 所示，其计算结果与试验结果的变化过程基本一致。因此，CFD 在飞行器设计中具有重要应用。

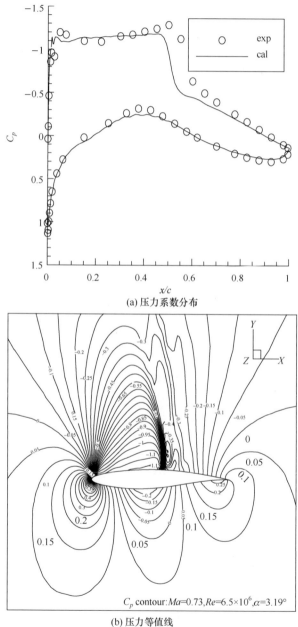

(a) 压力系数分布

(b) 压力等值线

图 11-6　RAE2822 翼型压力分布图

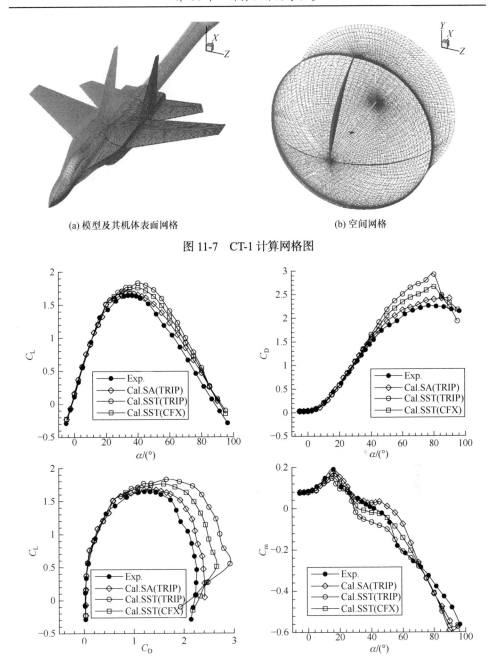

(a) 模型及其机体表面网格 (b) 空间网格

图 11-7 CT-1 计算网格图

图 11-8 计算结果与试验结果的对比

习　　题

1. 在边长为 1 的正方形域上编程求解 Laplace 方程 $-\nabla^2 \phi = 0$，边界条件为 $\phi(0,y) = \phi(1,y) = \phi(x,0) = 0$ 和 $\phi(x,1) = \sin(\pi x)$，并将数值解与精确解

$$\phi(x,y) = \frac{\sin(\pi x)\sinh(\pi y)}{\sinh \pi}$$

进行比较。

2. 计算 Poisson 方程

$$-\nabla^2 T = 1;$$

在 $\Omega = \{(x,y): 0 < (x,y) < 1\}$ 上的数值解，边界条件为

$$\begin{cases} T = 0, & x = 1 \text{ 或 } y = 1 \\ \dfrac{\partial T}{\partial n} = 0, & x = 0 \text{ 或 } y = 0 \end{cases}$$

并与精确解

$$T(x,y) = \frac{1}{2}\left\{ (1 - y^2) + \frac{32}{\pi^3}\sum_{n=1}^{\infty} \frac{(-1)^n \cos[(2n-1)\pi y/2]\cosh[(2n-1)\pi x/2]}{(2n-1)^3 \cosh[(2n-1)\pi/2]} \right\}$$

进行比较。

3. 如图 11-9 所示，设流体在正方形域内按照由

$$u = -y, \quad v = x$$

构成的逆时针流线方向流动。在计算域边界上，$\phi = 0$。在直线段 $\overline{OA}$ 上，对 ϕ 规定为

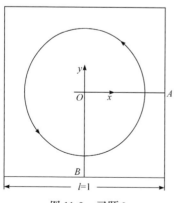

图 11-9　习题 3

$$\phi = \begin{cases} 4x, & 0 \leqslant x < \dfrac{1}{4}x_A \\ x_A, & \dfrac{1}{4}x_A \leqslant x < \dfrac{3}{4}x_A \\ 4(x_A - x), & \dfrac{3}{4}x_A \leqslant x \leqslant x_A \end{cases}$$

试求 $\rho = 1$，$\Gamma = 10^{-6}$ 的强对流问题在 $\overline{OD}$ 上对 ϕ 的数值解，并与 $\overline{OA}$ 上的规定值进行比较。

4. 计算域为 $\Omega = \{(x,y): 0 \leqslant x \leqslant 1, 0 \leqslant y \leqslant 1\}$，流体以 $u = 2y(1 - x^2)$、$v = -2x(1 - y^2)$ 绕 O 点顺

时针旋转，如图 11-10 所示。ϕ 的边界值为

$$\begin{cases} \phi = 1 + \tanh[10(1+2x)], & -1 \leqslant x \leqslant 0, \quad y = 0(入口边界) \\ \dfrac{\partial \phi}{\partial \boldsymbol{n}} = 0, & 0 \leqslant x \leqslant 1, \quad y = 0(出口边界) \\ \phi = 0, & \text{其余边界} \end{cases}$$

试求 Peclet 数 $\mathrm{Pe} = 10^6$ 时强对流问题在出口边界上的 ϕ 值。

5. 计算平面正方形空穴流动，计算域及其边界条件如图 11-11 所示，并将对 $Re = 1000$、5000、10000 所得计算结果与表 11-3 所给结果进行比较。

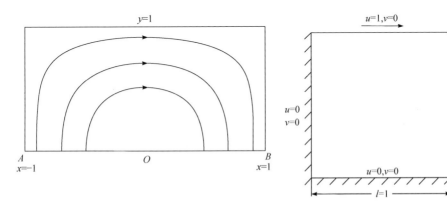

图 11-10　习题 4　　　　　　　　　　图 11-11　习题 5

表 11-3　u 沿中垂线及 v 沿水平线的分布值

y	Re			x	Re		
	1000	5000	10000		1000	5000	10000
0.0000	0.00000	0.00000	0.00000	0.0000	0.00000	0.00000	0.00000
0.0547	−0.18109	−0.41165	−0.42735	0.0625	0.27485	0.42447	−0.54302
0.0625	−0.20196	−0.42901	−0.42537	0.0703	0.29012	0.43329	−0.52987
0.0703	−0.22220	−0.43643	−0.41657	0.0781	0.30353	0.43648	−0.49099
0.1016	−0.29730	−0.40435	−0.38000	0.0938	0.32627	0.42951	−0.45863
0.1719	−0.38289	−0.33050	−0.32709	0.1563	0.37095	0.35368	−0.41496
0.2813	−0.27805	−0.22855	−0.23186	0.2266	0.33075	0.28066	−0.36737
0.4531	−0.10648	−0.07104	−0,07540	0.2344	0.32235	0.27280	−0.30719
0.5000	−0.06080	−0.03039	0.03111	0.5000	0.02526	0.00945	0.00831
0.6172	0.05702	0.08183	0.08344	0.8047	−0.31966	−0.30018	0.27224
0.7344	0.18719	0.20087	0.20673	0.8594	−0.42665	−0.36214	0.28003
0.8516	0.33304	0.33556	0.34635	0.9063	−0.51550	−0.41442	0.35070

　　　　　　　　　　　　　　　　　　　　　　　　　续表

y	Re			x	Re		
	1000	5000	10000		1000	5000	10000
0.9531	0.46604	0.46036	0.47804	0.9453	−0.39188	−0.52876	0.41487
0.9609	0.51117	0.45992	0.48070	0.9531	−0.33714	−0.55408	0.43124
0.9688	0.57492	0.46120	0.47783	0.9609	−0.27669	−0.55069	0.43733
0.9766	0.65928	0.48223	0.47221	0.9688	−0.21388	−0.49774	0.43983
1.0000	1.00000	1.00000	1.00000	1.0000	0.00000	0.00000	0.00000

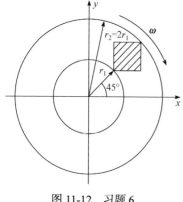

图 11-12　习题 6

6. 研究两圆筒间的流动问题：如图 11-12 所示，假设流体的各种物性参数均为常数，半径为 r_1 的内圆筒固定不动，半径为 $r_2(=2r_1)$ 的外圆筒以角速度 ω 绕中心轴沿顺时针方向旋转。

设 $\xi = \dfrac{x}{r_1}$ ，$\eta = \dfrac{y}{r_1}$ ，$u^* = \dfrac{u}{2r_1\omega}$ ，$v^* = \dfrac{v}{2r_1\omega}$ ，$p^* = \dfrac{p - p_0}{\rho(2r_1\omega)^2}$ ，$Re = \dfrac{\rho(2r_1\omega)r_1}{\mu}$ ，则该问题在二维直角坐标系下的控制方程为

$$\frac{\partial u^*}{\partial \xi} + \frac{\partial v^*}{\partial \xi} = 0$$

$$\frac{\partial(u^*u^*)}{\partial \xi} + \frac{\partial(v^*u^*)}{\partial \eta} = -\frac{\partial p^*}{\partial \xi} + \frac{1}{Re}\left(\frac{\partial^2 u^*}{\partial \xi^2} + \frac{\partial^2 u^*}{\partial \eta^2}\right)$$

$$\frac{\partial(u^*v^*)}{\partial \xi} + \frac{\partial(v^*v^*)}{\partial \eta} = -\frac{\partial p^*}{\partial \eta} + \frac{1}{Re}\left(\frac{\partial^2 v^*}{\partial \xi^2} + \frac{\partial^2 v^*}{\partial \eta^2}\right)$$

试求两圆筒间的流场分布，并将 45° 对角线上的数值解与精确解

$$u^* = \frac{(2\gamma - 2/\gamma)\eta}{3\gamma} ，\quad v^* = -\frac{(2\gamma - 2/\gamma)\xi}{3\gamma} ，\quad p^* = \frac{2(\gamma^2 - 1/\gamma^2) - 8\ln\gamma}{9}$$

进行比较。其中 $\gamma = (x^2 + y^2)^{1/2}$ 。

第12章 相似性理论与量纲分析

由于流体流动现象的复杂性，有些问题无法建立反映流体真实流动现象的微分方程，即使建立了微分方程，除少数几种简单流动外，大多都不能得到精确的理论解。尽管当今数值计算方法已广泛应用于流体力学领域，但因方程的非线性以及流动边界条件和初始条件的复杂性及不确定性，其有效的应用范围仍是非常有限的。因此，对许多的流体机械设计及流动现象分析问题，仍需借助于试验方法进行研究。

由于试验研究通常不是在真实的原型上进行的，特别是在原型尚未产生以前，只能通过模型来进行。例如，设计一种新型飞机时，通常需首先进行概念设计，然后通过数值计算取得初步的设计资料，再制作实验模型，在风洞中进行系统的性能试验研究。当然最终的精确设计数据是在概念设计与修形-数值计算-风洞试验的反复循环中完成的。因此，进行一项试验时，就会碰到诸如：如何更有效地设计和组织试验，如何正确处理试验数据，以及如何把模型试验结果推广到原型设计等一系列问题。

只有当模型试验中发生的现象与原型中发生的现象相似时，在模型上取得的试验结果才有可能应用于原型上去。这种使模型中现象相似于原型中现象的方法，就是相似方法，相应的基本原理就构成了相似理论。根据相似理论，可选择合适的模型比来进行模型试验，以达到节约试验费用的目的，也可以选择诸如水、空气等这些方便的流体来研究那些如氧气、水蒸气、油等流体的流动问题。

量纲分析是解决流体力学问题的一种重要的数学方法，它通过对表征给定物理现象或过程的各物理量的量纲分析，将某一流动现象中的若干变量组合成无量纲量，从而选择能方便操作和测量的变量进行试验。这样不仅可以大幅度地减少试验工作量，而且可使试验数据的整理和分析变得相对轻松。

12.1 流动相似性原理

相似概念首先是在几何学中出现的，即如果两个几何图形的对应角相等，对应边成比例，则称这两个几何图形是几何相似的。可以把这一概念推广到某个物理现象的所有物理量上。例如，在进行着同一物理过程的两个相应的系统中，如果所有对应点上各同名物理量的大小成比例，方向相同(如果是矢量)，则称这两个相应系统的物理过程是相似的。在流体力学中，如果两个流场对应点上所有表征流体状况的相应物理量都相似，即保持各自固定的比例关系，则称两个流动相似。研究两个流动相似，要涉及各种参数的综合问题，即包括两个流动的几何相似、运动相似、动力相似以及初始条件和边界条件相似。

为了便于理解和掌握相似的基本概念，定义 C_q 表示原型(prototype)与模型(model)对应的物理量 q 的比例，称之为相似比，即

$$C_q = \frac{q_p}{q_m} \tag{12-1}$$

式中，下标 p、m 分别表示原型与模型，为与下文中压力 p、质量 m 区分，采用正体书写。

12.1.1　流体力学的相似条件

一般情况下，两个流动相似的问题可以从以下几个方面来描述。

12.1.1.1　几何相似

如果两个流动的线性变量间存在着固定的比例关系，即原型和模型对应的线性长度的比值相等，则称这两个流动为几何相似。

如以 l 表示某一线性长度，则有长度相似比

$$C_l = \frac{l_p}{l_m} \tag{12-2}$$

由此可推出其面积和体积的相似比分别为

$$C_A = \frac{A_p}{A_m} = \frac{l_p^2}{l_m^2} = C_l^2 \tag{12-3}$$

$$C_V = \frac{V_p}{V_m} = \frac{l_p^3}{l_m^3} = C_l^3 \tag{12-4}$$

12.1.1.2　运动相似

如果两个流动对应点的速度具有相同的方向，其大小保持固定的比例关系，则称这两个流动为速度相似。设其速度相似比为

$$C_v = \frac{v_p}{v_m} \tag{12-5}$$

由此可得时间 t 和加速度 a 的相似比分别为

$$C_t = \frac{t_p}{t_m} = \frac{(l/v)_p}{(l/v)_m} = \frac{l_p/l_m}{v_p/v_m} = \frac{C_l}{C_v} \tag{12-6}$$

$$C_a = \frac{a_p}{a_m} = \frac{(v/t)_p}{(v/t)_m} = \frac{v_p/v_m}{t_p/t_m} = \frac{C_v}{C_t} = \frac{C_v^2}{C_l} \tag{12-7}$$

由此，速度和加速度的相似比还可以表示为

$$C_v = \frac{C_l}{C_t}, \quad C_a = \frac{C_l}{C_t^2}$$

12.1.1.3　质量相似

如果两个流动对应点的密度成一比例，则称这两个流动为质量相似。设其密度相似比为

$$C_\rho = \frac{\rho_p}{\rho_m} \tag{12-8}$$

由此可导出质量相似比为

$$C_m = \frac{m_p}{m_m} = \frac{\rho_p l_p^3}{\rho_m l_m^3} = C_\rho C_l^3 \tag{12-9}$$

12.1.1.4　动力相似

如果两个流动对应点处流体质点所受同名力 F 的方向相同，其大小均成一固定比 C_F，则称这两个流动为动力相似。所谓同名力是指具有同一物理性质的力，如重力 F_G、粘性力 F_μ、压力 F_p、弹性力 F_E、表面张力 F_T 等。

如果作用在流体质点上的合力不为零，则根据牛顿第二定理，流体质点产生加速度。根据理论力学中的达朗贝尔原理，引进流体质点的惯性力，那么惯性力与质点所受的各种力平衡，形式上构成封闭力多边形。这样，动力相似又可表示为两流动对应质点上的封闭力多边形相似。设两流动同名力的相似比为

$$C_F = \frac{F_p}{F_m}$$

则两流动动力相似的条件为

$$C_{F_G} = C_{F_p} = C_{F_\mu} = C_{F_E} - C_{F_I}$$

或者

$$\frac{F_{G_p}}{F_{G_m}} = \frac{F_{P_p}}{F_{P_m}} = \frac{F_{\mu_p}}{F_{\mu_m}} = \frac{F_{E_p}}{F_{E_m}} = \frac{F_{I_p}}{F_{I_m}} \tag{12-10}$$

由于力的相似与密度相似、长度相似及速度相似有关，则有

$$C_F = \frac{(ma)_\mathrm{p}}{(ma)_\mathrm{m}} = C_m C_a = C_\rho C_l^3 \frac{C_l}{C_t^2} = C_\rho C_l^2 \left(\frac{C_l}{C_t}\right)^2 = C_\rho C_v^2 C_l^2 \tag{12-11}$$

显然，只有达到几何相似与运动相似等各种相似条件，才能达到真正的动力相似。

类似地，还可以得到其他流动物理量的相似比。

12.1.2　牛顿相似定律

如果两流动动力相似，则 $C_F = \mathrm{const}$ 。

由式(12-11)可得

$$\frac{F_\mathrm{p}}{F_\mathrm{m}} = \frac{\rho_\mathrm{p}}{\rho_\mathrm{m}} \cdot \frac{v_\mathrm{p}^2}{v_\mathrm{m}^2} \cdot \frac{l_\mathrm{p}^2}{l_\mathrm{m}^2}$$

或

$$\frac{F_\mathrm{p}}{\rho_\mathrm{p} v_\mathrm{p}^2 l_\mathrm{p}^2} = \frac{F_\mathrm{m}}{\rho_\mathrm{m} v_\mathrm{m}^2 l_\mathrm{m}^2} \tag{12-12}$$

显然， $F/(\rho v^2 l^2)$ 为一个无量纲量，通常称为牛顿数，用 N 表示，即

$$N = \frac{F}{\rho v^2 l^2} = \frac{F}{\rho v^2 S} \tag{12-13}$$

则式(12-12)变为

$$N_\mathrm{p} = N_\mathrm{m} \tag{12-14}$$

也就是说，如果两个流动为动力相似，则它们的牛顿数必然相等，这一普遍规律称为牛顿相似定律。

空气动力系数实际上就是牛顿数。根据牛顿相似定律，如风洞中吹风的模型与真实飞行的飞机具备动力相似条件，则模型吹风所得的空气动力系数就可直接用于真实的飞机。

12.1.3　相似准则

两流动相似，必须满足几何相似、运动相似、动力相似以及初始条件和边界条件相似等要求。一般而言，几何相似是运动相似和动力相似的前提和依据，动力相似是流动相似的主导因素，运动相似是几何相似和动力相似的表现。因此，在几何相似的前提下，要保证流动相似，主要看动力相似。动力相似应该包括所有的外力相似。但在实际问题中，要保证两个流动满足所有的外力相似往往是难以做到的。例如在相同的重力条件下由相同的介质构成的两个流动，若要完全相似，就只能是

两个完全相同的流动了，这当然便失去了相似准则的意义。因此在很多情况下，不一定要求外力完全相似，而只保证若干个对流场起主要影响的外力相似就可以了。这就需要在试验中针对所研究问题的侧重点选取不同的相似准则。

根据定义，将作用于流体上的重力、压力、粘性力、弹性力、表面张力及惯性力分别简写为

$$F_G = mg = \rho l^3 g \;;\quad F_p = pS = pl^2$$

$$F_\mu = \mu S(\mathrm{d}v/\mathrm{d}n) = \mu l^2 (v/l) = \mu v l \;;\quad F_E = ES = El^2$$

$$F_T = \sigma l \;;\quad F_I = ma = \rho l^3 (l/t^2) = \rho v^2 l^2$$

由于惯性力相似与运动相似直接相关，因此式(12-10)改写为

$$\left(\frac{F_I}{F_G}\right)_p = \left(\frac{F_I}{F_G}\right)_m, \quad \left(\frac{F_I}{F_p}\right)_p = \left(\frac{F_I}{F_p}\right)_m, \quad \left(\frac{F_I}{F_\mu}\right)_p = \left(\frac{F_I}{F_\mu}\right)_m, \quad \left(\frac{F_I}{F_E}\right)_p = \left(\frac{F_I}{F_E}\right)_m$$

$$(12\text{-}15)$$

据此，可以导出如下不同的相似准则及相似准则数。

12.1.3.1　重力相似准则(弗劳德相似准则)

将 $F_I = \rho v^2 l^2$，$F_G = \rho l^3 g$ 代入式(12-15)得

$$\left(\frac{\rho v^2 l^2}{\rho l^3 g}\right)_p = \left(\frac{\rho v^2 l^2}{\rho l^3 g}\right)_m$$

即

$$\left(\frac{v^2}{lg}\right)_p = \left(\frac{v^2}{lg}\right)_m \tag{12-16}$$

记弗劳德数为

$$Fr = \frac{v^2}{lg} \tag{12-17}$$

则式(12-16)可改写为

$$(Fr)_p = (Fr)_m \tag{12-18}$$

上式表明，如果两个相似流动中起主导作用的力为重力，则它们的 Fr 必须相等。反之，Fr 相等，表示两个流动的重力作用相似。因此，Fr 是表征重力对流动影响的相似准则，如在风洞中研究被投放物体离开飞机后的轨迹时，弗劳德数就是主要的决定性相似准则之一。

12.1.3.2　压力相似准则(欧拉相似准则)

将 $F_I = \rho v^2 l^2$，$F_p = p l^2$ 代入式(12-15)得

$$\left(\frac{p}{\rho v^2}\right)_p = \left(\frac{p}{\rho v^2}\right)_m \tag{12-19}$$

记

$$Eu = \frac{p}{\rho v^2} \tag{12-20}$$

并称为欧拉数，则式(12-19)可写为

$$(Eu)_p = (Eu)_m \tag{12-21}$$

Eu 反映了流体压力对流动的影响。因此，如果两个相似流动中起主导作用的力为压力，则它们的 Eu 必须相等。反之，Eu 相等，表示两个流动的压力相似，与压力有关的现象必须满足 Eu 相等。

12.1.3.3　粘性相似准则(雷诺相似准则)

将 $F_I = \rho v^2 l^2$，$F_\mu = \mu v l$ 代入式(12-15)得

$$\left(\frac{\rho v l}{\mu}\right)_p = \left(\frac{\rho v l}{\mu}\right)_m \tag{12-22}$$

由于 $Re = \dfrac{\rho v l}{\mu} = \dfrac{v l}{\nu}$，所以式(12-22)为

$$(Re)_p = (Re)_m \tag{12-23}$$

Re 是表征流体粘性对流动影响的相似准则。如果两个相似流动中起主导作用的力为粘性阻力，则它们的 Re 必须相等。反之，Re 相等，表示两个流动的粘性相似，与粘性有关的现象必须由 Re 来决定。

12.1.3.4　压缩性相似准则(弹性相似准则或马赫相似准则)

将 $F_I = \rho v^2 l^2$，$F_E = E l^2$ 代入式(12-15)，得到

$$\left(\frac{\rho v^2}{E}\right)_p = \left(\frac{\rho v^2}{E}\right)_m \tag{12-24}$$

由于 $a = \sqrt{\mathrm{d}p/\mathrm{d}\rho} = \sqrt{E/\rho}$ 及 $Ma = v/a$，所以式(12-24)为

$$(Ma)_p = (Ma)_m \tag{12-25}$$

因此，如果两个相似流动中起主导作用的力为弹性力，则它们的 *Ma* 必须相等。而 *Ma* 相等，表明两个流动的压缩性相似，与压缩性有关的气流现象都必须由 *Ma* 来决定。

另外还可导出表面张力起主要作用的相似准则数——韦伯数(Weber number)*We*。流体力学中常用的一些相似准则数如表 12-1 所示。

表 12-1　流体力学中的一些相似准则数

名称	符号	表达式	意义	备注
雷诺数	*Re*	$\rho vl/\mu$	惯性力/摩擦力	摩擦力相似
弗劳德数	*Fr*	v^2/gl	惯性力/重力	重力相似
欧拉数	*Eu*	$p/\rho v^2$	压力/惯性力	压力相似
韦伯数	*We*	$\rho v^2l/\sigma$	惯性力/表面张力	表面张力相似
马赫数	*Ma*	v/a	惯性力/弹性力	弹性力相似

12.1.4　相似准则在试验中的应用

相似准则是试验研究的理论基础，在进行试验设计时，必须根据相似准则数来确定模型的量值，也就是说，在几何相似的前提下，要求模型与原型上的所有作用力都相似。

但在实际情况中，要求在模型与原型上要同时满足所有的相似准则是几乎不可能的。下面以粘性力与重力为例，说明在试验中应集中抓住若干对流场起主要影响的相似准则，如在风洞试验中应主要保证模型与原型上的 *Ma* 与 *Re* 相等。

由式(12-16)和式(12-22)分别得到

$$\frac{C_v^2}{C_l C_g}=1 \tag{12-26}$$

及

$$\frac{C_v C_l}{C_v}=1 \tag{12-27}$$

通常取 $C_g=1$，则由式(12-26)得到

$$C_v=\sqrt{C_l} \tag{12-28}$$

再将式(12-28)代入式(12-27)，得到

$$C_v=\sqrt{C_l}C_l=\sqrt{C_l^3} \tag{12-29}$$

这就是说，试验中要使两流动相似，一是模型的流速应取为原型流速的 $1/\sqrt{C_l}$ ，二是试验介质的运动粘性系数只能为实际流体运动粘性系数的 $1/\sqrt{C_l^3}$ 。在对飞机模型进行风洞试验时，由于试验条件的限制，通常选取 10 倍以上的缩比模型，即应有 $C_l > 10$ ，于是由式(12-29)，应有

$$\frac{\nu_{\mathrm{p}}}{\nu_{\mathrm{m}}} = \sqrt{C_l^3} > \sqrt{10^3} > \sqrt{9^3} = 27$$

即模型的运动粘性系数必须小于真实流体运动粘性系数的 1/27 ，显然这是很难做到的。

另一方面，若模型与原型采用同一种介质，即 $C_\nu = 1$ ，根据式(12-27)应有

$$C_\nu = 1/C_l \tag{12-30}$$

显然， C_l 与 C_ν 的关系要同时满足式(12-28)和式(12-30)两个条件，则 $C_l = 1$ ，即模型不能缩小。这样便失去了模型的试验价值。

由上述分析可见，一般情况下要同时满足两个或两个以上的作用力相似是很难实现的。因此在实际研究中，应对所研究的流动问题作深入研究，找出影响流动问题的主要作用力并保证其相似，而忽略其他次要力的相似。

例 12-1　一架真实飞机在空中 5000m 处 ($\nu = 2.21 \times 10^{-5}\,\mathrm{m^2/s}$) 以 90m/s 的速度飞行。机翼弦长为 3m，需要在低速风洞 ($\nu_{\mathrm{m}} = 1.40 \times 10^{-5}\,\mathrm{m^2/s}$) 进行机翼模拟试验，从而确定它的气动系数。试问模型尺寸和风洞速度应如何选定？

解　飞机低速飞行，试验条件主要是满足 Re 相等。真实飞行时

$$(Re)_{\mathrm{p}} = \frac{\nu b}{\nu} = \frac{90 \times 3}{2.21 \times 10^{-5}} \approx 1.22 \times 10^7$$

如果机翼模型的相似比选为 $C_l = 10$ ，即机翼弦长为 0.3m。假定低速风洞试验段最高速度为 70m/s ，则此时机翼模型的雷诺数为

$$(Re)_{\mathrm{m}} = \frac{\nu_{\mathrm{m}} b_{\mathrm{m}}}{\nu_{\mathrm{m}}} = \frac{70 \times 0.3}{1.40 \times 10^{-5}} = 1.50 \times 10^6$$

由以上计算可以看出， $(Re)_{\mathrm{m}} < (Re)_{\mathrm{p}}$ 。这就是说，此风洞满足不了试验要求。解决的方法有三种：

(1) 提高风洞试验段风速，但提高程度有一定限制，当风速超过 100m/s 时，压缩性(Ma)影响就不能忽视了；

(2) 加大模型尺寸，也即需要加大风洞尺寸，如全尺寸风洞就是为了提高模型试验时的 Re 而设计的；

(3) 降低试验气体的运动粘性系数，如变密度风洞就是通过提高气体密度来提高模型试验 Re 的。

但对于该问题，按方法(1)有 $(Ma)_m > 1.6$，按方法(2)有 $b_m > 2.44m$，按方法(3)有 $\nu_m = 1.72 \times 10^{-6} \, m/s$。显然这些都已超出了试验条件的限制。

例 12-2　某飞机机翼面积为 $25m^2$，模型缩比为 20，在 $Ma = 2.0$ 的高速风洞中吹风，测得该模型在迎角为零时的阻力为 $Q_m = 3.33N$，该风洞试验段中空气密度 $\rho_m = 0.02469 \, kg/m^3$，$p_m = 1586.3Pa$，试求该飞机在 $H = 20\,000m$ 高度以 $Ma = 2.0$ 飞行时的零升阻力(设该机零升迎角为零)。

解　对于高速飞机，如果 Ma 相等，则可近似地作为动力相似，其牛顿数必须相等，亦即飞机的阻力系数 $(C_x)_p$ 与模型的阻力系数 $(C_x)_m$ 必须相等。而

$$(C_x)_m = \frac{Q_m}{\frac{1}{2}\rho_m v_m^2 S_m} = \frac{3.33}{\frac{1}{2} \times 0.02469 \times (2 \times 300)^2 \times \frac{25}{20^2}} \approx 0.012$$

式中：声速为

$$a_m = \sqrt{\gamma \frac{p_m}{\rho_m}} = \sqrt{1.4 \times \frac{1586.3}{0.02469}} \approx 300 \, m/s$$

因为

$$(C_x)_p = (C_x)_m$$

所以

$$Q_p = (C_x)_p \frac{1}{2}\rho_p v_p^2 S_p = 0.012 \times 0.5 \times 0.4127 \times (2 \times 299.46)^2 \times 25$$

$$\approx 22205.6N \approx 22.2kN$$

12.2　量　纲　分　析

量纲分析(又称为因此分析)是科学研究的一种重要方法，它对于分析并简化研究对象中物理量之间的关系，整理试验数据，验证理论公式或经验、半经验公式都有重要的指导意义。同时，它又是推导相似准则的一种有效方法，是相似理论的组成部分。

12.2.1　量纲

物理量所属的种类称为这个物理量的量纲。同一物理量，可以用不同的单位来度量，但其量纲只有一个，如长度的单位可以用米、厘米、毫米、英尺[①]及

[①] 1 英尺 = 3.048×10^{-1} 米。

英寸[①]，但作为物理量的种类，它属于长度量纲。其他物理量，如时间、速度、密度、力等也都各属一种量纲。

由于许多物理量的量纲之间有一定的关系，在量纲分析中选定少数几个相互独立的物理量的量纲作为基本量纲，其他物理量的量纲则称为导出量纲。国际单位制规定了七个基本量纲：长度 L(米)、质量 M(千克)、时间 T(秒)、电流 I(安培)、温度 Θ(开尔文)、物质的量 N(摩尔)及光强 J(坎德拉)。在流体力学中，若不考虑温度，基本量纲只有三个，即长度 L，质量 M，时间 T，而其他物理量，都可由它们导出，由此导出的一些常用物理量的量纲如表 12-2 所示。

表 12-2　一些常用物理量的量纲

物理量	符号	量纲	物理量	符号	量纲
流量	Q	L^3T^{-1}	动力粘性系数	μ	$ML^{-1}T^{-1}$
力	F	MLT^{-2}	运动粘性系数	ν	L^2T^{-1}
密度	ρ	ML^{-3}	功	W	ML^2T^{-2}
速度	v	LT^{-1}	功率	N	ML^2T^{-3}
加速度	a	LT^{-2}	表面张力系数	σ	MT^{-2}
压力	p	$ML^{-1}T^{-2}$	弹性模量	E	$ML^{-1}T^{-2}$

用物理量符号前加 dim 表示量纲，则对于常用物理量 A，其量纲都可以表示为如下形式：

$$\dim A = L^{\alpha}M^{\beta}T^{\gamma} \tag{12-31}$$

由基本量与导出量可以组合成无量纲量。所谓 A 是无量纲量，是指 A 在式(12-31)中的指数均为零，以及 A 的数值与所采用的单位制无关。

12.2.2　物理方程的量纲一致性

一个物理量的量纲只与这个量的特性有关，而与它的大小无关。所以一个物理量只能有一个量纲，不能由其他量的量纲来代替。因此，不同量纲的物理量不能进行加减运算，任何一个正确的物理方程中，各项的量纲一定相同。量纲这一性质称为量纲的一致性，它是量分析的基础。根据量纲的一致性原理对物理方程进行量纲分析，可用以校核方程的正确性与完整性。

物理方程的量纲具有一致性，可以用任意一项去除等式两边，使方程每一项变为无量纲量。这样原方程就变为无量纲方程，但所表达的物理现象与原方程相

[①] 1 英寸= 2.54 厘米。

同。如理想流体伯努利方程

$$z_1 + \frac{p_1}{\rho g} + \frac{v_1^2}{2g} = z_2 + \frac{p_2}{\rho g} + \frac{v_2^2}{2g}$$

也可写成

$$\frac{z_1 - z_2}{v_1^2/(2g)} + \frac{p_1 - p_2}{\rho v_1^2/2} = \left(\frac{v_2}{v_1}\right)^2 - 1$$

可以验证它的各项都是无量纲量。

量纲一致性原理还可用来确定某些公式中有关物理量的指数,建立物理方程。其基本方法是用物理量 $x_1, x_2, \cdots, x_n$ 的某种次幂的乘积函数来表示被决定的物理量 y,即

$$y = K x_1^{C_1} x_2^{C_2} \cdots x_n^{C_n}$$

其中,K 为无量纲系数,由试验确定;$C_1, C_2, \cdots, C_n$ 为待定系数,根据量纲一致性原理确定。

例 12-3　对于粘性流体中运动的球形物体所受阻力 F_D,可认为其所受影响因素有球体的尺寸 D、球的运动速度 v、流体的密度 ρ 和动力粘性系数 μ。试建立 F_D 的表示式。

解　根据影响阻力 F_D 的因素进行合理分析,可将这一问题假设为如下的函数关系式

$$F_D = f(D, v, \rho, \mu)$$

其中,D 为球体直径。

再依据物理方程的量纲一致性原理,假设 F_D 与其他物理量幂乘积的关系为

$$F_D = K D^a v^b \rho^c \mu^d$$

K 为无量纲常数。

用基本量纲 M、L、T 的组合形式表示为

$$\frac{\mathrm{ML}}{\mathrm{T}^2} = \mathrm{L}^a \left(\frac{\mathrm{L}}{\mathrm{T}}\right)^b \left(\frac{\mathrm{M}}{\mathrm{L}^3}\right)^c \left(\frac{\mathrm{M}}{\mathrm{LT}}\right)^d$$

由量纲一致性原理,等号两边各量纲的指数应相等,即有

$$\mathrm{M}：1 = c + d$$

$$\mathrm{L}：1 = a + b - 3c - d$$

$$\mathrm{T}：-2 = -b - d$$

这是 4 个未知量 3 个方程的代数方程组。以 d 为待定常数,分别求出 a、b、c 为

$$a = 2-d \ , \quad b = 2-d \ , \quad c = 1-d$$

因此

$$F_D = KD^{2-d}v^{2-d}\rho^{1-d}\mu^d$$

将等号右边的变量组合起来为

$$F_D = K\rho D^2 v^2 \left(\frac{\rho v D}{\mu} \right)^{-d}$$

$\dfrac{\rho v D}{\mu} = Re$ 为无量纲量，记 $K\left(\dfrac{\rho v D}{\mu} \right)^{-d} = C_D$ ，则

$$F_D = C_D \rho D^2 v^2$$

量纲分析的结果表明，球形物体的阻力等于 $\rho D^2 v^2$ 乘上一个系数 C_D ，系数 C_D 是雷诺数的函数，称为绕流阻力系数，这个系数需通过试验确定。分析结果还说明，试验测定系数 C_D 时，只要改变速度的大小就能找出 C_D-Re 的关系，可见量纲分析对流体的试验具有很重要的指导作用。

上述量纲分析方法称为瑞利(Rayleigh)法。

12.2.3 π 定理

通常情况下，基本量纲只有 3 个，如 M、L、T，当影响流动的参数等于 4 个时，就存在 1 个需要待定的参数，当流动参数大于 4 个时，须待定的参数就相应地增加，此时无论在参数的选取上还是无量纲的组合上都有一定的困难。因此，对于变量较少的流体力学问题，用瑞利法可以方便地直接求得结果，而对于变量较多的复杂问题，采用瑞利法将会遇到一定的困难。这时更为有效的方法是布金汉(Buckinghan) π 定理方法。

π 定理方法：任意 N 个物理量的方程

$$f(P_1, P_2, \cdots, P_N) = 0 \tag{12-32}$$

总可以等价地改写成关于 $N-k$ 个无量纲乘积的方程的形式

$$f(\pi_1, \pi_2, \cdots, \pi_{N-k}) = 0 \tag{12-33}$$

k 是 P_1 、 P_2 、 $\cdots$ 、 P_N 涉及的基本量纲数目，取 P_1 、 P_2 、 $\cdots$ 、 P_k 为量纲独立的基本物理量，则 π_i 为由 P_{k+i} 和 P_1 、 P_2 、 $\cdots$ 、 P_k 所组成的无量纲乘积($i=1$, $\cdots$, $N-k$)，即所谓的相似准则数。

例 12-4 已知空气中运动的物体所受到的空气阻力 F_D 与物体的特征长度 l 、物体与气流的相对速度 v 、空气密度 ρ 、动力粘性系数 μ ，以及空气的弹性模量 E 和迎角 α 有关。试用 π 定理方法导出物体的空气阻力公式。

解　将空气阻力与特征长度等物理量的函数关系设为

$$f(F_D, l, v, \rho, \mu, E, \alpha) = 0$$

其中，变量数 $n = 7$，基本量 $m = 3$，根据 π 定理，上式可写为

$$\phi(\pi_1, \pi_2, \pi_3, \pi_4) = 0$$

选取 l、v、ρ 为基本量，则 F_D、μ、E、α 为导出量，将它们分别与基本量进行组合，导出无量纲量，即

$$\pi_1 = F_D l^{a_1} v^{b_1} \rho^{c_1}$$

$$\pi_2 = \mu l^{a_2} v^{b_2} \rho^{c_2}$$

$$\pi_3 = E l^{a_3} v^{b_3} \rho^{c_3}$$

$$\pi_4 = \alpha$$

由于 π 是无量纲量，于是有

$$M^0 L^0 T^0 = (MLT^{-2}) L^{a_1} (LT^{-1})^{b_1} (ML^{-3})^{c_1}$$

$$M^0 L^0 T^0 = (ML^{-1}T^{-1}) L^{a_1} (LT^{-1})^{b_1} (ML^{-3})^{c_1}$$

$$M^0 L^0 T^0 = (ML^{-1}T^{-2}) L^{a_1} (LT^{-1})^{b_1} (ML^{-3})^{c_1}$$

比较两边指数，得

$$M: \quad 0 = 1 + c_1$$

$$L: \quad 0 = 1 + a_1 + b_1 - 3c_1$$

$$T: \quad 0 = -2 - b_1$$

求得

$$a_1 = -2, \quad b_1 = -2, \quad c_1 = -1$$

所以

$$\pi_1 = F_D l^{-2} v^{-2} \rho^{-1} = \frac{F_D}{\rho v^2 l^2}$$

同理可得

$$\pi_2 = \frac{\mu}{\rho v l} = \frac{1}{Re}, \quad \pi_3 = \frac{E}{\rho v^2} = \frac{\rho a^2}{\rho v^2} = \frac{1}{(Ma)^2}$$

代入 $\phi(\pi_1, \pi_2, \pi_3, \pi_4) = 0$，改写为

$$\pi_1 = \phi'(\pi_2, \pi_3, \pi_4)$$

即

$$\frac{F_D}{\rho v^2 l^2} = \phi'\left(\frac{1}{Re}, \frac{1}{Ma}, \alpha\right) = C_D$$

或者

$$F_D = C_D \rho v^2 l^2$$

从例 12-3、例 12-4 可以看出，量纲分析方法只可提供解的基本结构，并无法给出最终解，其数值关系还有待于试验来确定。另外在应用量纲分析方法时，应正确选择基本变量。如果选择了不必要的变量，就会人为地使问题复杂化，如果漏选了不可忽略的影响因素变量，则无论量纲分析方法运用得多么正确，所得到的物理方程也都是错误的。

习　题

1. 一枚鱼雷长 5.8m，淹没在 15℃的海水($\nu = 1.5 \times 10^{-6} \text{m}^2/\text{s}$)中，以时速 74km 行驶。已知鱼雷模型长 2.4m，在 24℃的清水中试验，则模型速度应为多少？若在标准状态的空气中试验，模型速度应为多少？

2. 拟设计一种飞船，长 74m，在标准状态空气中以 210km/h 的速度航行。现计划用一长 430mm 的几何相似模型在水中进行试验，问模型的速度应为多少？

3. 烟气在 600℃的热处理炉中的运动情况可用水模型来进行研究。已知炉中烟气流速为 8m/s，烟气在 600℃时的运动粘度为 $0.9 \times 10^{-4} \text{m}^2/\text{s}$。设模型与实物的比例尺为 1/10，试求模型中 10℃的水应以怎样的流速运动，这两种流动才是相似的。

4. 加热炉回热装置的模型比例尺为实物的 1/5，设已知回热装置中烟气的运动粘度为 $0.72 \times 10^{-4} \text{m}^2/\text{s}$，正常流速为 2m/s，试求当流动相似时，20℃的空气在模型中的流速应为多大。

5. 有一管径为 200mm 的输油管道，油的运动粘性系数 $4.0 \times 10^{-5} \text{m}^2/\text{s}$，管道流量 $0.12 \text{m}^3/\text{s}$。若用直径为 530mm 的管道并分别用 20℃的水和 20℃的空气作模型试验，试求在流动相似时模型管内应通过的流量。

6. 用量纲分析法将下列各组物理量组合成无量纲量：

(1) τ, v, ρ;

(2) p, v, ρ, g;

(3) F, ρ, l, v;

(4) v, l, ρ, σ。

7. 为了研究在油液中水平运动的小潜体的运动特性，用放大 8 倍的模型在 15℃的水中进行试验。已知物体在油液中的运动速度为 13.72 m/s，油的密度 $\rho_{油} = 864 \text{kg/m}^3$，动力粘性系数 $\mu = 0.0258 \text{N·s/m}^2$。问：

(1) 为保证模型与原型流动相似，模型潜体的速度应取多大？

(2) 试验测定出模型的阻力为 3.56N，原型潜体所受阻力为多大？

8. 用 1∶50 的模型船在实验室中进行试验，当模型船速为 1.0m/s 时，测得波浪阻力为 0.02N。试求：

(1) 在满足波浪阻力相似的前提下，与试验船速相对应的原型船的速度；

(2) 此时原型船的发动机功率。

9. 某一飞行物以 36m/s 的速度在空气中做匀速直线运动，为了研究飞行物的运动阻力，用一个尺寸小一半的模型在温度为 15℃的水中试验，模型的运动速度应为多少？若测得模型的运动阻力为 1450N，原型受到的阻力是多少？(已知 $\mu_{空气} = 1.86 \times 10^{-5} \, \text{N·s/m}^2$，$\rho_{空气} = 1.20 \, \text{kg/m}^3$)

第 13 章　风洞试验技术简介

13.1　风洞在空气动力学研究中的地位与作用

所谓风洞，是指在一个按一定要求设计的管道系统内，使用动力装置驱动一股可控制的气流，根据运动的相对性和相似性原理进行各种气动力试验的设备。风洞是进行空气动力学试验的一项基本设备，是飞机空气动力学从理论走向实际飞行试验的必经之路，迄今为止的大部分气动力试验都是在风洞中完成的。

空气动力学是发展航空技术以及其他工业技术的一门基础科学，但由于气体流动现象以及物体(如飞机)几何外形的复杂性，空气动力学研究和飞行器气动设计中的许多问题都不可能单纯依靠理论或解析方法得到解决，而必须通过大量的试验，找出其规律或提供数据，并且同理论分析结合起来研究，这样才能解决实际问题。由于风洞是进行气动力试验的基本设备，因此航空技术的发展就直接与风洞的发展有关。

风洞在空气动力学研究和飞行器气动设计中一直起着非常重要的作用。空气动力学的许多重要理论，如俄国科学家茹科夫斯基的空气螺旋桨理论，德国科学家普朗特的附面层理论，都是在风洞试验中经过大量观测后才提出来的，并且它们的应用又得到了风洞试验的验证。在飞行器的研制和发展中，风洞的作用更为明显。从 1903 年世界上出现第一架飞机以来，所有飞行器的研制都离不开风洞。很多气动布局的新技术，都是在大量的风洞试验中取得的。例如，从 1927 年到 1941 年，飞机的最大飞行速度大约由 180km/h 提高到 600km/h 左右，增加到 3 倍多。如果单靠提高发动机功率来取得速度增长，则需要把发动机功率提高到 27 倍以上。但事实上，这段时间内发动机功率也仅增加到 3 倍多。飞行速度的增加，主要是由于减小了飞机的废阻力，尤其是各部件之间的干扰阻力。在当时条件下，这些减阻措施都是通过风洞试验提出的。又如 20 世纪 40 年代的层流翼型、40～50 年代的后掠翼和三角翼布局、60 年代的变后掠机翼和超临界翼型、70 年代的边条翼等，都是先在风洞中进行了大量试验后才运用到飞机设计中去的。

图 13-1 是初期至 20 世纪 80 年代期间，某些飞机所进行的风洞试验时的统计数据。从图中可看出，在 1940 年前后，研制一架螺旋桨飞机需要进行几百小时的风洞试验；而到 1970 年，研制一架大型超声速客机竟需要 4 万～5 万个小时的风洞试验；在 1980 年前后，美国航天飞机的风洞试验时间甚至达到了 10 万小时。

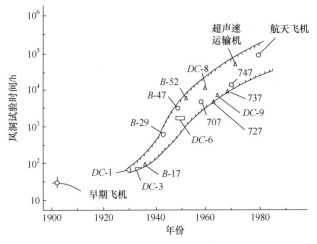

图 13-1　各种型号飞机的风洞试验时间

　　此外，在第三代、第四代战斗机发展过程中，风洞同样发挥着不可替代的作用。例如，苏-27 飞机在开始设计的前 5 年苏霍伊设计局通过风洞试验对从传统布局到带边条翼的翼身融合升力体、从带中尖锥的圆形进气道到方形进气口等先后 20 多个气动布局进行了研究，在对苏-27 气动特性的完善过程中，通过风洞试验对几十种边条方案进行了研究，并从 1980 年起系统地开展了鸭翼对苏-27 气动特性的影响，通过风洞试验对大约 30 种鸭翼方案、三种机翼根部边条和 4 种垂尾方案的总共 419 种布局方案进行了研究，累计风洞时长约 10000h。美国在发展第四代先进战斗机 F-22 的过程中，在 1991～1996 年的 5 年间，利用 23 种模型在15 座不同类型风洞进行了 75 项风洞试验，累计 7689h。此外在原型机 YF-22 的演示验证阶段进行了 19195h 气动布局风洞试验，在预先演示验证阶段还进行了7005h 风洞试验，合计共进行了 33889h 风洞试验研究。

　　应该注意到，风洞试验时间的增加，是在风洞运行以及测试技术日益现代化、普遍采用计算机控制因而试验效率大大提高的情况下出现的。这就说明，航空和航天技术越发展，飞行器设计对气动性能的要求就越严格，需要风洞试验解决的课题就越多，因而试验工作量也就越大。

　　顺便指出，随着工业科学技术的发展，风洞(目前主要是低速风洞)在非航空、航天领域的应用也日趋广泛。例如，气流测试仪器的标定，普通建筑、高层建筑、电视塔、高压电缆、大型塔架及其他各种建筑物的风载性能，汽车、火车及其他交通车辆的气动特性，大气污染现象，各种风力机械，防风林和防沙林，体育器械的性能等，都需要利用风洞试验技术，在风洞中进行各种试验，具体应用场景如图 13-2 所示。

(a) 风洞在建筑行业的应用　　　　　　　　(b) 风洞在体育领域的应用

(c) 风洞在汽车行业的应用

图 13-2　　风洞在其他行业领域的应用

13.2　风洞试验的优缺点及可靠性分析

从航空事业发展的初期到现在，曾经采用过许多方法进行空气动力试验，例如利用自然风、旋臂仪、火箭车、自由飞模型、携带试验、飞行器试飞以及风洞等，但其中最主要的是风洞试验，其他方法都不能与风洞试验相比，它们远不如风洞试验那样被普遍使用，而只能是风洞试验的一种补充。之所以如此，是因为风洞试验具有以下一些优点。

(1) 风洞中的气流参数，如速度、压力、密度、温度等，都可以比较准确地控制，并且随时可以改变。因而风洞试验可以方便可靠地满足各种试验要求。

(2) 风洞试验在室内进行，一般不受大气环境(如季节、昼夜、风雨、气温等)变化的影响，可以连续进行试验，因而风洞的利用率可以很高。

(3) 风洞试验时，模型大都是静止不动的，这给测量数据带来很大方便，并且容易测量准确。模型不动也使得试验比较安全。

(4) 风洞中不仅能测量整机的数据,而且还可以分别测量各部件(如单独机翼、机身等)和组合体的数据。这对于分析飞行器各部件的贡献和相互干扰是非常必要的。而在其他某些试验方法(如自由飞行模型试验)中是不可能的。

(5) 较之其他试验手段，风洞试验的成本要低廉得多。随着风洞自动化程度或效率的提高，试验成本还可下降。

风洞试验也有它的不足之处，主要是很难保证试验流场与真实飞行流场之间的完全相似。主要包括下面两方面。

第一，风洞试验不能同时满足相似律所提出的所有相似准则，如马赫数、雷诺数等。因为要想做到这一点。风洞所需要的基本建设投资和动力消耗都是非常巨大的，有时甚至是不可能的。

第二，在风洞试验中，气流是有边界的，不可避免地存在洞壁的影响，称为洞壁干扰。另外，模型支持系统也会影响模型流场，称为支架干扰。这些都影响流场的几何相似。

根据实践经验，这两条都不会影响风洞试验的可靠性。在风洞试验中，如果能满足，甚至基本满足主要的相似准则(在不同的速度范围或不同类型的试验中，主要的相似准则是不同的)，那么所测定的数据并不会因为没有满足其他相似准则而引起很大的误差。即使有一些误差，也可以设法修正。洞壁干扰、支架干扰以及其他因素的干扰，在一定限度内，也是可以经过修正而消除的。因此，风洞试验的可靠性是可以信赖的。

当然，风洞试验的结果与真实飞行情况还是会有出入的。即使经过各种修正也是如此。因此风洞试验的结果最后还要与飞行试验相比较，虽然飞行试验本身也会有误差，但它毕竟比模拟性质的风洞试验要准确一些。因此可以通过飞行试验最终确定风洞试验结果应该进行哪些修正及修正量的大小，同时也能鉴定风洞试验结果的质量。

总之，风洞试验有足够的可靠性，利用风洞进行气动力试验，具有很多优点。风洞已成为航空技术和空气动力学研究的一种基本试验设备，它有巨大的发展潜力。

13.3　风洞发展简史

世界上公认的第一个风洞是英国人温罕姆于 1871 年建造的低速风洞，风洞的真正发展是在 20 世纪初飞机问世以后。

首先是低速风洞的发展。1907 年普朗特建造的风洞具有等截面的洞身管道，能量消耗很大。1917 年，普朗特将洞身管道变成变截面型式，接近现代单回路风洞的形状。1914 年法国工程师艾菲尔建造了没有回路的开路式风洞。第一次世界大战以后，由于使用了金属结构材料，出现了单翼机，再加上翼剖面和机翼平面形状的改进，飞机速度有了很大的提高；同时，发动机功率也有很大的提高，因而出现了一系列空气动力问题。例如，如何提高螺旋桨的效率；在较高雷诺数下翼剖面及其他模型气动特性，如何减小飞机的废阻力等。为了解决这些问题，1925～1933 年期间，低速风洞向大型和高速两个方向发展，一些比较大型的风洞可以进行全尺寸的螺旋桨试验，用以改进螺旋桨的叶片几何形状及其与发动机、飞机之间的相互位置等。1933 年美国制造了第一个全尺寸风洞，可以在真实飞机或全尺寸模型上研究如何减小飞机各部件以及它们之间相互干扰所引起的废阻力；同时也出现了高速风洞，用以研究螺旋桨转速增加和直径加大所引起的尖部气流的压缩性影响问题。

　　早在 1932 年，为了解决炮弹的气动力问题以及研究超声速流动的一般规律，阿克特教授在瑞士建造了一个连续式的超声速风洞，试验段马赫数为 2。为了克服驱动功率不足的困难，风洞采用了低于大气压力的工作状态，虽然雷诺数小，但降低了功率。在这种类型的风洞中所进行的试验研究工作，为以后设计超声速飞行器打下了一定的基础。在 20 世纪 40 年代后期，出现了大推力的喷气发动机，使超声速飞行成为可能，而以后超声速飞机大量地研制和生产，又促使超声速风洞迅速发展。20 世纪 50 年代是大型超声速风洞的大发展时期。1956 年，美国建造了当今世界上最大的超声速风洞，试验段尺寸为 4.88m × 4.88m，马赫数 0.8～4.0，风洞功率达 161000kW。

　　跨声速风洞的出现是在超声速风洞之后。1947 年，美国 NACA(National Advisory Committee for Aeronautics)兰利研究中心来用试验段洞壁开槽的方法，研制成功世界上第一座跨声速风洞。正是根据这个风洞所取得的资料，1948 年飞机第一次突破了"声障"。目前世界上的大型跨声速风洞，大多是 20 世纪 50 年代后期建造的。其中最大的是法国国家航空航天研究院(ONERA)的 8m 直径跨声速风洞和美国 AEDC(Arnold Engineering Development Center)的 4.88m × 4.88m 变压力跨声速风洞。最近十几年，跨声速风洞正在朝增大试验雷诺数的方向发展。当代大型运输机及运载火箭的跨声速飞行雷诺数，以物体长度计可达(1000～1200)×10^6，以机翼弦长计为 60×10^6，但常规跨声速风洞的雷诺数，最大也只达到飞行雷诺数的十分之一左右。跨声速范围试验雷诺数和飞行雷诺数的差别会改变翼表面激波的位置和压力分布。底部流动、气动载荷以及抖振、颤振等性能，也对雷诺数很敏感，因此，跨声速风洞的雷诺数不足，已影响到航空技术的发展。所以有必要建造雷诺数很高的风洞，称为高雷诺数风洞。

　　为了研究导弹或火箭的气动力问题，1949 年出现了高超声速风洞，试验段口径 0.28m × 0.28m，马赫数 6.8～18，用空气或氦气作为工作气体，最大驻点压强为 110atm，最大驻点温度为 2600K。

　　在低速风洞发展到超声速风洞、跨声速风洞、高超声速风洞的同时，低速风洞本身也在不断发展、完善和多样化。除了发展一些特种风洞(如烟风洞、尾旋风洞、冰风洞等)以外，低速风洞主要有以下几方面的发展。

　　(1) 为了提高试验雷诺数，风洞的尺寸越来越大，例如，位于美国 NASA 艾姆斯研究中心的国家全尺寸空气动力设施(National Full-Scale Aerodynamics Complex, NFAC)，是目前世界上仅有的全尺寸亚声速地面试验设施，被视为空气动力试验研究的重要战略资源。著名的 F-35 先进战斗机、V-22 倾转旋翼机、UH-60 直升机和航天飞机等都曾在 NFAC 进行空气动力或综合性试验研究。NFAC 由两座风洞组成，分别为 24.4m×12.2m 的回流式风洞和 36.6m×24.4m 的直流式风洞，可开展全尺寸或大缩比模型的试验研究，如图 13-3 所示为 F-18 飞机在 36.6m×24.4m 的全尺寸风洞试验段开展风洞试验的情形。

图 13-3　F-18 飞机在 36.6m×24.4m 的全尺寸风洞试验段试验图

(2) 采用压力风洞的方案。所谓压力风洞，是指工作压力高于或低于环境大气压的风洞。提高风洞的压力，可以增大雷诺数。在低压下运转可以节省功率。控制压力和速度的变化，可以独立改变马赫数和雷诺数。英国皇家航空研究院(RAE)在法恩巴勒建造大型增压低速风洞，试验段口径为 5×4.2m，总压可达 3atm，相应最大风速为 95m/s，试验雷诺数可达 8×10^6。

(3) 注重对主要生产型风洞进行技术改造。早期建设的风洞功能单一，在某些性能方面或考虑不全或受当时条件限制，不能适应未来型号研制发展的要求。考虑到风洞建设周期长、投资大的特点，有重点地对主要生产型风洞进行技术改造仍是一些发达国家风洞建设发展途径之一。例如，20 世纪末，法国 ONERA 对直径 8m 的 S1MA 风洞完成了声学试验段改造，在风速 0.85Ma 范围内，频率 200～2000Hz 的风洞噪声得到有效抑制。2001 年，法国 ONERA 对 F1 低速风洞进行了声学试验段改造，试验段内铺设了 15cm 厚的吸声层，吸声频率范围 600～25000Hz。噪声问题之所以引起现代风洞设计人员的关注，一方面由于风洞的噪声影响风洞流场品质，另一方面气动噪声研究也需要安静的风洞试验环境。未来型号研制对气动噪声研究有大量试验需求，大型生产型风洞具备声学试验能力，将使风洞的竞争力和效益提高。

13.4　风洞试验的主要类型

风洞主要用于航空和航天技术，随着工业科学技术的发展，风洞也日益广泛地为其他工业部门服务。在风洞中进行的试验是各种各样的，但可以大体上归纳为以下几种类型。

13.4.1　空气动力学的基础性研究

利用风洞试验可以研究某些空气动力学的基本流动规律。例如，各种典型形状物体的流动现象、物体表面附面层的发展、湍流的结构与流动规律、物体表面的气流分离、尾流、脱体激波、激波与附面层相互干扰等。

13.4.2　为飞行器设计提供新的布局技术

这类试验大致相当于应用性试验研究，即通过一系列系统的试验，为飞行器设计提供新的部件外形或布局技术。一般需要从试验中获得大量数据，经过整理、归纳，再以表格或曲线形式给出，供研究者和设计者使用。属于这一类型的试验很多。例如，各种翼剖面在不同雷诺数及马赫数下的气动力特性：各种平面形状机翼的气动特性，机翼、机身的相互位置和干扰；螺旋桨特性及螺旋与机翼、机身的相互位置及干扰、喷气发动机进气道的布局、各种外挂物的干扰等。这类试验不一定直接用于某个型号的设计，但要求有一定的系统性。除了提供气动性能的数据以外，还经常需要有流动现象的机理性解释。

13.4.3　飞行器的生产试验

设计一种飞行器，如军用飞机，首先需要根据飞机的战术、技术要求，原准机的气动力布局，以及设计经验，拟定出几种甚至几十种可能的气动设计方案。将这些方案一一做成模型，在风洞里进行试验，比较它们的优劣而做出选择。在计算机和计算空气动力学已经相当发展了的今天，最初的方案选择可以由计算机进行，但最终几个方案的选择，仍需由风洞试验确定。这一类试验称为选型试验。方案确定后，在进行飞机的详细设计时，还要进一步进行更详尽的试验，即所谓定型试验。定型试验的结果，将作为一种依据直接用于设计，因而要求数据更为准确。选型和定型试验大致可分为以下几类。

(1) 分裂体模型试验。

模型的各主要部件(如机翼、机身等)是可以拆开的。在试验过程中，模型的部件一件一件地组合起来。这样，可以测得各部件对整机气动性能的贡献，同时也得到了各部件之间的相互干扰。

(2) 稳定性及操纵性试验。

这类试验的目的是要验证飞机的稳定性及其稳定度大小；检验选用的操纵面的型式和大小是否能在各种不同的飞行状态下控制飞机的运动。这类试验是飞机设计所需要的全部试验中的最重要部分。

(3) 局部放大模型试验。

由于风洞尺寸的限制，一般全机模型的尺寸都比较小。在这种模型上测量某些局部数据(如操纵面的铰链力矩、某局部表面的压力分布等)是比较困难的，也很难测量准确。如果把飞机的某个局部做成放大了的模型，单独在风洞中试验，就可以得到更准确的试验结果(在充分模拟或修正了其他部件的影响后)。这类试验数据经常作为强度计算的原始依据。

(4) 压力分布试验。

除了在上述局部放大模型上进行表面压力分布试验外，一般还要在全机模型上进行压力分布试验。压力分布试验的结果可以表现某些流动特点，如气流的分离、激波位置等。更重要的是，它是飞机强度设计的依据。对超声速飞机来讲，根据表面压力分布还可以估算飞机表面的气动加热分布，进行压力分布试验时，模型是专门设计的。一般并不同时测量模型上的力或力矩，它可以通过压力分布积分而得到。

(5) 特殊试验。

特殊试验是为了解决飞机设计中的某个专门问题而进行的。特殊试验的内容很多，比较常见的有以下两种。第一是颤振试验。这类试验是为了解决飞机部件的结构弹性与气动力之间的耦合作用问题。飞机越大，动力越大。或者速度越高，机翼或尾翼面的颤振越容易发生(这在跨声速区特别严重)，因而造成灾难性的结构毁坏，甚至机毁人亡。使用特制的模型在风洞内进行试验，可以验证飞机是否发生颤振。比较有名的是 NASA 兰利研究中心跨声速动力学风洞(transonic dynamic tunnel，TDT)，其作为气动弹性试验专用风洞，开展了大量的气动弹性与颤振风洞试验，如图 13-4(a)所示。

(a) TDT开展颤振试验　　　　　　　　　　(b) VST开展尾旋试验

图 13-4　NASA 兰利研究中心的特殊试验风洞

第二是尾旋试验。它通常在尾旋风洞中进行。通过试验，可以预示所设计的飞机是否能从尾旋中改出。在飞机(尤其是战斗机)研制中，尾旋试验是必须进行的，如图 13-4(b)所示为 NASA 兰利研究中心立式尾旋风洞(VST)开展尾旋试验的情形。

除上述两种以外，特殊试验通常还有进气道试验、外挂和投放试验、尾喷流试验以及抖振试验等。

(6) 全尺寸试验。

真实飞机的有些流动现象是很难在小尺寸模型上模拟出来的。例如，飞机表面的粗糙度，飞机在作战中发射火箭或大口径炮弹的情况或飞机某部件受到损伤的影响等。为了解决这一类问题，可以将真实飞机放进全尺寸风洞进行试验。另外，全尺寸试验也可以验证各类风洞的试验结果，给出必要的修正量。

13.4.4　非航空航天的气动力试验

随着工业技术的发展，从 20 世纪 60 年代开始，风洞试验逐渐应用在非航空航天的工业部门，包括机械、农业、林业、建筑、桥梁、车辆、船舶、生物、气象、能源、环境保护、电力和体育等领域，形成了一门新的学科，称为"工业空气动力学"或"风力工程学"。例如，当汽车速度达到 180km/h 时，主要因气流分离而形成的气动阻力可占汽车总阻力的三分之二。通过对小轿车外形的气动设计，尽量减少气流分离，气动阻力系数(以迎风面积作为参考面积)可从 0.8 左右降低到 0.25 甚至 0.15 以下。火车机车进行风洞试验，并使外形流线化后，阻力系数可以从 0.8~1.05 降低到 0.35~0.40。建筑物(包括桥梁、高层建筑、雷达天线、电视塔、高压电缆以及塔架等)的风载荷特性也是风洞试验的一个重要课题。风洞试验在一般工业部门中的应用才刚刚开始，有很多新的研究内容，有广阔的前途和强大的生命力。

13.5　风洞的分类及各类风洞的基本特点

13.5.1　风洞的分类

据粗略统计，目前全世界的风洞在 1000 座以上，其类型、工作原理、试验段尺寸、功率、速度、连续工作时间等都是很不相同的。为了研究如何选择和设计风洞的问题，必须将风洞按照它的特点进行分类。分类的方法很多，但最主要的是按速度范围来分类。这是因为，第一，风洞的速度范围不同，决定了它的工作原理、型式、构造和尺寸等也各不相同；第二，飞行器的气动特性在不同的速度范围是不相同的，相应的风洞只能提供相应速度范围的气流条件，很难在一个风洞中包括飞行器的全部速度范围。

按照试验段的速度或马赫数范围，风洞大体上可以分为六种类型，见表 13-1。

表 13-1　风洞的分类

风洞类型	试验段速度(或 Ma)范围
低速风洞	$0 < v < 135\text{m/s}$(或 $Ma < 0.4$)
亚声速风洞	$0.4 < Ma < 0.8$
跨声速风洞	$0.8 < Ma < 1.4$(或 1.2)
超声速风洞	$1.4 < Ma < 5.0$
高超声速风洞	$5.0 < Ma < 10$(或 12)
高焓高超声速风洞	$Ma > 10$(或 12)

下面简单介绍各类风洞的基本特点。

13.5.2　各类风洞的特点

13.5.2.1　低速风洞

试验段气流的马赫数均在 0.4 以下，空气的压缩性可以忽略不计的风洞。低速风洞按气流流动的方式有回流式和直流式两种，它的动力段的风扇一般为一级轴流式风扇。它是最常见的风洞，其典型结构在 13.5.3 节中介绍。

13.5.2.2　亚声速风洞

试验段气流马赫数范围均为 0.4～0.8 的风洞。它的构造与回流式低速风洞相近，但一般采用两级或两级以上轴流式风扇，并有防止气流温升过高的冷却器或换气装置。

13.5.2.3　跨声速风洞

试验段气流马赫数范围约为 0.8～1.4 的风洞。这类风洞有一个显著的特点，即试验段的壁面是通气壁(开孔或开槽的固体壁)，通气壁的外面是一个空腔，称为驻室，驻室的外面是与大气相隔的壁面。驻室内的压力是可以调节的。通气壁上的孔或槽都是经过仔细设计的，一方面用它来防止试验段气流在接近声速时发生壅塞，以获得跨声速气流；另一方面用它来减少或消除模型在跨声速时所产生的激波反射现象(这是由于在跨声速范围内，激波比较直，伸展到壁面再反射回来的激波与原来激波的间距很小，这样模型即使做得很短，反射激波也会打到模型的尾部上，因而与空中实际的跨声速飞行不符)，其结构图如图 13-5 所示。

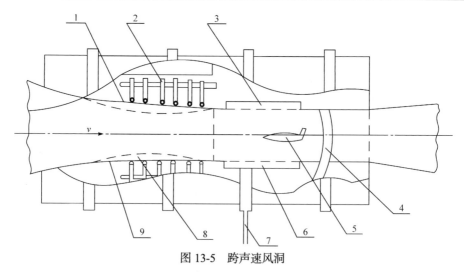

图 13-5　跨声速风洞

1. 柔性可调喷管；2. 喷管调节操纵机构；3. 驻室；4. "α" 机构；5. 模型；6. 通气壁；
7. 驻室排气孔；8. 超声速喷管位置；9. 亚声速收缩位置

13.5.2.4 超声速风洞

试验段气流马赫数范围约为 1.4～5.0 的风洞。为节省动力，这类风洞一般为暂冲式的，即采用下冲或抽吸的方法造成较高的压力比以达到所需的马赫数，其典型结构在 13.5.4 节中介绍。

13.5.2.5 高超声速风洞

试验段气流马赫数范围约为 5～10 或 12 的风洞。这类风洞需要很高压力的高压气源和真空罐，见图 13-6，为达到很高的马赫数，可采用一面下冲、一面抽吸的方法造成很高的压力比。这种风洞由于气流在加速过程中膨胀得极为厉害，使试验段中气流的静温极低，因此，一定要装有加热器，预先提高进入风洞收缩段空气的温度，以防止试验段中空气的液化。

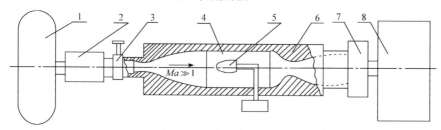

图 13-6　高超声速风洞

1-高压容器；2-加热器；3-调压器；4-试验段；5-模型；6-超声速扩压器；7-冷却器；8-真空箱

13.5.2.6 高焓高超声速风洞

这类风洞试验段气流的马赫数大于 10 或 12，且能模拟飞行时气流所达到的很高的总温和总压。当 $Ma>12$ 时，气流所要求的压强比变得非常大，而且对于再入大气层飞行的导弹或者卫星来说，还必须模拟飞行时的高焓量，空气需要加热程度远远高于防止液化的水平。激波风洞是一种常见的高焓高超声速风洞，它是利用氢氧燃料所产生的高压来压缩空气而产生激波的，激波后的高温高压气体再经过拉瓦尔喷管膨胀加速后，在试验段可达到很高的马赫数，但试验段中的空气密度极为稀薄，它可以模拟极高速的洲际导弹在高空飞行的状态。这类风洞一般仅维持很短的工作时间，以毫秒为单位表示。

13.5.3 低速风洞

试验段气流的马赫数 $Ma<0.4$，空气的压缩性可以忽略不计的风洞，叫做低速风洞。随着航空航天事业的发展，低速风洞现已发展得比较完善。就其试验段尺寸来讲，最大的风洞可将真实飞机或全尺寸模型放入试验段进行试验，这种试验段的直径在 10m 以上的风洞，称为全尺寸风洞；其用途也日益广泛，低速风洞除了可进行飞机的低速空气动力试验之外，还可以进行可回收的人造卫星、宇宙飞船和航天飞机再入过程最后阶段的低速空气动力试验，另外，在非航空航天领域中，舰船、车辆等的风阻研究，建筑物、结构物的风载、风振研究，风能、质量迁移(如大气污染)等方面的研究，也需要在低速风洞中进行。

13.5.3.1 低速风洞的形式

低速风洞按气流流动的方式有回流式和直流式两种，按照试验段的结构不同又有闭口式和开口式之别。闭口式风洞试验段气流的边界是固体壁面，开口式气流的边界是自由边界。不同形式的低速风洞示意图如图 13-7～图 13-10 所示。

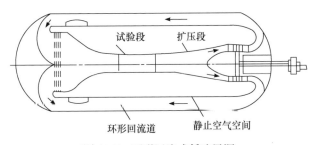

图 13-7 环形回流式低速风洞

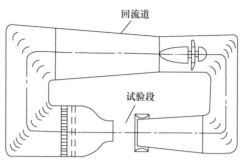

图 13-8 开口回流式低速风洞

回流式风洞又分为普通回流式和环形回流式两种。普通回流式风洞较为常见，同样可以分为开口的和闭口的两种。一般情况下，"回流式风洞"这个词是指闭口的普通回流式风洞。如果是开口的或是环形的，需另加说明。

直流式风洞大多是闭口的，见图 13-9(a)。如果直流式低速风洞是开口的，则必须在开口试验段的外面罩一密闭室，见图 13-9(b)；否则，由于风扇位于试验段后面，空气会直接流入试验段，使试验段气流中存在横向流。

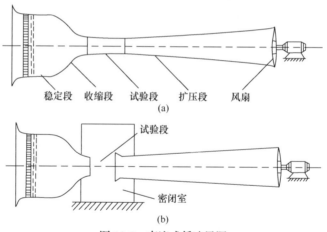

图 13-9 直流式低速风洞

世界上绝大多数低速风洞都是卧式的，即风洞的中心线在水平面上。如果风洞试验段中心线沿铅垂方向，这种风洞称为立式风洞。飞机尾旋试验、载人飞船返回舱-降落伞系统动稳定性试验等，需要在立式风洞中进行。

此外，低速风洞按其特殊用途还可分为低湍流度风洞、变密度风洞、尾旋风洞(见图 13-10)、阵风风洞、自由飞风洞、结冰风洞、烟风洞、垂直-短距起落风洞等。

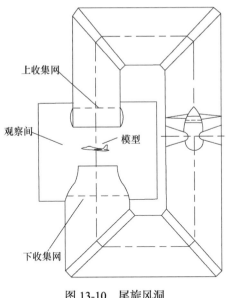

图 13-10 尾旋风洞

13.5.3.2 低速风洞的构造原理

虽然低速风洞的形式多种多样,但各种低速风洞的构造原理却是基本相同的。现以常见的回流式低速风洞作为典型,见图 13-11,介绍低速风洞各主要部件的名称、功用和基本原理。

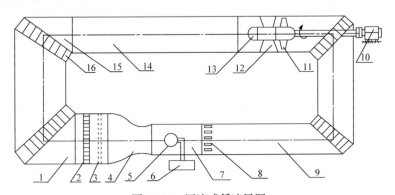

图 13-11 回流式低速风洞

1-稳定段；2-蜂窝器；3-整流网；4-收缩段；5-模型；6-天平；7-试验段；8-压力平衡孔；9-扩压段；10-电动机；
11-风扇；12-反扭导流片；13-整流体；14-回流段；15-拐角；16-导流片

(1) 试验段。

试验段是安装模型进行试验的地方,是风洞的重要部件。为了能模拟原型流场,试验段尺寸和气流速度的大小应满足试验雷诺数达到一定数值的要求。此外,试验段气流应稳定,速度的大小、方向在空间的分布应均匀,原始系流度、噪声强度、静压梯度等应低。试验段气流的这些特性的好坏，总称为流场品质。

低速风洞试验段的横截面形状，有长方形、正方形、圆形、椭圆形和八角形等，现有风洞采用长方形带切角者居多。闭口试验段的长度，一般是横截面积当量直径的 1.5～2.5 倍，开口试验段一般是 1～1.5 倍。

大多数风洞采用闭口试验段。采用开口试验段，安装模型和进行试验都比较方便，但开口试验段的能量损失比闭口试验段大，由于射流边界上的扰动很大，故流场品质也比闭口试验段差。

(2) 压力平衡孔。

闭口低速风洞试验段的后方，一般都有压力平衡孔，其功用是保持试验段内的压力与风洞外的大气压基本相等。若没有这些孔，闭口试验段的压力会小于外界大气压，如果风洞观察窗和模型支杆通过洞壁的地方又不是密封得很好，外界的空气就会通过缝隙流进试验段，破坏试验段内流场的均匀性。有了压力平衡孔，试验段内外压力一致，就不会有外界空气通过缝隙流到试验段中去。

(3) 扩压段。

低速风洞的扩压段是一种沿气流方向截面积逐渐扩大的管道，其功用在于使气流减速，使动能转变为压力能。由于气流在管道中的能量损失与流速的三次方成正比，流速低则损失小从而扩压段可使风洞中气流的能量损失减小，降低风洞的需用功率。但是，扩压段本身也会引起气流的能量损失，包括摩擦损失和扩压损失两部分。所谓扩压损失，是指气流在逆压梯度作用下发生分离而造成的损失。扩压段的扩张角大，则扩压损失增大；扩张角小，相应的管道长度应增大，则摩擦损失增大。大量试验证明，三维圆形截面扩压段扩张角的最佳值是 5°～6°。

(4) 拐角和导流片。

回流式风洞中，气流回流一周要转折 360°。如果用平缓弯曲的管道使气流逐渐转折，可使气流的能量损失小一些，然而这是不实际的，因为这样一来风洞占据的空间大，建设投资也大。

回流式风洞通常都有四个使气流转折 90°的拐角。气流在拐角处容易发生分离，产生漩涡，在气流中形成脉动和不均匀区，造成很大的能量损失。气流在四个拐角处的能量损失约占风洞总损失的 30%～50%。因此，为了改善流场性能和减小损失，在拐角处布置了一列导流片，见图 13-12，把拐角处的通道分隔成若干狭小的通道。导流片的形状一般采用大弯度的翼型，为了加工方便，也有用圆弧形的，但要求将头部制成圆形，尾部锉平，以改善其绕流特性。

(5) 稳定段、蜂窝器和整流网。

稳定段是一段等截面的足够长的管道，其特点是截面积足够大，气流速度较低，在稳定段内一般都装有整流装置。稳定段的功用在于使来自上游的紊乱的不均匀的气流稳定下来，使旋涡衰减，使速度大小和方向的分布更为均匀。

所谓整流装置是指蜂窝器和整流网。蜂窝器由许多方形或六角形小格子构成，形如蜂窝，故名蜂窝器。整流网是网眼小、网线直径也小的金属网，可有一层或数层。蜂窝器对气流起导向作用，并可减小大旋涡的尺寸、降低气流的横向湍流度。整流网可进一步减小旋涡尺寸，而小尺寸漩涡可在整流网后稳定段的足够长度内迅速衰减下来。此外，气流通过整流装置的能量损失与来流速度的大小有关，若横截面内来流速度分布不均匀，通过整流装置时速度大的气流损失大，速度小的气流损失小，故整流装置又可使气流速度分布趋于均匀。

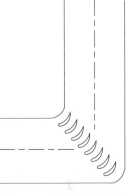

图 13-12　拐角和导流片

(6) 收缩段。

收缩段位于稳定段与试验段之间，是一段顺滑过渡的曲线形管道，截面积沿流向逐渐缩小，其功用主要是使来自稳定段的气流均匀地加速，并改善试验段的流场品质(气流均匀性、亲流度等)。一般来说，收缩比越大，则出口气流的速度分布越均匀，气流湍流度也越低，但收缩比增大以后洞体的截面积和长度都增大，使风洞造价显著提高。现在新建的低速风洞收缩比一般都取在 4～10 之间。

收缩曲线(即收缩段的外形曲线)对试验段气流速度分布的均匀程度有较大影响。已有许多学者做过这方面的工作，下面给出的是维托辛斯曲线，见图 13-13，这条收缩曲线常为人们所使用，它有比较简单的数学表达式

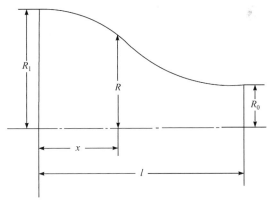

图 13-13　维托辛斯曲线

$$R = \cfrac{R_0}{\sqrt{1 - \left[1 - \left(\dfrac{R_0}{R_1}\right)^2\right]\dfrac{\left[1 - (x/l)^2\right]^2}{\left[1 + x^2/3l^2\right]^3}}} \tag{13-1}$$

式中：R_0 为收缩段出口截面半径；R_1 为收缩段进口截面半径；R 为距进口截面为 x 处的截面半径；l 为收缩段的长度。

(7) 动力段。

低速风洞的动力段，一般由动力段外壳、风扇、驱动风扇的电动机、整流体和反扭导流片组成。气流在风洞内循环一周时，由于摩擦、分离等原因，气流的能量是有损失的，表现为造成一定的压力降落。风扇的功用是向风洞内的气流补充能量，变电动机输出的机械能为气流的压力能，以保证气流保持一定的速度。但风扇也不可避免地增加了气流的旋转动能，反扭导流片口将风扇后气流的旋转动能转变为气流的压力能。整流体可改善气流通过风扇前后的流动条件，减少气流的能量损失，电动机及其传动系统也可安装于整流体内。

13.5.4　超声速风洞

超声速风洞，是指试验段气流马赫数大致在 1.4～5.0 范围内的风洞。与跨声速风洞试验段采用孔壁/槽壁、高超声速风洞一定要装有加热器所不同的是，超声速风洞试验段为实壁(不开孔、槽)，一般没有加热器。

要获得超声速气流必须满足两个基本条件：一是要有收缩-扩张型喷管，要改变试验马赫数就要改喉部截面和喷管出口截面之间的面积比；二是稳定段压力与扩压段出口的压力之比要足够大，且随试验马赫数增大而增大。

超声速风洞，最早出现在 20 世纪 20 年代，现在世界上许多大型超声速风洞是在 20 世纪 50 年代建造的，例如，世界上最大的超声速风洞(4.88m × 4.88m，$Ma = 1.5$～4.75)就是在 1956 年前后建成的。超声速风洞的发展方向是改善现有风洞的性能，提高测量、控制的技术水平。为了研究超声速飞行时的减阻技术等，尚需兴建低湍流度和低噪声的超声速风洞。

13.5.4.1　超声速风洞的形式

超声速风洞可分为连续式和暂冲式两大类。

连续式超声速风洞，见图 13-14，可像一般低速风洞那样连续地工作，试验条

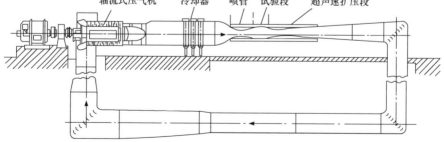

图 13-14　连续式超声速风洞

件易于控制，试验不受时间的限制，但所需动力设备的功率要相当大。

为节省动力，常常把超声速风洞设计成暂冲式的。暂冲式超声速风洞，按产生压强比的方式不同，又可分为：吹气式、吸气式、引射式、吹-吸式和吹-引式等。不同形式的暂冲式超声速风洞如图 13-15、图 13-16 所示。

吹气式风洞在试验前预先用比较长的时间用压气机把空气压缩成高压气体储藏在储气瓶内，然后快速打开阀门，在超声速风洞的试验段中维持气流几十秒甚至十几秒的短暂的超声速流动。

吸气式风洞是在风洞的下游安装一个很大的真空箱，试验前先用真空泵把真空箱抽成真空，然后快速打开阀门，空气流经试验段抽入真空箱中，在试验段内得到短暂的超声速流动。

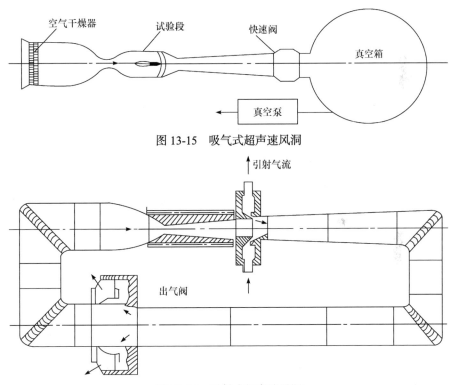

图 13-15　吸气式超声速风洞

图 13-16　引射式超声速风洞

13.5.4.2　超声速风洞的构造原理

吹气式超声速风洞最为多见，以它作为典型，见图 13-17，介绍超声速风洞各主要部件的功用和工作原理。其中超声速风洞的试验段、稳定段和收缩段的功用、构造与低速风洞基本相同，不再赘述。

(1) 气源系统。

气源系统的功用是向风洞提供试验所需的满足一定要求的空气。所谓满足一定要求，主要是指：具有足够高的压力和足够大的流量，具有适当的温度，含水量、含尘量要足够低，并要保证风洞有一定的工作时间。气源系统由三部分组成：空气压缩机、空气净化设备和储气瓶。去除空气中的水分，对超声速风洞来说十分重要。超声速风洞中一般没有空气加热器，空气膨胀加速到超声速时，温度会降至相当低，使空气中的水汽凝结成水滴甚至冰晶，而水汽凝结放出的热量又会使局部马赫数下降，压力、温度、密度升高，这种现象称为凝结突跃。凝结突跃破坏了试验段流场的均匀性，严重影响流场品质。

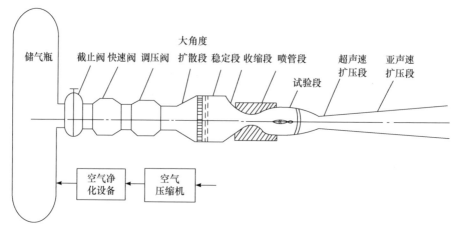

图 13-17　吹气式超声速风洞

(2) 截止阀、快速阀和调压阀。

截止阀，又称总阀，其特点是气密性好，但较笨重，开启与关阀的速度慢。在风洞中供长时间切断电源之用。快速阀，可以快速地开启或关闭，可节约气源，增加风洞工作时间。调压阀的功用是在储气瓶内压力不断下降的情况下保持风洞中稳定段气流总压 p_0 为某一恒定值。风洞开始工作前，调压阀已开启到一定位置，快速阀开启后，来自储气瓶的高压气流受到调节阀的节流作用而降低到所需的总压 p_0；风洞开始工作后，来自储气瓶的气流的压力不断下降，调压阀则自动地增大开启面积，减小压降，保证稳定段气流的总压 p_0 保持恒定(一般要求总压的脉动量不超过 0.3%)。

(3) 大角度扩散段。

是从直径小的阀门管道到直径很大的稳定段之间的一段过渡管道。

(4) 喷管段。

收缩-扩张型喷管，其功用是产生超声速气流。

超声速气流的马赫数大小决定于喷管出口截面积(即试验段进口截面积)与喉部截面积之比。要获得不同的马赫数，就要用面积比不同的喷管。因此，一副固壁喷管，如图 13-18 所示，只能产生一个马赫数的流动，欲改变试验段气流的马赫数则必须更换喷管，很不方便，正逐渐被柔壁喷管所取代。柔壁喷管曲线壁由多支点的弹性板构成，每一个支点均铰接在一个作动筒上，适当改变作动筒的行程，便可得到所需的曲线壁外形。柔壁喷管可连续改变试验马赫数，调节方便。

(5) 超声速扩压段和亚声速扩压段。

超声速扩压段位于试验段之后，其功用是使超声速气流减速扩压，减少风洞中气流的能量损失。最常见的超声速扩压段，是一种先收缩后扩张的管道，其横截面积最小的地方叫做第二喉道。顺便指出，相应地可称喷管喉道为第一喉道。

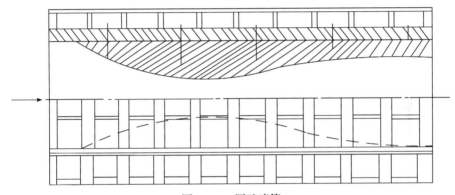

图 13-18 固壁喷管

一般将第二喉道设计成一个桥式结构，可以随马赫数的不同来调节它的面积，见图 13-19。超声速气流在第一块板处因受到比较轻微的压缩(因 δ 角较小)而产生几道较弱的斜激波，超声速气流经过斜激波后就变成了马赫数较低的超声速气流。当达到第二块板稍下游的地方时，超声速气流又产生一道正激波，气流通过正激波后就变成了亚声速气流。

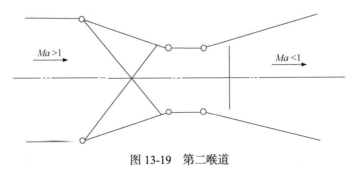

图 13-19 第二喉道

亚声速扩压段是一个单纯扩散的管道，使来自超声速扩压段的亚声速气流进一步降低流速，提高静压以适应出口反压，使气流顺利地排出风洞出口，从而减少能量损失。

13.5.5　高超声速风洞

高超声速研究和试验经过 70 多年的发展,今已研制出可进行战略打击、导弹防御和外太空探测的各类武器系统和飞行器。典型的高超声速包线速度范围起始于马赫数 $Ma=5$,一直到 $Ma=10$。而 $Ma=10$ 以后开始进入超高声速区域轨道,该区域一直延伸到 $Ma=20$ 以上。更重要的是,恰恰在这个领域,某些物理现象变得越来越重要。例如,极高的温度和化学反应在影响飞行器特性方面起着越来越重要的作用,致使计算机仿真的手段变得更为困难,高超声速风洞试验在这些方面发挥独特且不能被其他手段完全替代的重要作用。

13.5.5.1　常规高超声速风洞

常规高超声速风洞是最常见的高超声速设备类型,也是最常用的高超声速气动力地面试验设备。常规高超声速风洞发展比较早,技术较为成熟。一般而言,它可较好地模拟飞行马赫数 $Ma=10$ 以下的大部分飞行条件。其主要特点是:所使用的空气必须加热、工作压力和密度一般比较高、试验时间相对较长(从秒级到分钟级)、流场品质好、测量方法和试验结果比较可靠,被广泛应用于高超声速飞行器气动特性的试验研究。常规高超声速风洞典型参数范围是:马赫数 $Ma=5\sim$ 10、驻点温度 $T_0=300\sim1000\mathrm{K}$、驻点压力 $p_0=(1.0\sim20.0)\times10^6\mathrm{Pa}$、试验时间为几秒至连续(一般可达分钟级)。国际上具有代表性的这类风洞设备为:美国空军阿诺德工程发展中心(AEDC)冯·卡门实验室的 B 风洞($Ma=6$,8)和 C 风洞($Ma=4$,8,10)、美国国家航空航天局的 1.07m 高超声速风洞($Ma=5$,7,10)、刘易斯研究中心的 1.07m 高超声速风洞($Ma=5$,6,7);俄罗斯中央空气流体动力学研究院(TSAGI)的 T-116 风洞($Ma=1.8\sim10$)和俄罗斯中央空气机械研究院(TsNNI-MASH)的 U-306-3 风洞($Ma=2\sim10$);日本宇宙航空研究开发机构(JAXA)的 1.27m($Ma=$ 10)高超声速风洞。上述风洞的喷管出口或试验段尺寸均达到了 1m 以上,可以开展大尺度、复杂外形模型的气动力试验。

而高超声速低密度风洞和美国 AEDC 的 9 号风洞等在一定意义上可以认为是具有某些特殊性的常规高超声速风洞,前者的特点是可以模拟高度 60km 以上、从连续流到过渡流和稀薄流区的飞行条件;而美国 AEDC 的 9 号风洞可在较高马赫数($Ma=7$,8,10,14)的条件下同时模拟大动压、高雷诺数,试验时间也达到秒级。

国内主要的常规高超声速风洞有中国空气动力研究与发展中心(CARDC)高速所的 FL-31 Ø0.5m 高超声速风洞、中国航天空气动力技术研究院(CAAA)的 FD-07 Ø0.5m 高超声速风洞、南京航空航天大学(NUAA)的 NHWD0.5m 高超声速风洞和 CARDC 超高速所的 FD-20A Ø1m 高超声速风洞等少数几座 0.5m 量级以上的大型高超声速风洞。其中，CARDC 的 FL-31 Ø0.5m 高超声速风洞，$Ma = 5 \sim$ 11.7，气流采用电阻加热器加热，运行方式为暂冲吹引式；CAAA 的 FD-07 Ø0.5m 高超声速风洞，采用燃气加热金属板蓄热式加热器($Ma = 5 \sim 8$)和氧化铝小球蓄热式加热器($Ma = 9 \sim 12$)，运行方式与 CARDC 的 FL-31 Ø0.5m 高超声速风洞相似。

CARDC 的 FD-20A Ø1m 高超声速风洞是目前国内已投入使用的最大尺度的常规高超声速风洞，于 2004 年建成。该风洞为高压下吹、真空抽吸、暂冲式运行方式，采用电加热蓄热式加热器。风洞包括两条独立支路，分别采用各自的加热器系统，$Ma = 4 \sim 8$ 支路配套的型面喷管直径为 10m；而 $Ma = 9, 10$ 支路的喷管出口直径为 12m。此外，CAAA 正在建设喷管出口直径为 12m、试验马赫数范围 $Ma = 5 \sim 10$ 的常规高超声速风洞。

13.5.5.2　脉冲型高超声速风洞

脉冲型高超声速风洞种类也较多，激波风洞、炮风洞和脉冲燃烧风洞等是其中比较典型的几类设备。其中，激波风洞是利用激波压缩工作气体再利用定常膨胀方法产生高超声速试验气流的风洞。相对于常规高超声速风洞，其模拟的马赫数范围更宽(可以达到 $Ma = 20$ 以上)、运行参数(总温、总压)更高(总温可达 8000K 以上、总压可大于 1×10^8Pa)，在模拟参数相似性方面优于常规高超声速风洞，但其试验时间短(一般为几毫秒至几十毫秒)。脉冲燃烧风洞是利用燃料燃烧产生的高温气体作为风洞的试验气体，经喷管加速后模拟超高声速的高温流场。相对于常规高超声速风洞，它可以模拟较高的总温条件，如 $Ma = 6$ 时，可以达到 $T_0 = $ 1650K 以上，复现高度 $H = 25 \sim 30$km 的实际飞行总温条件，对于开展超燃发动机试验、飞行器带动力气动力试验等有利。但是，由于风洞试验气体为燃料燃烧产物、未消耗燃料等与空气所形成的混合物，其组分和物理性质与纯空气相比有较大的差异，即产生了"污染"，会对获得准确的气动力试验数据不利。

国外典型的该类风洞设备有美国卡尔斯本大学巴法罗研究中心(CUBRC)的 LENS 系列激波风洞($Ma = 3 \sim 18$)、俄罗斯的 U12 风洞($Ma = 4 \sim 10$)和德国的 TH2 风洞($Ma = 6 \sim 18$)等；另外，膨胀管风洞如 CUBRC 的 LENS-XX(最高速度为 13km/s，$Ma = 5 \sim 37$)可以实现更高速度的模拟，当然其试验时间也更短，通常小于 1ms。由于试验时间很短，在这类风洞设备上开展气动力试验，必须发展专用的测力天平和试验数据修正技术，获得的试验结果精度通常低于常规高超声速风洞。

国内主要有中国科学院力学研究所(IMofCAS)、CARDC、CAAA 和国防科学技术大学(NUDT)等院所拥有较大尺度的超高速脉冲风洞设备，包括激波风洞和炮风洞。

中国科学院力学研究所现有 JF8、JF10 和 JF12(图 13-20)等炮风洞/爆轰驱动激波风洞系列设备。其中 JF10 风洞采用氢氧爆轰驱动方式运行，喷管出口

直径为 Ø5m，总温范围为 1000～8000K，最高总压达 8×10^7Pa，有效试验时间为 4ms。

图 13-20　JF12 高超声速风洞

　　JF12 风洞是一座大型的爆轰驱动运行激波风洞，采用了中国科学院力学研究所独创的反向爆轰驱动方法，提出了激波管缝合运行、喷管起动、激波干扰的弱化、高压爆轰驱动、二次波的运动及其控制等系列激波风洞创新技术，研制成功了国际首座可复现25～40km高空、马赫数 5～9 飞行条件、喷管出口直径 Ø2.5/Ø1.5m、试验气体为洁净空气、试验时间超过 100ms 的超大型高超声速激波风洞，整体性能处于国际领先水平。该风洞同时达到了"复现气流总温和总压"、"产生纯净试验气体"、"满足基本试验时间需求"和"能够全尺寸或接近全尺寸模型试验"等四项关键技术指标，实现了高超声速飞行器地面试验的复现能力，为我国重大工程项目的关键技术和高温气体动力学基础研究提供了不可替代的试验手段。

　　CARDC 现有 Ø2m 和 Ø0.6m 两座激波风洞，采用 H_2 或 H_2-N_2 混合气体驱动，试验气体为 N_2 或空气。Ø2m 波风洞喷管出口直径为 Ø1.2m($Ma = 6～16$)/Ø2m，Ø0.6m 激波风洞试验 $Ma = 6～12$。此外，CAAA 现有 0.5m 和 1m 两座炮风洞，0.5m 炮风洞马赫数范围为 $Ma = 5～12$，总温范围为 800～1300K，有效试验时间为 25ms。NUDT 航天学院现有一座 0.5m 炮风洞，并已建成一座大口径激波风洞/炮风洞，喷管出口直径为 2m，马赫数范围为 $Ma = 7～9$。

习　　题

1. 请阐述风洞试验的优点。
2. 请阐述风洞试验的不足。
3. 请简述风洞发展的历史。

4. 低速风洞的发展趋势是什么？
5. 请阐述风洞试验的主要类型。
6. 风洞的分类原则及风洞的类型。
7. 请简述各类风洞的主要特点。
8. 请阐述低速风洞的分类原则及常见类型。
9. 请阐述常见低速风洞的构造原理。
10. 请阐述常见超声速风洞的构造原理。

参 考 文 献

安德森(Anderson J D). 2014. 空气动力学基础[M]. 5 版. 杨永, 宋文萍, 张正科, 等译. 北京: 航空工业出版社.

陈廷楠. 2000. 应用流体力学[M]. 北京: 航空工业出版社.

高温气体动力学国家重点实验室. JF12 复现高超声速飞行条件激波风洞. http://lhd.imech.cas.cn/kyzb/201307/t20130723_116734.html. (2013-07-23).

韩忠华, 高正红, 宋文萍, 等. 2021. 翼型研究的历史、现状与未来发展[J]. 空气动力学学报, 39(6): 1-36.

刘沛清. 2021. 空气动力学基础[M]. 北京: 科学出版社.

罗惕乾, 程兆雪, 谢永曜. 2021. 流体力学[M]. 4 版. 北京: 机械工业出版社.

唐志共, 许晓斌, 杨彦广, 等. 2015. 高超声速风洞气动力试验技术进展[J]. 航空学报, 36(1): 86-97.

王秉良, 鲁嘉华, 匡江红, 等. 2013. 飞机空气动力学[M]. 北京: 清华大学出版社.

王旭. 2012. 应用流体力学[M]. 西安: 西北工业大学出版社.

吴子牛, 白晨媛, 李娟, 等. 2016. 空气动力学[M]. 北京: 北京航空航天大学出版社.

伍荣林, 王振羽. 1985. 风洞设计原理[M]. 北京: 北京航空学院出版社.

邢琳琳, 高培新. 2016. 飞行原理[M]. 北京: 北京航空航天大学出版社.

徐敏, 安效民. 2018. 空气动力学基础[M]. 2 版. 西安: 西北工业大学出版社.

闫再友, 陆志良, 王江峰, 等. 2018. 空气动力学[M]. 北京: 科学出版社.

颜巍. 2016. 立式风洞与立式风洞试验[J]. 民用飞机设计与研究, (3): 52-55.

杨希明, 刘南, 郭承鹏, 等. 2018. 飞行器气动弹性风洞试验技术综述[J]. 空气动力学学报, 36(6): 995-1008.

战培国. 2021. 美国国家全尺寸空气动力设施进展综述[J]. 航空科学技术, 32(4): 1-7.

战培国, 赵昕. 2010. 风洞发展现状及趋势研究[J]. 航空科学技术, (4): 5-7.

赵霞, 黎军, 李志. 2019. 航空武器装备试验与仿真[M]. 北京: 航空工业出版社.

朱一锟. 2019. 飞行原理[M]. 北京: 北京航空航天大学出版社.

朱自强, 陈迎春, 王晓璐, 等. 2011. 现代飞机的空气动力设计[M]. 北京: 国防工业出版社.

附录 1 希腊字母读音表

序号	大写	小写	英文名称	国际音标注音	中文注音
1	A	α	alpha	['ælfə]	阿尔法
2	B	β	beta	['beɪtə]	贝塔
3	Γ	γ	gamma	['gæmə]	伽马
4	Δ	δ	delta	['deltə]	德耳塔
5	E	ε	epsilon	['epsɪlɒn]	艾普西隆
6	Z	ζ	zeta	['zi:tə]	截塔
7	H	η	eta	['i:tə]	艾塔
8	Θ	θ	theta	['θi:tə]	西塔
9	I	ι	iot	[aɪ'əʊtə]	约塔
10	K	κ	kappa	['kæpə]	卡帕
11	Λ	λ	lambda	['læmdə]	兰布达
12	M	μ	mu	[mju:]	米尤
13	N	ν	nu	[nju:]	纽
14	Ξ	ξ	xi	[ksi]	克西
15	O	o	omicron	['ɒmɪˌkrɒn]	奥密克戎
16	Π	π	pi	[paɪ]	派
17	P	ρ	rho	[rəʊ]	洛
18	Σ	σ	sigma	['sɪgmə]	西格马
19	T	τ	tau	[taʊ]	陶
20	Y	υ	upsilon	[ju:p'silən]	宇普西隆
21	Φ	φ	phi	[faɪ]	斐
22	X	χ	chi	[kaɪ]	喜
23	Ψ	ψ	psi	[psaɪ]	普西
24	Ω	ω	omega	['əʊmɪgə]	奥墨伽

附录 2 空气和水的属性

空气(标准大气压下)			
t	ρ	$\mu \times 10^6$	$\nu \times 10^6$
℃	kg/m³	N · S/m³	m³/s
−20	1.39	15.6	11.2
−10	1.35	16.2	12.0
0	1.29	16.8	13.0
10	1.25	17.3	13.9
20	1.23	17.8	14.4
30	1.21	18.0	14.9
40	1.12	19.1	17.1
60	1.06	20.3	19.2
80	0.99	21.5	21.7
100	0.94	22.8	24.3
水(标准大气压下)			
0	1000	1787	1.80
10	1000	1307	1.31
15	999	1054	1.16
20	997	1002	1.01
40	992	653	0.66
60	983	467	0.48
80	972	355	0.37
100	959	282	0.30

附录 3 超声速气流绕外凸角流动数值表 $k = 1.4$

δ	μ	Ma	p/p^*	ρ/ρ^*	T/T^*
0°	90.00°	1.000	0.528	0.634	0.833
2°	62.00°	1.082	0.479	0.591	0.810
3°	58.18°	1.177	0.425	0.543	0.783
4°	55.21°	1.218	0.403	0.522	0.771
5°	52.74	1.257	0.383	0.504	0.760
10°	44.18	1.435	0.299	0.422	0.708
15°	38.55°	1.605	0.234	0.354	0.660
20°	34.29°	1.775	0.181	0.295	0.613
25°	30.85°	1.950	0.138	0.243	0.568
30°	27.95°	2.134	0.104	0.198	0.523
35°	25.43	2.329	0.076	0.159	0.480
40°	23.21°	2.538	0.055	0.126	0.437
45°	21.21°	2.764	0.039	0.098	0.395
50°	19.37°	3.013	0.028	0.075	0.355
60°	16.16°	3.594	0.012	0.041	0.270
70°	13.33°	4.339	0.004	0.020	0.208
80°	10.78°	5.348	0.001	0.009	0.149
90°	…	…	…	…	…
100°	…	…	…	…	…
130.5°	0°	∞	0	0	0